全国煤炭高职高专(成人)"十二五"规划教材

煤炭气化工艺

主　编　邵景景
副主编　田成民　刘春颖　冯锦华
参　编　胡婷婷　许国莉　杨小霞　杨　晶

中国矿业大学出版社

内 容 提 要

本书为全国煤炭高职高专(成人)"十二五"规划教材。

全书根据成人高等教育专业人才培养目标和规格而编写,教材共分十章,分别为绪论、煤炭气化原理、移动床气化工艺、流化床气化工艺、气流床气化工艺、熔融床气化工艺、地下煤气化工艺、煤气净化工艺、F—T合成工艺及碳一化工等。通过本教材的学习,可以使学生对煤炭气化工艺的基本内容有一个较为清晰和系统的认识。

本教材的编写力求内容简明扼要,图文并茂。各章内容自成系统,可单独讲授。

图书在版编目(C I P)数据

煤炭气化工艺 / 邵景景主编. —徐州:中国矿业
大学出版社,2012.7
ISBN 978 - 7 - 5646 - 1564 - 2

Ⅰ.①煤… Ⅱ.①邵… Ⅲ.①煤气化—高等职业教育
—教材 Ⅳ.①TQ54

中国版本图书馆 CIP 数据核字(2012)第 160884 号

书 名	煤炭气化工艺
主 编	邵景景
责任编辑	时应征 耿东锋
出版发行	中国矿业大学出版社有限责任公司
	(江苏省徐州市解放南路 邮编 221008)
营销热线	(0516)83885307 83884995
出版服务	(0516)83885767 83884920
网 址	http://www.cumtp.com E-mail:cumtpvip@cumtp.com
印 刷	徐州中矿大印发科技有限公司
开 本	787×1092 1/16 印张 15.75 字数 390 千字
版次印次	2012 年 7 月第 1 版 2012 年 7 月第 1 次印刷
定 价	24.00 元

(图书出现印装质量问题,本社负责调换)

全国煤炭高职高专(成人)"十二五"规划教材
建设委员会成员名单

主　　任：李增全

副主任：于广云　丁三青　王廷弼

委　　员：(按姓氏笔画排序)

王宪军　王继华　王德福　刘建中

刘福民　孙茂林　李维安　张吉春

陈学华　周智仁　赵文武　赵济荣

郝虎在　荆双喜　徐国财　廖新宇

秘书长：王廷弼

秘　　书：何　戈

全国煤炭高职高专(成人)"十二五"规划教材

煤化工类编审委员会成员名单

主　任：薛　巍

副主任：杜　群

委　员：(按姓氏笔画排序)

王启广　刘春颖　李　振　李建伟

杨庆江　吴　捷　张桂红　陈　玲

邵景景　赵世永　蔡会武

前　言

研究认为，在未来相当长时期内，一次能源消费结构中煤炭仍将居主导地位。煤炭气化是对煤炭进行化学加工的一个重要方法，是实现煤炭洁净利用的途径之一。煤炭气化技术，尤其是高压、大容量气流床气化技术，显示了良好的经济和社会效益，代表着发展趋势，是现在最清洁的煤利用技术，是洁净煤技术的龙头和关键。

本教材力图反映煤炭气化的基本知识和前沿内容，并根据成人高等教育专业人才培养目标和规格而编写。全书共分十章，简单介绍了煤炭气化原理，重点讲述了移动床气化工艺、流化床气化工艺、气流床气化工艺、熔融床气化工艺、地下煤气化工艺、煤气净化工艺、F—T合成工艺及碳一化工等方面知识。立足成人学生的特点，考虑成人学生的知识基础情况、岗位需要情况、学习时间特殊性、较多跨专业学习的实际，在编写过程中，适当降低了教材的难度，删繁就简，知识的讲述以"必须、够用"为度，以实际应用与实践运用实例为主，注重使学生深入理解和掌握煤炭气化工艺的基本内容。

本书主编为邵景景，副主编为田成民、刘春颖、冯锦华。第一章、第三章、第十章由黑龙江科技学院邵景景编写；第二章、第五章由宁夏工业职业学院刘春颖编写；第四章由黑龙江科技学院继续教育学院田成民编写；第六章由潞安职业技术学院冯锦华编写；第七章由宁夏工业职业学院杨晶、杨小霞编写；第八章由黑龙江煤炭职业技术学院许国莉编写；第九章由潞安职业技术学院胡婷婷编写。全书由邵景景、田成民统稿和定稿。

本书在编写过程中，得到了黑龙江科技学院诸位老师的大力支持和帮助，熊楚安、吴鹏提供了部分专业资料，张劲勇、钟乃良对本书的框架设计给予了指导，江传力绘制了部分图稿，高丹完成了部分书稿的资料收集、编写和校对工作，在此一并表示感谢。

由于编者的水平和能力有限，疏漏和差错在所难免，恳请读者批评指正。

编　者
2012 年 4 月

目　录

第一章 绪 论

【**本章重点**】 煤炭气化的意义及其应用领域。
【**本章难点**】 煤炭气化技术的发展趋势。
【**学习目标**】 掌握煤炭气化的意义、煤炭气化技术的应用领域及煤炭气化技术的发展趋势;了解煤炭气化发展简史及其在中国发展的机遇与障碍。

第一节 煤炭气化的意义

以煤炭为原料经化学方法将煤炭转化为气体、液体和固体产品或半成品,而后再进一步加工成一系列化工产品或石油燃料的工艺,称之为煤化工。煤的焦化是应用最早的煤化工,至今仍然是重要的方法。在制取焦炭的同时副产煤气和焦油(其中含有各种芳烃化工原料)。电石乙炔化学在煤化工中占有重要地位,乙炔可以生产一系列有机化工产品和炭黑。煤气化在煤化工中占有特别重要的地位,煤气化主要用于生产城市煤气各种工业用燃料气和合成气,在中国合成气主要用于制取合成氨、甲醇、二甲醚等重要化工产品。通过煤炭加氢液化和气化可生产各种液体燃料和气体燃料,利用碳一化学技术可合成各种化工产品。随着世界石油和天然气资源的不断减少、煤化工技术的改进、新技术和新型催化剂的开发成功、新一代煤化工技术的涌现,现代煤化工将会有广阔的发展前景。

煤炭气化是指用煤炭作为原料来生产工业燃料气、民用煤气和化工原料气。它是洁净、高效利用煤炭的最主要途径之一,是许多能源高新技术的关键技术和重要环节。如燃料电池、煤气联合循环发电技术等。煤制气应用领域非常广泛,如图 1-1 所示。

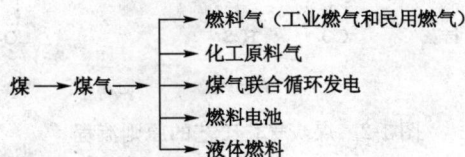

```
                          ┌─→ 燃料气(工业燃气和民用燃气)
                          ├─→ 化工原料气
煤 ──→ 煤气 ──→           ├─→ 煤气联合循环发电
                          ├─→ 燃料电池
                          └─→ 液体燃料
```

图 1-1 煤气的应用

煤炭气化分为完全气化和部分气化。部分气化指的是煤的干馏技术。根据干馏温度的高低又分为高温干馏、低温干馏。高温干馏主要在冶金工业中用于炼焦,焦炭是主产品。低温干馏又称温和气化。由于温和气化工艺简单,加工条件温和,投资省,可获得煤气、焦油和半焦而受到国内外的重视,是洁净煤技术的一个重要组成部分。但煤炭干馏技术毕竟

· 1 ·

受到煤种和产品综合发展的制约,只能满足于局部的需要,而我国煤炭资源中有一半以上煤种适合于完全气化技术,因此煤制气技术的立足点应放在完全气化方面。

工业上以煤为原料生产煤气(合成气)已有两百余年历史。从煤气化技术发展进程看,早期的煤气化大都在常压下进行,使用的原料粒度都很大,造成了粉煤资源不能有效利用、能耗高、规模小、严重污染环境等问题。自 20 世纪 60 年代以来,煤气化技术研究开发取得了较大的进展,国内外也都给予了极大的重视,如美国先后提出了洁净煤技术示范计划(CCTP)和 21 世纪展望(Vision 21)。在这些项目的带动下,一批大型化的先进的煤气化技术完成示范,如 Texaco,Destec,Shell,Prenflo,KRW 等技术。在过去 20 年中,我国煤气化技术研究开发水平有了显著的提高,灰熔聚流化床气化技术完成了工业示范;水煤浆气流床气化技术和加压固定床气化技术等完成了中试。

现代煤化工分为 3 个工业化层次。第一层次为煤制合成气,水煤浆或干煤粉经过部分氧化法生成合成气($CO+H_2$)。水煤浆气化在国内已经工业化。第二层次为合成气加工。合成气加工工艺主要有三条路线:醇类、烃类和其他碳氧化合物的合成。其中醇类合成包括合成气制甲醇、二甲醚(DIVIE)、乙醇和进一步制乙二醇等。第三层次是深加工。深度加工甲醇和烯烃的下游产品最多,是化工行业的支柱。

由于煤炭的性质和煤气产品用途不同,所采用的气化工艺流程也不一样,很难用一种系统流程将如此众多的气化工艺加以概括。为了说明煤气化流程的概念,取气化过程的共性,将主要的工作单元组合成一个原则流程。图 1-2 所示是煤炭气化工艺的原则流程,包括原料准备、煤气的生产、净化及脱硫、煤气变换、煤气精制以及甲烷合成等 6 个主要单元。在仅需要生产低热值煤气时,一般只用前三个单元组成气化工艺,即原料准备、煤气的生产和净化。在需要生产高热值煤气时,为了在煤气生产过程中获得富氢和甲烷含量较高的气体产物,还需要煤气变换、精制和甲烷合成等三个环节。在生产合成氨原料时,则无需甲烷化这一转换单元。

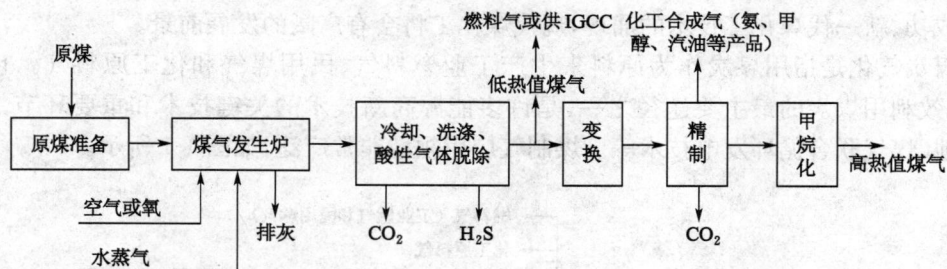

图 1-2 煤炭气化工艺的原则流程

我国是富煤贫油的国家,煤炭是主要能源,使用于国民经济的各个领域。因此,研究开发适用于我国煤炭资源和国情的煤炭气化技术,具有特别重要的现实意义。

当前,世界各国都充分认识到能源结构必须向多元化结构发展。中国石油消费已经超过日本,仅次于美国。近年来我国一直为解决缺油问题在努力,但是,要想从根本上解决困境,使经济可持续发展,必须根据我国特点,利用丰富的煤炭资源,从根本上解决能源危机。

煤的综合利用包括将煤本身作为一次能源,用煤制造二次能源和化工原料等几个方面。随着经济发展,经过化学加工对煤的综合利用越来越受到人们的关注,将煤炭加工转化成清洁、高效二次能源,用煤变油、甲醇燃料等化工原料,提高了煤炭利用率和附加值率。由于煤炭深加工后可增值几十甚至几百倍,这给新型煤化工发展奠定了基础。

煤化工发展除决定于石油和天然气的价格供求外,很大程度上决定于自身技术的发展,如洁净煤技术的发展、燃煤发电技术的发展、气化技术的发展、碳一化学技术的发展和有关环境保护技术的发展。

我国煤化工迎来了一个蓬勃发展的新时期,新型煤化工产业必将成为 21 世纪的高新技术产业,作为新型煤化工的一个重要单元技术——大型先进的煤气化技术及气化产品的进一步合成利用,将成为今后发展的主要方向。

第二节 煤炭气化的应用与发展

一、煤炭气化发展简史

煤的气化是煤或煤焦与气化剂在高温下发生化学反应将煤或煤焦中的有机物转变为煤气的过程。煤化工发展始于 18 世纪下半叶,用煤生产民用煤气;在欧洲当时用煤干馏方法,生产的干馏煤气用于城市街道照明;1840 年由焦炭制发生炉煤气来炼铁;1875 年使用增热水煤气作为城市煤气。我国 1934 年在上海建成第一座煤气厂,用立式炉和增热水煤气炉生产城市煤气。

两次世界大战时期,煤气化工业在德国得到迅速发展。1932 年采用一氧化碳与氢利用费托(Fishcher-Tropsch)合成法生产液体燃料获得成功,德国鲁尔化学公司用此研究成果,于 1934 年开始创建第一个 F—T 合成油厂,1936 年投产。1935～1945 年期间德国共建立了 9 个合成油厂,总产量达 570 kt。

南非开发煤炭间接液化历史悠久,早在 1927 年南非当局注意到依赖进口液体燃料问题的严重性,基于本国有丰富的煤炭资源,开始寻找煤基合成液体燃料的新途径。1939 年首先购买了德国 F—T 合成技术在南非的使用权,在 20 世纪 50 年代初,成立了 SASOL 公司,1955 年建立了 SASOL—Ⅰ厂,1980 年和 1982 年又相继建成了 SASOL—Ⅱ厂和 SASOL—Ⅲ厂。

第二次世界大战后,煤气化工业因石油、天然气的迅速发展减慢了步伐,进入低迷时期,煤气主要作为城市煤气、合成氨原料生产等。直到 20 世纪 70 年代成功开发由合成气制甲醇技术,由于甲醇的广泛用途,煤气化工业又重新引起人们重视。1975 年,美国 Eastaman(依斯曼)公司开始了合成醋酐的实验室研究,重点是开发适用的催化剂,以便在工业化生产时能达到的条件下,减少副产物生成。他们采用醋酸甲酯与一氧化碳为原料羰基合成制取醋酐,并于 1977 年中试成功。到 20 世纪 80 年代末,由煤气化制合成气,羰基合成生产醋酸、醋酐开始大型化生产,这是煤制化学品的一个非常重要的突破。

现在,随着气化生产技术的进一步发展,以生产含氧燃料为主的煤气化合成甲醇、二甲醚,有广阔的市场前景。其中二甲醚不仅是从合成气经甲醇制汽油、低碳烯烃的重要中间体,而且也是多种化工产品的重要原料;甲醇从近年供需情况来看,除做基本有机化工原料、精细化工原料外,还作为替代燃料应用,预计需求量将达 800～1 000 万 t/a,到 2020 年,甲醇需求预计达 5 000 万 t/a。

煤气化是发展新型煤化工的重要单元技术,煤化工联产是发展的重要方向。研究表明,煤气化技术在单元工艺(如煤气化和气体净化)、中间产物(如合成气、氢气)、目标产品等方面有很大互补性。将不同工艺进行优化组合,可实现多联产,并与尾气发电、废渣利用等形成综合联产,达到资源、能源综合利用目的,有效减少工程建设投资,降低生产成本,减少污染物或废物排放。如 F—T 合成与甲醇合成联产等就是一个较好的应用示范。

二、煤炭气化技术的应用领域

1. 工业燃气

一般热值为 4 620～5 670 kJ/m^3,采用常压固定床气化炉、流化床气化炉均可制得。主要用于钢铁、机械、卫生、建材、轻纺、食品等部门,用以加热各种炉、窑,或直接加热产品或半成品。

2. 民用煤气

一般热值为 12 600～16 800 kJ/m^3,要求 CO 小于 10%。除焦炉煤气外,用直接气化也可得到,采用鲁奇炉较为适用。与直接燃煤相比,民用煤气不仅可以明显提高用煤效率和减轻环境污染,而且能够极大地方便人民生活,具有良好的社会效益与环境效益。出于安全、环保及经济等因素的考虑,要求民用煤气中的 H$_2$、CH$_4$ 及其他烃类可燃气体含量应尽量高,以提高煤气的热值;而 CO 有毒,其含量应尽量低。

3. 化工合成和燃料油合成原料气

早在第二次世界大战时,德国等就采用费托工艺合成航空燃料油。随着合成气化工和碳一化学技术的发展,以煤气化制取合成气,进而直接合成各种化学品的路线已经成为现代煤化工的基础,主要包括合成氨,合成甲烷,合成甲醇、醋酐、二甲醚以及合成液体燃料等。化工合成气对热值要求不高,主要对煤气中的 CO、H$_2$ 等成分有要求,一般德士古气化炉、Shell 气化炉较为合适。

4. 冶金还原气

煤气中的 CO 和 H$_2$ 具有很强的还原作用。在冶金工业中,利用还原气可直接将铁矿石还原成海绵铁;在有色金属工业中,镍、铜、钨、镁等金属氧化物也可用还原气来冶炼。因此,冶金还原对煤气中的 CO 含量有要求。

5. 联合循环发电燃气

整体煤气化联合循环发电(简称 IGCC)是煤在加压下气化,产生的煤气经净化后燃烧,高温烟气驱动燃气轮机发电,再利用烟气余热产生高压过热蒸汽驱动蒸汽轮机发电。用于 IGCC 的煤气,对热值要求不高,但对煤气净化度(如粉尘及硫化物)含量的要求很高。与 IGCC 配套的煤气化一般采用固定床加压气化(鲁奇炉)、气流床气化(德士古炉)、加压气流床气化(Shell 气化炉)、加压流化床气化等工艺,煤气热值为 9 240～10 500 kJ/m^3。

6. 煤炭气化燃料电池

燃料电池是由 H$_2$、天然气或煤气等燃料(化学能)通过电化学反应直接转化为电的化学发电技术。目前主要有磷酸盐型(PAFC)、熔融碳酸盐型(MCFC)、固体氧化物型(SOFC)等。它们与高效煤气化结合的发电技术就是 IG—MCFC 和 IG—SOFC,其发电效率可达 53%。

7. 煤炭气化制氢

氢气广泛用于电子、冶金、玻璃生产、化工合成、航空航天、煤炭直接液化及氢能电池等领域。目前世界上96％的氢气来源于石化燃料转化。同时煤炭气化制氢也起着很重要的作用,一般是将煤炭转化成 CO 和 H_2,然后通过变换反应将 CO 转换成 H_2 和 H_2O,再将富氢气体经过低温分离或变压吸附及膜分离技术,即可获得氢气。

8. 煤炭液化的气源

不论煤炭直接液化和间接液化,都离不开煤炭气化工艺。煤炭液化需要煤炭气化制氢,而可选的煤炭气化工艺同样包括移动床加压气化、加压流化床气化和加压气流床气化工艺。

三、煤炭气化技术的发展趋势

煤气化是发展新型煤化工的重要单元技术。国内近年来加大了对煤气化的开发和利用,一些新合成工艺和新生产方法的开发,使煤气化得到迅速发展。

1. 煤气化技术

古老的气化技术是利用炼焦炉、发生炉和水煤气炉气化。20世纪针对不同煤种和气体用途发展了几百种气化方法,其中以鲁奇碎煤加压气化炉、常压 K—T 炉、温克勒气化炉等应用最广。20世纪70年代以来围绕提高燃煤电厂热效率、减少对环境污染技术问题的研究,促使了新一代气化工艺诞生。美国45个洁净煤技术示范项目中有7个煤气化联合循环发电项目,配套有6种煤气化技术,它们是德士古水煤浆气化技术、CE 两段式气流床气化技术、Destec 两段加压气流床气化技术、KRW 气化技术、U—Gas 气化(灰熔聚)技术及BG/L 固定床熔渣气化技术等。

我国目前的煤气化技术主要以常压固定床煤气发生炉和水煤气发生炉应用较多,开发和引进了水煤气两段炉、鲁奇加压气化炉和德士古水煤浆气化技术。今后的发展趋势是效率较高、煤气成分较好的干粉煤气化技术。

2. 利用 F—T、MFT 等方法用合成气生产液体燃料、化工产品

F—T 合成始于第二次世界大战中的德国。20世纪60年代南非选用了德国的固定床技术和美国凯洛格循环流化床技术建立 SASOL(萨索尔)Ⅰ、Ⅱ厂,产品主要是汽油218万 t/a、柴油150万 t/a、乙烯23万 t/a、丙烯46万 t/a 和46万 t/a 化工产品及氨50万 t/a、硫26万 t/a、城市煤气56万 t/a。

MFT 称为改良 F—T 合成,主要是通过在 F—T 合成之后加进 ZSM—5 这一类择形催化剂使产物分布向预定目标调整。用这种方法可以将 C5～C11 组分份额由一般 F—T 合成时30％～40％调整到70％。

3. 煤制含氧化合物

煤制甲醇是煤制含氧化合物的主要途径,称羰基合成法。主要有 Eastman-KODA 路线即煤合成气甲醇醋酐醋酸纤维胶片,和 Monsanto-BP 路线即合成气甲醇醋酸。羰基合成路线与乙炔法和乙烯法合成醋酸相比,成本低,设备投资少,目前已广泛推广和利用,有较好前景。

4. 碳一化学

碳一化学化工是以含有一个碳原子的物质(如 CO、CO_2、CH_3、CH_3OH、HCHO)为原料合成化工产品或液体燃料的有机化工生产过程。碳一化学是一个很大的领域,其产品包括由合成气合成燃料、甲醇及系列产品,合成低碳醇、醋酸及系列产品、合成低碳烯烃、燃料添加剂等方面。碳一化学化工是在20世纪70年代两次石油危机中得到迅速发展的,当时其

目的是在于寻求化工原料"多样化"和能源资源"非石油化"的战略转移。近年来,随着能源结构的多元化发展趋势以及碳一化工系列生产技术的突破,其应用领域越来越广。碳一化工发展可用图 1-3 表示。

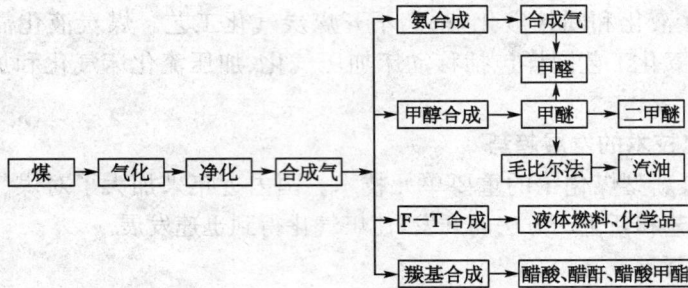

图 1-3 碳一化工发展趋势

四、煤气化技术在中国发展的机遇与障碍

我国发展煤炭气化技术的总体目标是基于我国煤炭自身的特点,形成具有自主知识产权的产业化技术,为新型煤化工和能源转化提供满足不同需要的龙头技术。

常压固定床气化技术只能在现有基础上挖潜改造,应有条件地放弃进一步使用。加压固定床气化技术因受到煤种资源影响和煤气处理费用高而用途受限制。使用活性高的粉煤为原料的加压流化床技术,目前在开发和使用上有些问题尚未得到很好解决。相对而言,加压气流床气化工艺在大型煤炭气化工艺研究及开发中处于优势地位,也符合目前世界上煤炭气化技术的发展趋势。

我国煤炭气化的发展要顺应国际上煤炭气化技术的发展趋势,并要结合中国的国情,重点应放在大型、高效、对环境友好、易于工业化的气流床气化技术的开发和应用上。加速开发和应用具有自主知识产权的加压气流床气化技术不仅迫在眉睫,而且时机成熟。

国内自主知识产权的新型煤气化示范装置已在建设之中,技术特点是:四喷嘴对置的水煤浆气流床气化炉及复合床煤气洗涤冷却设备;分级净化的煤气初步净化工艺;蒸发分离直接换热式含渣水处理及热回收工艺。待示范成功,将扭转我国煤气化技术长期依赖进口的局面,为发展我国的洁净煤技术奠定良好的基础。

近年来,由于油价居高不下,石油供应紧张,制约了石油化工的发展,煤化工又成为投资热点,一些大型的煤焦化、气化、液化基地正在规划建设之中。但就全国范围来看,煤化工普遍存在着散、乱、小、杂的弊病。

我国虽然煤炭储量丰富,但是由于煤炭同样是不可再生的化石能源,也终有用尽的一天,所以在具体选用煤气化工艺时,必须以科学的态度,既要根据技术发展水平考虑工艺的先进性,又要根据实际情况考虑工艺的合理性。要以自身或附近的原料煤源为基础,以产品煤气的用途为目标,同时考虑煤气工程的生产规模与气化设备的生产能力相配套。

1. 从能源安全角度看,煤气化是中国的必然选择

据测算,2005 年中国总的能源消费量将达 21.1 亿 t 标准煤,其中,煤炭占 68%,石油占 23.45%,天然气占 3%,水电和核能共占 5.45%。基于我国的能源情况,以煤为原料的煤化工产业对我国的发展有着举足轻重的战略意义。

我国煤化工业应发挥丰富的煤炭资源优势,补充国内油、气资源不足和满足对化工产品的需求,推动煤化工洁净电力联产的发展,保障能源安全,促进经济的可持续发展。

2. 煤气化优良的排放性能为其应用造就良好前景

中国 SO_2 排放量居世界第一,酸雨覆盖面已超过国土面积的 30%,CO_2 排放量占全球排放量的 13%,列世界第二,而其中燃煤造成的 SO_2、CO_2 排放量分别约占全国总量的85%、85%。2020 年之前,我国每年将排放 2 750 万 t 至 3 560 万 t SO_2。但研究表明,全国SO_2 的环境容量只有 1 200 万 t。

我国以煤为主的能源消费结构正面临着严峻挑战,解决煤炭利用引起的环境污染问题已迫在眉睫。煤气化技术可以在利用煤炭资源的同时,极大地减少硫化物和氮氧化物的排放,甚至可以做到上述两项污染物的零排放。煤气化技术在化工、电力领域的应用,将避免在煤炭资源利用过程中产生大量污染物,对保护环境具有积极的意义。

3. 煤气化在煤化工行业的应用具有非常大的风险

经济利益是刺激煤化工产业发展的重要因素。石油、天然气价格的不断上涨,使煤气化产业越来越有利可图。

但煤化工的背后隐藏着巨大的风险。其一是进入门槛较高,煤化工产业项目对煤炭资源和水资源要求很高,且消耗大,不适合在西部缺水地区发展,同时生产 1 万 t 油品需大约 1亿元人民币投资,只有实力雄厚的企业才有能力承担。所以,尽管许多国家都进行了技术储备,真正投资进行工业化生产的国家只有南非。其二是盈利具有风险。从调查结果来看,目前备受关注的"煤制油"工业化生产项目从立项到生产一般需要 5 年时间。虽然现在国际石油价格还将在高位。但是国际原油价格受多种因素影响,波动相当大,5 年后的油价很难预测。

4. 国内煤化工企业对煤气化技术具有极大的热情

以煤为原料的煤化工行业在短短几年内迅速升温,全国各地拟上和新上的煤化工项目不断增多,项目规模大小不一。而电力、煤炭等企业凭资源优势也纷纷投资煤化工项目。

第三节 本课程内容与任务

煤炭气化工艺是煤化工专业的必修专业课程,本书共分十章,主要内容为绪论、煤炭气化原理、移动床气化工艺、流化床气化工艺、气流床气化工艺、熔融床气化工艺、地下煤气化工艺、煤气净化工艺、F—T 合成工艺及碳一化工。具体内容可分为以下几部分:

(1)绪论:介绍煤炭气化的意义、应用及发展等问题。

(2)煤炭气化原理:讨论煤炭气化的原理、分类及影响因素等。

(3)煤炭气化工艺:介绍了煤炭气化的典型工艺,包括移动床气化工艺、流化床气化工艺、气流床气化工艺、熔融床气化工艺、地下煤气化工艺等。

(4)煤炭净化工艺:介绍煤炭气化中硫化物的脱除及一氧化碳变换工艺等。

(5)F—T 合成工艺:介绍 F—T 合成生产原理和典型工艺流程。

(6)碳一化学的应用:根据新型煤化工发展趋势,以合成气合成化工原料、精细化工原料为重点,结合碳一化学发展及应用进行了介绍。

本教材立足于煤炭气化工艺,立足成人学生的特点,同时考虑新型煤化工特点,考虑成人学生的知识基础情况、岗位需要情况、学习时间特殊性、较多跨专业学习的实际,在教学内容上更加重视对学生知识面的拓宽和实际能力的培养,适当降低了教材的难度,删繁就简,基本理论讲述以"必须、够用"为度,在满足课程教学目标的前提下能删减的内容尽力删减,以实际应用与实践运用实例为主,着重培养学生的操作能力,具有实用性和基础性。

学习本课程的主要任务是掌握煤炭气化的操作过程、熟悉气化原理、了解典型设备及合成气的进一步应用。通过学习能够分析和解决煤化工生产过程中的一般问题,以便对生产过程进行管理。作为专业课程,限于篇幅和学时数,面对一门古老而又充满生命力的工业,在内容的深度和广度上必然有一定的局限性。希望通过我们的努力,尽可能地反映出其先进性、科学性和实用性,满足高职高专煤化工、化学工程与工艺专业需要,同时能适用于各相关专业技术培训。

本章小结

(1) 煤炭气化是指用煤炭作为原料来生产工业燃料气、民用煤气和化工原料气。它是洁净、高效利用煤炭的最主要途径之一,是许多能源高新技术的关键技术和重要环节。现代煤化工分为3个工业化层次。第一层次为煤制合成气,水煤浆或干煤粉经过部分氧化法生成合成气($CO+H_2$)。水煤浆气化在国内已经工业化。第二层次为合成气加工。合成气加工工艺主要有三条路线:醇类、烃类和其他碳氧化合物的合成。其中醇类合成包括合成气制甲醇、二甲醚(DIVIE)、乙醇和进一步制乙二醇等。第三层次是深加工。深度加工甲醇和烯烃的下游产品最多,是化工行业的支柱。

(2) 煤炭气化技术的应用领域:可作为工业燃气、民用煤气、化工合成和燃料油合成原料气、冶金还原气、联合循环发电燃气,以及煤炭气化燃料电池、煤炭气化制氢、煤炭液化的气源等。

(3) 煤气化是发展新型煤化工的重要单元技术。国内近年来加大了对煤气化开发和利用,一些新合成工艺和新生产方法的应用技术,如煤气化技术,利用 F—T、MFT 等方法用合成气生产液体燃料、化工产品,煤制含氧化合物及碳一化学,所有这些都使煤气化得到迅速发展。

自 测 题

一、选择题

1. 下列属于化石能源的是_____。

A. 石油   B. 天然气   C. 煤炭   D. 水电

2. 最大的煤生产和消费国是_____。

A. 美国   B. 中国   C. 德国   D. 俄罗斯

3. 下列能源属于二次能源的是_____。

A. 水电   B. 城市煤气   C. 石油   D. 太阳能

4. 民用燃气的热值一般为_____。

A. 4 620 kJ/m³   B. 15 000 kJ/m³   C. 6 000 kJ/m³   D. 5 000 kJ/m³

5. 第二次世界大战后,煤炭气化工业发展缓慢的原因是_____。

A. 技术不成熟　　B. 污染严重　　C. 石油和天然气的发展　　D. 水电的发展

6. 下列属于新型煤化工特点的是_____。

A. 储量大　　B. 煤炭—能源—化工一体化　　C. 环境得到治理　　D. 热值高

7. 下列属于碳一化学品的是_____。

A. CO　　B. CO_2　　C. CH_3OH　　D. HCHO

8. 下列说法正确的是_____。

A. 煤气化产物不是煤化工的最终产品　　B. 煤化工联产是发展的重要方向

C. 煤是可再生资源

9. 煤属于_____。

A. 有机物　　B. 无机物　　C. 化合物　　D. 混合物

10. 城市煤气要求 CO 低的原因是_____。

A. CO 热值低　　B. CO 有毒　　C. 易爆炸　　D. 无法燃烧

二、简答题

1. 何为煤化工?

2. 什么是煤气化? 包含的内容有哪些? 有什么特点?

3. 煤炭气化工艺课程的学习内容有哪些? 本课程与本专业主要专业基础课、专业课有何区别和联系?

第二章　煤炭气化原理

第一节　煤炭气化的基本原理

一、煤炭气化的基本概念

煤炭气化是在一定温度、压力条件下,用气化剂将煤中的有机物转变为煤气的过程。

煤炭气化原料指煤或煤焦,所用气化剂是氧气(空气、富氧或纯氧)、水蒸气或氢气等。气化所需具备的三个条件为主体设备气化炉、气化剂和供给能量,三者缺一不可。最终得到的气化产品为气化煤气,主要有效成分为 CO、H_2、CH_4 等,粗煤气中还含有 CO_2/H_2O、硫化物、烃类产物和其他微量成分。有效成分可做合成气、燃料气和化工原料气体等。气化示意图见图 2-1。

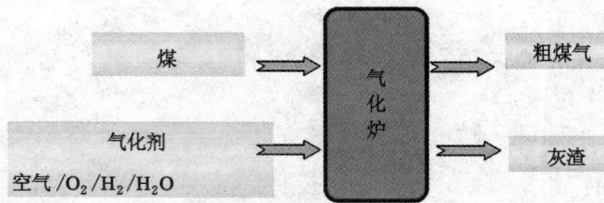

图 2-1　气化示意图

二、煤炭气化的基本原理和基本反应

煤炭气化过程是一系列物理、化学变化过程,可划分为干燥、热解、气化和燃烧四个阶段。干燥属于物理变化,随着温度的升高,煤中的水分受热蒸发;其他属于化学变化。煤在气化炉中干燥后,随着温度的升高发生热分解反应,生成大量挥发性物质(干馏煤气、焦油和热解水等),煤热解生成半焦。半焦随着温度的升高与通入气化炉的气化剂发生气化反应,生成以一氧化碳、氢气、甲烷及二氧化碳、氮气、硫化氢、水等为主要成分的气态产物——粗煤气。

（一）煤气化基本反应方程

1. 燃烧反应

$$C+O_2=CO_2 \qquad \Delta H_r=-394 \text{ kJ/mol}$$

$$H_2+\frac{1}{2}O_2=H_2O \qquad \Delta H_r=-21.8 \text{ kJ/mol}$$

2. 气化反应

$$C+\frac{1}{2}O_2=CO \qquad \Delta H_r=-111 \text{ kJ/mol}$$

$$C+CO_2=2CO \qquad \Delta H_r=173 \text{ kJ/mol}$$

$$C+H_2O=CO+H_2 \qquad \Delta H_r=131 \text{ kJ/mol}$$

3. 甲烷化反应

$$C+2H_2 \longrightarrow CH_4 \qquad \Delta H_r=-84.3 \text{ kJ/mol}$$

$$CO+3H_2 \longrightarrow CH_4+H_2O \qquad \Delta H_r=-219.3 \text{ kJ/mol}$$

4. 变换反应

$$CO+H_2O=CO_2+H_2 \qquad \Delta H_r=-41 \text{ kJ/mol}$$

5. 其他反应

包括其他有机结构的反应、无机组分（S、N、灰分）的反应。其中硫的元素反应：$S+O_2=SO_2$、$SO_2+3H_2=H_2S+2H_2O$、$SO_2+2CO=S+2CO_2$、$2H_2S+SO_2=3S+2H_2O$ 和 $C+2S=CS_2$、$CO+S=COS$ 等；氮的元素反应：$N_2+3H_2=2NH_3$、$N_2+H_2O+2CO=2HCN+1.5O_2$ 和 $N_2+xO_2=2NO_x$。在以上反应生成物中生成许多硫及硫的化合物，它们的存在可能造成对设备的腐蚀和对环境的污染。

根据以上反应，煤炭气化总过程可用下式来表达：

$$C_nH_mO_xN_yS_z=C+CH_4+CO+CO_2+H_2+NH_3+HCN+H_2S+COS+\cdots$$

（二）作用较大的反应

这些反应中，$C+H_2O \longrightarrow CO+H_2$ 即水蒸气和碳反应的意义最大，此反应为强吸热反应，是气化过程中很重要的产气反应。而 $C+O_2 \longrightarrow CO_2$ 和 $2C+O_2 \longrightarrow 2CO$ 反应为强放热反应，为以上的水蒸气和碳反应提供了必需的热量。供热的 $C+O_2 \longrightarrow CO_2$ 和 $2C+O_2 \longrightarrow 2CO$ 与吸热的 $C+H_2O \longrightarrow CO+H_2$ 和 $C+CO_2 \longrightarrow 2CO$ 组合在一起，对自热式气化过程起重要的作用。

（三）反应特点

使用不同的气化剂可得到不同种类和成分的煤气，但主要化学反应基本相同。即反应有如下特点：

（1）一次反应和二次反应

碳与气化剂之间的反应为一次反应（如反应：$C+O_2=CO_2$），反应得到的产物再与碳或者其他气态产品的反应再发生二次反应（如反应：$C+CO_2=2CO$）。但气化过程不仅仅限于二次反应。

（2）均相反应和非均相反应

非均相气—固相反应，如：$C+H_2O=CO+H_2$。

均相气—气相反应，如：$CO+H_2O=CO_2+H_2$。

（3）吸热反应和放热反应

放热反应可为吸热反应提供热量，促进吸热反应的进行。

放热：$C+O_2=CO_2$ 和 $2C+O_2=2CO$。

吸热：$C+H_2O=CO+H_2$ 和 $C+CO_2=2CO$。

气化剂中的氧气参与的反应均为放热反应，对气化供热起了关键性的作用。

三、工艺条件对气化反应的影响

影响煤的气化反应的因素很多，其中工艺条件的影响很大。选择工艺条件，要分析煤炭气化过程的化学平衡和反应速度。在煤炭气化中，有相当多的反应为可逆反应，特别是在二次反应中，它们会涉及化学平衡问题。我们可以用以下的方程来表示气化过程的反应和化学平衡问题：

$$mA+nB \rightleftharpoons pC+qD$$

正反应速率：$v_{(正)}=k_{正}[p_A]^m[p_B]^n$

逆反应速率：$v_{(逆)}=k_{逆}[p_C]^p[p_D]^q$

化学平衡时，$v_{(正)}=v_{(逆)}$，有：

$$K_p=\frac{k_{正}}{k_{逆}}=\frac{[p_C]^p[p_D]^q}{[p_A]^m[p_B]^n} \tag{2-1}$$

式中　K_p——化学反应平衡常数；

　　　p_i——各气体组分的分压（i 分别代表 A、B、C、D），kPa；

　　　$k_{正}$、$k_{逆}$——正、逆反应速率常数。

1. 温度的影响

温度是影响气化反应的重要因素，温度和气化反应化学平衡的关系式如下：

$$\log K_p=-\frac{\Delta H}{2.303RT}+C \tag{2-2}$$

式中　R——气体常数，为 8.314 kJ/(kmol·K)；

　　　T——绝对温度，K；

　　　ΔH——反应热效应，放热为负，吸热为正；

　　　C——常数。

从式中可以看出，若 $\Delta H<0$，为放热反应，温度升高，K_p 值将变小，这类反应降低反应温度，不利于反应的进行。若 $\Delta H>0$，为吸热反应，温度升高，K_p 值将增大，这类反应升高反应温度，有利于反应的进行。

如反应 $C+H_2O=CO+H_2$，$\Delta H=135.0$ kJ/mol 和 $C+CO_2=2CO$，$\Delta H=173.3$ kJ/mol，均为吸热反应，升高温度化学平衡向吸热反应方向移动，有利于反应向正反应方向进行，即生成 CO 和 H_2 的方向，所以升高温度有利于主反应。

2. 压力的影响

压力对于液相反应影响较小，但对于有气相物参与的反应平衡的影响是比较大的。根据化学平衡原理，增大压力，平衡向气体体积减小的方向进行；反之，降低压力，平衡向气体体积增大方向进行。

图 2-2 为粗煤气组成与气化压力的关系图，可见压力对煤气中各气体组成的影响不同：随着压力的增加，粗煤气中甲烷和二氧化碳含量增加，而氢气和一氧化碳含量则减少。

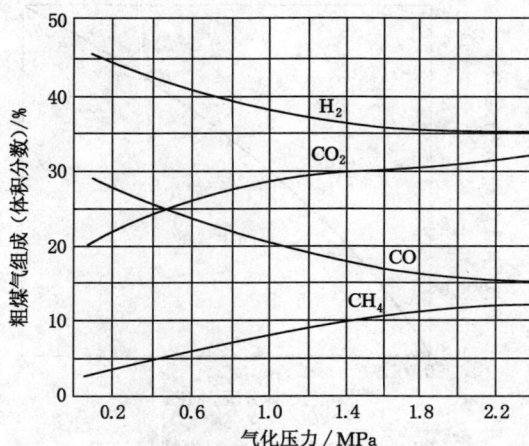

图 2-2 粗煤气组成与气化压力的关系图

$$2C+O_2=2CO$$
$$C+H_2O=CO+H_2$$
$$C+CO_2=2CO$$
$$C+2H_2=CH_4$$
$$CO+3H_2=CH_4+H_2O$$

由以上方程式可以看出煤气主要成分随压力变化的原因。

（1）压力对氧气耗量的影响

压力提高可以减少氧气的消耗。

$$C+2H_2=CH_4$$
$$CO+3H_2=CH_4+H_2O$$
$$CO_2+4H_2=CH_4+2H_2O$$
$$2CO+2H_2=CO_2+CH_4$$

压力的提高,利于甲烷化反应进行。从以上甲烷化反应看出,煤气中甲烷量大增,同时甲烷化的反应均为放热反应,其反应热作为第二热源,从而减少了第一热源气体氧气燃烧的消耗。比如煤气热值一定时,在 1.96 MPa 下消耗的氧气仅为常压气化时的 1/3～1/2。

（2）压力对蒸汽耗量的影响

压力提高,蒸汽耗量增加,图 2-3 为气化压力与蒸汽耗量的关系图。

由水蒸气参与的反应 $C+H_2O=CO+H_2$ 可以看出压力提高,不利于水蒸气的分解,这样就造成生产中的两个矛盾:一为甲烷生成的反应需要氢气,而氢气的重要来源就是水蒸气分解的;二为实际操作中,固态排渣的气化过程还需要用蒸汽分解来操控炉温,防止固态排渣气化炉结渣,但在加压情况下,水蒸气的分解率下降了,所以只能依靠增加水蒸气的消耗量来解决以上矛盾。水蒸气的消耗量增大,但分解率下降,这是固体排渣气化炉生产的一大缺陷。

（3）压力对气化炉生产能力的影响

压力提高,可以使气化生产能力提高。如果常压气化炉和加压气化炉中带出物的数量

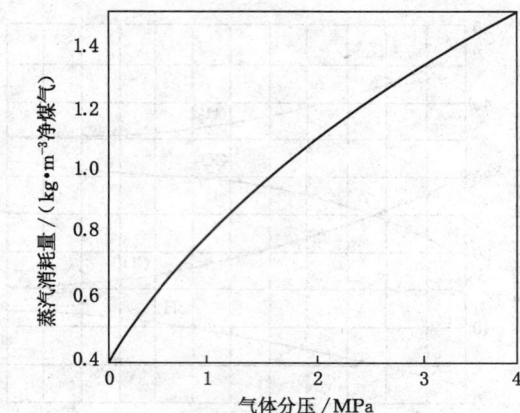

图 2-3　气体分压与蒸汽耗量关系

相等,可近似得出加压气化炉与常压气化炉生产能力之比如下:

$$\frac{v_2}{v_1}=\sqrt{\frac{T_1 p_2}{T_2 p_1}} \tag{2-3}$$

对于常压气化炉,p_1 通常略高于大气压,当 $p_1=0.107\,8$ MPa 左右时,常压、加压炉的气化温度之比 $T_1/T_2=1.1\sim1.25$,则由式(2-3)可得:

$$\frac{v_2}{v_1}=(3.19\sim3.41)\sqrt{p_2} \tag{2-4}$$

比如气化压力为 $2.5\sim3$ MPa 的鲁奇加压气化炉,其生产能力将比常压下高 5～6 倍。

(4) 压力对煤气产率的影响

压力增大,会使煤气产率下降。加压,煤气体积减小,同时煤气中有大量的二氧化碳,一旦脱除,会使净煤气体积大为减少。

第二节　煤炭气化的分类

目前采用的煤炭气化方法很多,根据不同的分类方法就有不同的气化方法。

一、按是否需要开采分类

按煤炭是否需要开采可分为地下气化与地面气化。地下气化、地面气化的气化原理相同,在某些场合,煤层不适合开采,进行开采既不经济又不安全时,可采用地下气化方法(详见第七章)。地面气化技术是目前最常用的技术,随着新工艺、新设备、新技术的开发和利用,地面气化技术越来越成熟和完善。

二、按气化剂和供热方式分类

反应热的供入方式对气化炉最佳设计及气化效率有重要的影响。气化所需要的热量可由气化炉内部或者外部提供。在气化炉内部产生即为内热式;自外部提供即为外热式。迄今为止,成熟的气化工艺都是自热式过程,外热式还处于开发阶段。表 2-1 列出了自热式气化炉中不同产热方式的比较。

表 2-1　　　　　　　　　　　　　自热式气化炉中不同产热方式的比较

反应物质	优点	缺点	适用场合
空气	耗费少	N_2 稀释了煤气	低热值煤气
H_2	高 CH_4 含量	CH_4 需进一步分离转化	加热气
O_2	可获得纯度高的煤气	需制氧设备	中热值煤气及合成气
CaO	不需要制造 O_2	再生未解决	合成气和加热气

　　按气化剂和供热方式来看,目前通常采用的及正在研究中的气化方法可归纳为五种,包括自热式煤的水蒸气气化、外热式煤的水蒸气气化、煤的加氢气化、煤的水蒸气气化和加氢气化相结合制造代用天然气,以及煤的水蒸气气化和甲烷化相结合制造代用天然气。

　　(一)自热式煤的水蒸气气化

　　自热式煤的水蒸气气化的气化剂主要是空气或 O_2 和 H_2O(气),煤气主要有效成分有 CO、H_2。这种方式的缺陷是外界供热,煤与水蒸气反应进行吸热反应所耗热量是由煤与氧气进行的放热反应所提供的,所需工业氧价格较贵,煤气中 CO_2 含量高。图 2-4 为煤的自热式气化原理。

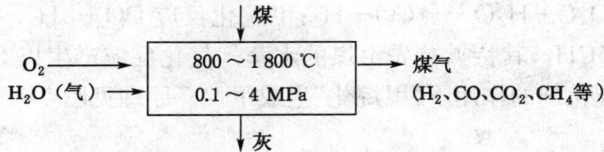

图 2-4　煤的自热式气化原理

　　(二)外热式煤的水蒸气气化

　　外热式煤的水蒸气气化的气化剂为 H_2O(气),煤气主要有效成分为 CO、H_2。这种方式的缺点是气化炉外部供热(煤仅与水蒸气反应),气化炉传热差,不经济,局限于这种缺陷,这类方式在实际生产中应用和推广也受到很大的限制。

　　(三)煤的加氢气化

　　煤的加氢气化的气化剂为 H_2,煤气主要有效成分为 CH_4。这种方式的特点是煤气主要由 CH_4 组成(代用天然气),但会产生残焦(含碳残渣),且煤与 H_2 加压生成 CH_4 的反应性比煤与水蒸气的反应性要小。原理如图 2-5 所示。

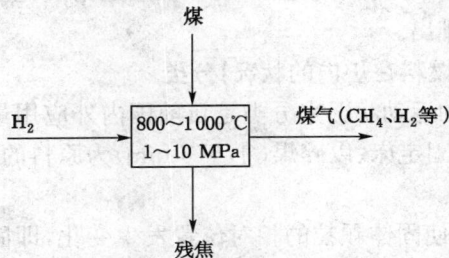

图 2-5　煤的加氢气化原理

（四）煤的水蒸气气化和加氢气化相结合制造代用天然气

此方式的气化剂为 O_2 和 H_2O（气），发生的主要反应有：加氢阶段 $C+H_2 \longrightarrow CH_4$；水蒸气气化阶段 $C+O_2 \longrightarrow CO_2$、$2C+O_2 \longrightarrow 2CO$、$C+H_2O \longrightarrow CO+H_2$。煤气主要有效成分为 CH_4，过程的特点是首先进行加氢气化，产生残焦再与水蒸气反应，产生加氢阶段用氢气。原理见图 2-6。

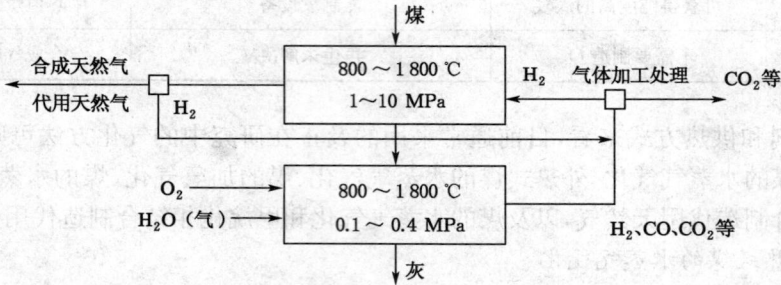

图 2-6　煤的水蒸气气化和加氢气化相结合制造代用天然气原理

（五）煤的水蒸气气化和甲烷化相结合制造代用天然气

此方式的气化剂有 O_2 和 H_2O（气），发生的主要反应：水蒸气气化阶段 $C+O_2 \longrightarrow CO_2$、$2C+O_2 \longrightarrow 2CO$、$C+H_2O \longrightarrow CO+H_2$；甲烷化反应 $CO+3H_2 \longrightarrow CH_4+H_2O$。煤气的主要有效成分是 CH_4，其特点首先由煤的水蒸气气化反应产生以 CO 和 H_2 为主的合成气，然后合成气在催化剂的作用下"甲烷化"生成甲烷。原理见图 2-7。

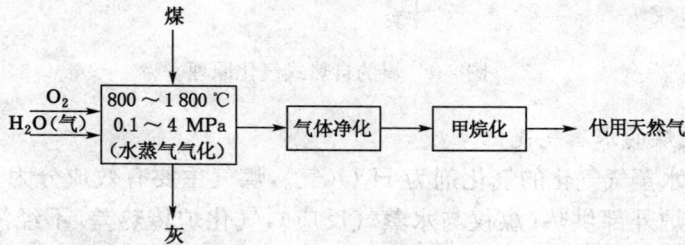

图 2-7　煤的水蒸气气化和甲烷化相结合制造代用天然气原理

三、按灰渣排出形态分类

按灰渣排出形态分类可分为固态排渣气化和液态排渣气化。固态排渣是指煤燃尽成为灰渣，灰渣以松碎的固体状态排出气化炉；液态排渣是指气化温度高于灰渣的熔化温度，气化后的灰渣熔化成液态排出。

四、按流体力学行为（燃料在炉内的状况）分类

按照燃料在气化炉内的运动状况来分类是目前国内外应用最广泛的一种，一般分为以块煤（6～50 mm）为原料的固定床、以碎煤（小于 6 mm）为原料的流化床和以粉煤（小于 0.1 mm）为原料的气流床等。

固定床：气流速度不致使固体颗粒的相对位置发生变化，即固体颗粒处于固定状态，床层高度基本上维持不变。由于气化过程是连续进行的，燃料连续从气化炉的上部加入，形成的灰从底部连续排出，所以燃料是以缓慢的速度向下移动的，故又称为移动床。

流化床:气流速度提高,固体颗粒全部浮动起来,但是仍逗留在床层中不被流体带出。这时的床层内固体颗粒具有了流体的特性,这时的床层称流化床。

气流床:进一步提高流速,固体颗粒不能继续逗留在床层中,开始被流体带出容器外,固体颗粒的分散流动与气体质点的流动类似。这时的床层相当于一个气流输送设备,因而被称为气流床。

三种气化方法的比较见图 2-8。几种床层状态的气化炉简介如下。

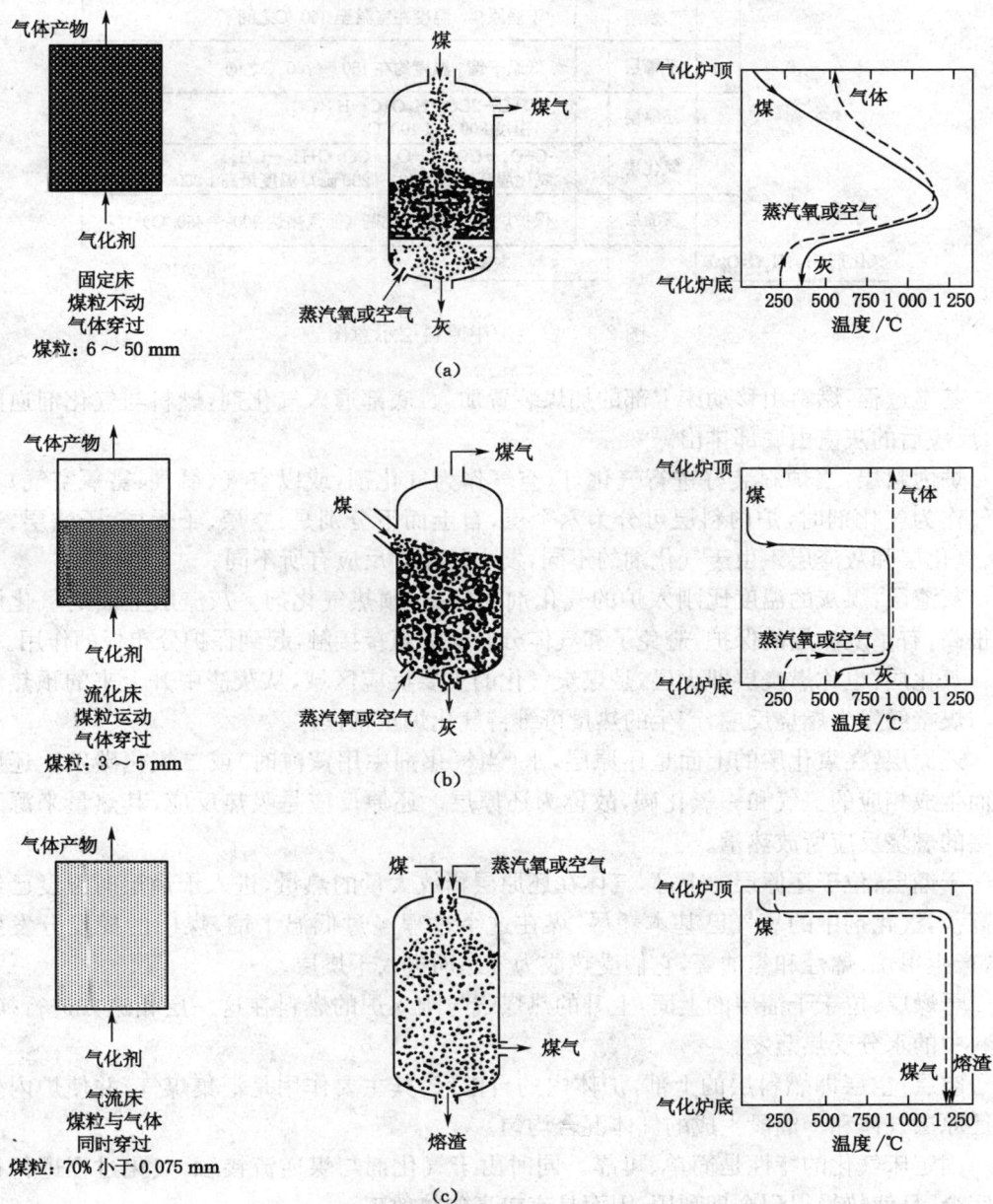

图 2-8 三种气化方法示意图
(a) 固定床;(b) 流化床;(c) 气流床

1. 固定床(移动床)气化炉

原料是 6～50 mm 块煤或者煤焦,炉体上部加料,排灰一般为固态或者液态排灰,灰渣和煤气出口温度都不高,炉内情况如图 2-9 所示,煤焦与产生的煤气、气化剂与灰渣都进行逆向热交换。

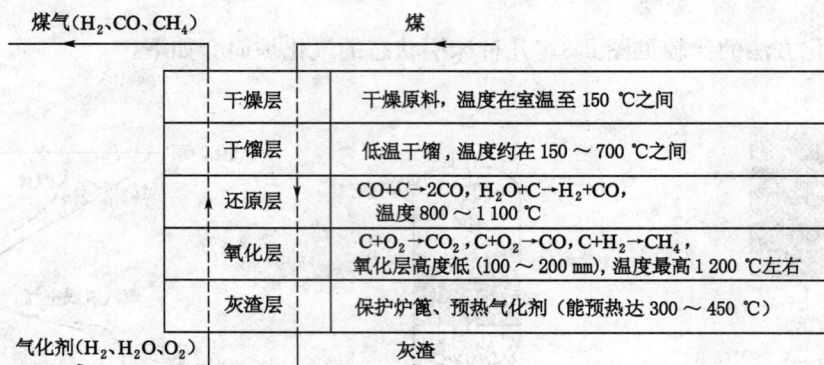

干燥层	干燥原料,温度在室温至 150 ℃之间
干馏层	低温干馏,温度约在 150～700 ℃之间
还原层	$CO+C\rightarrow 2CO$, $H_2O+C\rightarrow H_2+CO$, 温度 800～1 100 ℃
氧化层	$C+O_2\rightarrow CO_2$, $C+O_2\rightarrow CO$, $C+H_2\rightarrow CH_4$, 氧化层高度低(100～200 mm),温度最高 1 200 ℃左右
灰渣层	保护炉箅、预热气化剂(能预热达 300～450 ℃)

图 2-9　发生炉中原料层示意图

基本过程:燃料由移动床上部的加煤装置加入,底部通入气化剂,燃料与气化剂逆向流动,反应后的灰渣由底部排出。

炉内料层:当炉料装好进行气化,以空气作为气化剂,或以空气(氧气、富氧空气)与水蒸气作为气化剂时,炉内料层可分为六个层,自上而下分别是:空层、干燥层、干馏层、还原层、氧化层和灰渣层。由于气化剂的不同,发生的化学反应有所不同。

灰渣层:煤灰的温度比刚入炉的气化剂温度高,预热气化剂。灰渣层上面的氧化层温度很高,有了灰渣层的保护,避免了和气体分布板的直接接触,起到保护分布板的作用。

氧化层:也称燃烧层即火层,是煤炭气化的重要反应区域,从灰渣中升上来的预热气化剂与煤接触发生燃烧反应,产生的热量可维持气化炉正常操作。

还原层:在氧化层的上面是还原层,水(当气化剂中用蒸汽时)或二氧化碳发生还原反应而生成相应的氢气和一氧化碳,故称为还原层。还原反应是吸热反应,其热量来源于氧化层的燃烧反应所放热量。

干馏层:位于还原层的上部,气体在还原层释放大量的热量,进入干馏层时温度已经不太高了,气化剂中的氧气已基本耗尽,煤在这个过程经过低温干馏,煤中的挥发分发生裂解,产生甲烷、烯烃和焦油等,它们受热成为气态而进入干燥层。

干燥层:位于干馏层的上面,上升的热煤气与刚入炉的燃料在这一层相遇并进行换热,燃料中的水分受热蒸发。

空层:空层即燃料层的上部,炉体内的自由区,其主要作用是汇集煤气,并使炉内生成的还原层气体和干馏段生成的气体混合均匀。

固定床气化的特性是简单、可靠。同时由于气化剂与煤逆流接触,气化过程进行得比较完全,且使热量得到合理利用,因而具有较高的热效率。

2. 流化床气化炉

原料粒度在 3～5 mm,一般为固态排渣,灰渣和煤气出口温度均接近炉温,炉内温度均匀,炉内情况为悬浮沸腾。

过程特点:气化剂通过粉煤层,使燃料处于悬浮状态,固体颗粒的运动如沸腾的液体一样。气化用煤的粒度一般较小,比表面积大,气固相运动剧烈。整个床层温度和组成一致,所产生的煤气和灰渣都在炉温下排出,因而导出的煤气中基本不含焦油类物。

过程分析:煤料入炉的瞬间即被加热到炉内温度,几乎同时进行着水分的蒸发、挥发分的分解、焦油的裂化、碳的燃烧与气化过程。为防止可能出现结焦而破坏床层的正常流化,沸腾床内温度不能太高。

流化床具有流体的流动特性,因而向气化炉加料或由气化炉出灰都比较方便。整个床内的温度均匀,容易调节。但采用这种气化途径,对原料煤的性质很敏感,煤的黏结性、热稳定性、水分、灰熔点变化时,易使操作不正常。

3. 气流床气化炉

原料粒度一般为粉煤(70%以上通过200目网),煤与气化剂并流加料,灰渣排出为液态排渣,灰渣和煤气出口温度都接近炉温,炉内煤与气化剂在高温火焰中反应。

气化过程:微小的粉煤在火焰中经部分氧化提供热量,然后进行气化反应,粉煤与气化剂均匀混合,通过特殊的喷嘴进入气化炉后瞬间着火,直接发生反应,温度高达2 000 ℃。所产生的炉渣和煤气一起在接近炉温下排出,由于温度高,煤气中不含焦油等物质,剩余的煤渣以液态的形式从炉底排出。

4. 熔池气化炉

熔池气化炉为气—固—液三相反应器(图2-10),原料为6 mm以下直至煤粉所有范围的煤粒,燃料与气化剂并流加入,灰渣以液态排出,灰渣和煤气出口温度都接近炉温,炉内熔池是液态的熔灰、熔盐或熔融金属作为气化剂和煤的分散剂,作为热源供煤中挥发物的热解和干馏。

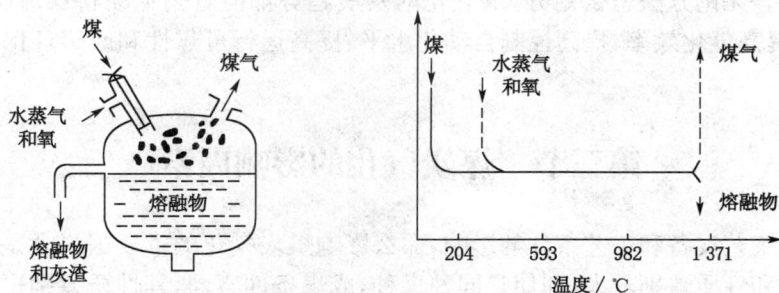

图2-10　熔池气化炉炉内情况

气化过程:燃料和气化剂并流进入炉内,煤在熔融的灰渣、金属或熔盐中直接接触气化剂而气化,生成的煤气由炉顶导出,灰渣则以液态和熔融物一起溢流出气化炉。如图2-10所示。

炉内温度很高,燃料一进入床内便迅速被加热气化,因而没有焦油类的物质生成。熔融床不同于移动床、沸腾床和气流床,对煤的粒度没有过分限制,大部分熔融床气化炉使用磨得很粗的煤,也包括粉煤。熔融床也可以使用强黏结性煤、高灰煤和高硫煤。缺点是热损失大,熔融物对环境污染严重,高温熔盐会对炉体造成严重腐蚀。

表2-2为几种床层气化炉的比较。

表 2-2 几种床层气化炉的比较

	固定床	流化床	气流床	熔融床
气化过程	块煤炉顶供给,与热空气逆流,依次通过干燥区、气化区、燃烧区,焦炭与 O_2、H_2O 作用生成煤气	小颗粒煤粒在炉底供给高速气化剂和蒸汽带动下边流态翻滚边在高温炉床内气化	小煤粒的干煤或湿态煤与气化剂高速从喷嘴喷入,在高温高压欠氧下完成气化	煤粉与氧一起从喷嘴喷进熔融金属表面,在高温下瞬时气化
气化温度/℃	440～1 400	800～1 100	1 200～1 700	＞1 500
优点	低温煤气易于净化;适于高灰熔点煤;技术成熟,全世界煤气化装置容量占 90%	操作简单,动力消耗少;对耐火炉衬要求低;适于高灰熔点的煤	碳转化率高;液态灰渣易排出;煤种适应性广	煤种适应性广;气化效率高
缺点	不适于焦结性强的煤;低温干馏产生煤焦油、沥青等;单段炉不易大型化	容量较小;飞灰中未燃尽,碳多	对耐火炉衬要求高;适于低灰熔点煤	适于低灰熔点煤
碳转化/%	99	95	97～99	—
实用例	UGI Lurgi 鲁奇炉 液态排渣鲁奇炉	Winker KRW U—GAS	Texaco shell K—T 炉	开发中

除了以上的分类方法外,气化炉在生产操作过程中根据使用的压力不同,又分为常压气化炉和加压气化炉;根据过程是否连续,分为间歇气化和连续气化等。气化工艺在很大程度上影响煤化工产品的成本和效率,采用高效、低耗、无污染的煤气化工艺(技术)是发展煤化工的重要前提,其中反应器便是工艺的核心,可以说气化工艺的发展是随着反应器的发展而发展的。无论方法怎么划分,煤气化的发展趋势都向着拓宽原料煤适应范围、提高单炉产气量、提高气化效率、提高控制自动化水平、提高运行可靠性和改善环保特性的方向发展。

第三节　煤炭气化的影响因素

假若排除工艺设备和工艺条件的影响,那么影响煤炭气化的重要因素就是原料了。不同煤种的组成和性质差别较大,即使是同种煤种,成煤条件不同,其性质差别也很大。煤的组成、结构、煤阶之间的差别都会影响和决定煤炭气化过程,影响气化结果。

一、煤种对气化的影响

为了有效控制实际的生产过程,能够通过变化煤种来获得优质经济的煤气,可将气化用煤进行分类。一是气化时不黏结也不产生焦油,所生产的煤气中只含有少量的甲烷,不饱和碳氢化合物极少,但煤气热值较低,如无烟煤、焦炭、半焦和贫煤等;二是气化时黏结并产生焦油,煤气中的不饱和烃、碳氢化合物较多,煤气净化系统较复杂,煤气的热值较高,如弱黏结或不黏结烟煤等;三是气化时不黏结但产生焦油,如褐煤;四是气化时不黏结,能产生大量的甲烷,如泥炭。

(一)对煤气的组分和产率的影响

1. 对发热值和组成的影响

煤气的发热值是指标准状态下 1 m³ 煤气在完全燃烧时所放出热量的发热值,如果燃烧产物中的水分以液态形式存在称高发热值;如果水以气态形式存在称低发热值。

在各种相同的操作条件下,不同的煤种所产煤气的发热值不同,组成也不同。例如,以年轻的褐煤为气化原料时所制得的煤气甲烷含量高,发热值比其他煤种都高,这是由于褐煤的挥发分高、变质程度低,煤气中的干馏气比例大,而干馏气中的甲烷含量高,同时年轻煤的气化温度低也有利于甲烷的生成。

压力越大,同一煤种制取的煤气的发热值越高。同一操作压力下,煤气发热值由高到低的顺序依次是褐煤、气煤、无烟煤。这是由于随着变质程度的提高,煤的挥发分逐渐降低。

2. 对煤气产率的影响

一般来说,煤中挥发分越高,转变为焦油的有机物就越多,煤气的产率下降;此外,随着煤中挥发分的增加,粗煤气中的二氧化碳是增加的,这样在脱除二氧化碳后的净煤气产率下降得更快。

(二) 对消耗指标的影响

煤炭气化过程需要吸收大量的热量,该热量通过炉内的碳和氧气燃烧以后放出的热量来维持,这样就产生了水蒸气、氧气等指标的消耗。

不同煤种消耗指标的规律为:随着变质程度的加深,从泥炭、褐煤、烟煤到无烟煤,煤中碳的质量分数从 55%～62% 增至 88.98%,在气化时所消耗的水蒸气、氧气等气化剂的数量也相应增大。

产生以上规律的原因可从这几个角度来分析:固定碳含量低、挥发分低的煤种,气化时进至气化段的碳量多,则氧和水蒸气消耗多;不同煤种的活性不同,高活性的煤有利于甲烷的生成,相应消耗的氧气少一些;煤中水分、灰分含量越高,气化时消耗的热量越多,则氧耗也高。

(三) 焦油组成和产率的影响

焦油产率与煤种性质有关,一般变质程度较深的气煤和长焰煤比变质程度浅的褐煤焦油产率大,而变质程度更深的烟煤和无烟煤,其焦油产率更低。

二、煤质对气化的影响

(一) 水分

煤中水分存在形式有以下几种。外在水分:在煤的开采、运输、储存和洗选过程中润湿在煤的外表面以及大毛细孔而形成的;内在水分:吸附或凝聚在煤内部较小的毛细孔中的水分,失去内在水分的煤为绝对干燥煤;结晶水:以硫酸钙、高岭土等形式存在的,通常大于 200 ℃以上才能析出。

1. 水分对常压气化的影响

常压气化时,气化用煤中水分含量过高,会降低气化段的温度,降低了煤气的产率和气化效率。

气化用煤中水分含量过高,煤料未经充分干燥就进入干馏层,影响了干馏的正常进行,而没有彻底干馏的煤进入气化段后,又会降低气化段的温度,使得甲烷的生成反应和二氧化碳、水蒸气的还原反应速度显著减小,降低了煤气的产率和气化效率。

2. 水分对加压气化的影响

加压气化时,适量的水分可使气化的速度加快,生成的煤气质量较好。

　　加压气化对炉温的要求比常压气化炉低，而炉身一般比常压气化炉高，有较高的干燥层，允许进炉煤的水分含量高。适量的水分对加压气化是有好处的，水分高的煤，往往挥发分较高，在干馏阶段，煤半焦形成时的气孔率大，当其进入气化层时，反应气体通过内扩散进入固体内部时容易进行，因而气化的速度加快，生成的煤气质量也好。

　　3. 水分对固定床气化的影响

　　一般生产中，煤中水分含量在 8%～10%。

　　气化炉顶部温度必须高于煤气的露点温度，避免液态水出现。煤气中水分含量太高，入炉煤需要进行预干燥以降低煤气的露点温度；另一方面，煤中水分含量太高而加热的速度又太快时，煤中水分逸出太快，容易使煤块碎裂而引起出炉煤气的含尘量增高。同时由于煤气中水含量增高时，在后续工段的煤气冷却过程中，会产生大量的废液，增加废水处理量。

　　4. 水分对流化床和气流床气化的影响

　　煤的含水量应小于 5%，烟煤的气流床气化法干法加料要求水分含量应小于 2%。

　　采用流化床和气流床气化时，固体颗粒粉碎的粒度很小，过高的含水量会降低颗粒的流动性，因而规定煤的含水量小于 5%。尤其对烟煤的气流床气化法，采用干法加料时，要求原料煤的水分含量应小于 2%，以便粉煤的气动输送。

　　（二）挥发分

　　挥发分是指煤在加热时逸出的煤气、焦油和热解水等。这些气体若添加到气化煤气中可增加煤气热值。煤气的用途不同气化用煤中挥发分含量的大小要求不一。

　　1. 气化煤气用做燃料时，则可选用挥发分较高的煤为原料

　　当煤气用做燃料时，要求甲烷含量高、热值大，则可以选用挥发分较高的煤做原料，在所得的煤气中甲烷的含量较大。

　　2. 气化煤气用合成气时，可选用低挥发分的原料煤

　　当制取的煤气用做工业生产的合成气时，一般要求使用低挥发分、低硫的无烟煤、半焦或焦炭，因为年轻的煤种，生产的煤气中焦油产率高，焦油容易堵塞管道和阀门，给焦油分离带来一定的困难，同时也增加了含氰废水的处理量。更重要的是，对合成气来讲甲烷可能成为一种有害的气体。例如，合成氨用的半水煤气，要求氢气含量高，而这时甲烷却变成了一种杂质，含量不能太大，要求挥发分小于 10%。

　　（三）硫分

　　气化用燃料中硫含量应是越低越好。高硫分有很大缺点，介绍如下：

　　1. 会增加煤气含硫量

　　煤在气化时，其中 80%～85% 的硫以 H_2S 和 CS_2 的形式进入煤气当中，增加煤气含硫量，加重煤气脱硫的任务。

　　2. 会造成环境影响

　　如果制得的煤气用于燃料时，比如用做城市民用煤气，其硫含量要达到国家标准，否则燃烧后大量的 SO_2 会排入大气，污染环境。

　　3. 会使催化剂中毒

　　用做合成原料气时，硫化物的存在会使得合成催化剂中毒，煤气中硫化物的含量越高，后面工段脱硫的负担会越重。

（四）灰分

将一定量的煤样在 800 ℃ 的条件下完全燃烧,残余物即灰分,表明了煤中矿物质含量的大小。灰分的存在是影响气化过程正常进行的主要原因之一。低灰的煤种有利于煤的气化生产,能提高气化效率、生产出优质煤气,但低灰煤价格高,使煤气的综合成本上升。采用哪一种原料,要结合具体的气化工艺、当地的煤炭资源来综合考虑。

1. 灰分的不利影响

（1）灰渣中碳损失

在气化过程中熔化的灰分将未反应的原料颗粒包裹起来而随着灰排出,造成碳的损失。灰分的大量增加,不可避免地增加了炉渣的排出量,随炉渣排出的碳损耗量也必然增加。

（2）灰渣对环境的影响

煤中矿物质含许多成分,在气化中会形成污染。如重金属（As、Cd、Cr、Ni、Pd、Se、Sb、Ti、Zn)的化合物可能升华；强碱金属盐在 1 350 K 以上时挥发；当氧气充足或不足时形成 SO_x 或 H_2S、COS、CS_2 等含硫化合物。

灰分不是"惰性"物质,它消耗反应热,灰分每增加 1%,氧耗增加 0.7%～0.8%,煤耗增加 1.3%～1.5%,使净煤气的产率下降；灰分会影响成浆,增加对耐火砖的侵蚀和磨损,以及对阀门、管道、设备的磨损,造成堵塞,影响运行；气化时由于少量碳的表面被灰分覆盖,气化剂和碳表面的接触面积减少,降低了气化效率；煤中灰分高,不仅增加了运输的费用,而且对气化过程有许多不利的影响。

2. 对灰分的要求

（1）加压气化煤种灰分的要求

加压气化用煤灰分可高达 55% 左右而不至于影响生产的正常进行。原因：① 加压操作时,气化剂的浓度高,扩散能力强,能够透过煤灰表面与碳进行较为完全的反应。② 进入炉中的气化剂的速度也比常压气化小,在炉内停留时间长,有较长的时间和煤反应。

（2）气化炉对灰分的要求

从加压气化炉排出的灰渣中碳含量在 5% 左右,常压气化炉在 15% 左右,对于液态排渣的气化炉,常在 2% 以下。

3. 灰熔点和结渣性

（1）灰熔点的含义

灰熔点就是灰分软化、熔融时的温度。煤炭气化时的灰熔点有两方面的意义：一是气化炉正常操作时,不致使灰熔融而影响正常生产的最高温度,固态排渣要低于此温度；二是采用液态排渣的气化炉所必须超过的最低温度。

表 2-3 列出了典型灰渣的质量百分数组成。

表 2-3　　　　　　　　　　　　**典型灰渣组成（质量百分数）**

SiO_2	Al_2O_3	TiO_2	Fe_2O_3	CaO	MgO	K_2O	Na_2O	P_2O_3
37～60	16～33	0.9～1.9	4～25	3～15	1.2～2.9	0.3～3.6	0.2～1.9	0.1～2.4

SiO_2、Al_2O_3、TiO_2 等酸性组分会提高熔点,碱性组分降低熔点,加助熔剂 Fe_2O_3 或 CaO 会降熔点。

（2）结渣性的危害

结渣性是指在气化和燃烧过程中由于温度较高,灰分可能熔融成黏稠性物质并结成大块。

其危害性有下面三点:一是影响气化剂的均匀分布,增加排灰的困难;二是为防止结渣采用较低的操作温度而影响了煤气质量和产量;三是气化炉的内壁由于结渣而缩短了寿命。

（3）灰熔点和结渣性的关系

煤的结渣性与灰熔点有一定的关系。需要说明的是,生产实践表明,灰熔点有时并不能完全反映煤在气化时的结渣情况。确切地讲,煤的结渣性除与煤的灰熔点有关外,还与煤中灰分含量有关。当然,气化炉的操作条件也是影响结渣性的重要因素。

固态排渣气化:一般地,灰熔点越高,灰分越难结渣;相反,则灰熔点越低,灰分越易结渣。

一般用于固态排渣气化炉的煤,在气化时不能出现结渣,对于灰熔点低的煤,为防止结渣,就要加大水蒸气的用量,使气化的温度维持在灰熔点以下,故炉温的升高受到灰熔点的限制;对于灰熔点高的煤种,可采用较高的操作温度。

液态排渣气化:液态排渣却相反,灰熔点越低越好,但要保证灰渣有一定的流动性,其黏度应小于 25 Pa·s,黏度太大,液渣的流动性变差,还有可能出现结渣。

4. 灰渣的黏度

灰渣的黏度受温度的影响。对于液态排渣影响较大,液态排渣要求灰渣的黏度要小,流动性要好。

5. 灰分的熔聚性

实验证明,在还原气氛中,灰分在低于软化点约 100 ℃时,就会产生液态物质将其他未熔化的晶体"黏聚"起来,形成具有一定强度的熔聚物。灰分的熔聚行为是灰熔聚气化法的一个重要指标。

（五）固定碳

固定碳是煤干馏后焦炭中的主要成分。在结构上可能是稠密或多孔,质地上可能是硬的或软的,在反应上可能是活泼的或不活泼,所以固定碳的性质与原料的性质、压力、加热速度及加热终温等条件有关。

三、煤的理化性质对气化的影响

（一）煤的黏结性

1. 强黏结的煤不宜用于气化

一般结焦或较强黏结的煤不用于气化过程(尤其是固定床气化过程)。适用的气化用煤是不黏结或弱黏结性煤(由于气流床气化炉内,煤粒之间接触甚少,故可使用黏结性煤。)。

黏结性煤在气化时,干馏层能形成一种黏性胶状流动物,称胶质体,这种物质有黏结煤粒的能力,使料层的透气性变差,阻碍气体流动,出现炉内崩料或架桥现象,使煤料不易往下移动,导致操作恶化。

2. 破黏方法

（1）为破坏煤的黏结性,一般在煤气发生炉上部设置机械搅拌装置,并在搅拌器的上面安装有一起旋转的布煤器,可以降低、减轻和破坏煤的黏结能力并能使煤在炉膛内分布均匀。

（2）对原料进行瘦化处理，气化一些黏度较大的煤时，在入炉煤内混配一些无黏结性的煤或灰渣，以降低煤料的黏结性。

（二）煤的热稳定性

煤的热稳定性是指煤在加热时，是否容易碎裂的性质。

热稳定性主要对固定床气化过程有影响。热稳定性差的煤在气化时，伴随气化温度的升高，煤易碎裂成煤末和细粒，对固定床内的气流均匀分布和正常流动造成严重的影响。

无烟煤的机械强度较大，但热稳定性较差，一般不应该在固定床气化炉中使用。用无烟煤为原料，在移动床内生产水煤气时，在鼓风阶段气流速度大，温度急剧上升，所以，需要无烟煤的热稳定性高，以保证气化的顺利进行。

（三）煤的机械强度

煤的机械强度是煤抗碎、抗磨和抗压等性能的综合体现。固定床气化炉：煤的机械强度影响灰带出量和气化强度；流化床气化炉：煤的机械强度影响流化床层中是否能保持煤粒大小均匀一致的状态；气流床气化炉：煤的机械强度对生产操作不会产生太大的影响，反而节约磨煤的能耗。

（四）煤的粒度

粒度与比表面间的关系：煤的粒径越小，其比表面积越大。如表 2-4、表 2-5 所列。

表 2-4　　　　　　　　　　　　　　几种煤的比表面积

燃料		粒度	总表面积/cm^2	体积/cm^3	比表面积/$cm^2 \cdot cm^{-3}$
泥煤	煤砖	120 mm×60 mm×30 mm	2 340	216	10.8
	砖球	ϕ20 mm	56.3	4.18	13.5
褐煤		ϕ15 mm	28.8	1.78	16.4
气煤		ϕ12 mm	13.5	0.904	14.8
黏结性煤		ϕ10 mm	7.5	0.524	14.3
碎焦		ϕ6 mm	1.48	0.113	13.2
无烟煤		ϕ4 mm	0.51	0.042	12.1

表 2-5　　　　　　　　　　　　　　褐煤不同粒径的气化实验结果

项目	1	2	3	4
煤粒度/mm	0～40	3～40	6～40	10～40
0～6 mm 的煤颗粒（质量分数）/%	28.4	—	—	3.0
灰分含量（质量分数）/%	32.41	28.80	23.62	21.46
水蒸气消耗/kg·(m^3 粗煤气)$^{-1}$	1.26	1.05	0.97	0.94
氧气消耗/m^3·(m^3 粗煤气)$^{-1}$	0.159	0.14	0.136	0.128
煤消耗/kg·(m^3 粗煤气)$^{-1}$	1.23	1.022	0.97	0.93

煤粒度的大小以及粒度的分布对煤炭气化过程的各项指标有重要的影响。为了控制煤的带出量，气化炉实际生产能力有一个上限，对加压气化而言，粉煤带出量不应超过入炉

煤总量的 1%，为限制 2 mm 的煤粒不被带出，炉内上部空间煤气的实际速度最大为 0.9～0.95 m/s。

气化炉内某一粒径的颗粒被带出气化炉的条件是：气化炉内上部空间气体的实际气流速度大于颗粒的沉降速度。气化炉上部空间的气流速度用下式计算：

$$u=-\frac{V}{3\,600\times A}\times\frac{1.013\times10^5}{p}\times\frac{T}{273.15} \tag{2-5}$$

式中　u——煤气在工况下的实际流速，m/s；

　　　V——湿煤气的体积流量，Nm^3/h；

　　　A——气化炉截面积，m^2；

　　　P——实际气体压力，Pa；

　　　T——炉上部空间煤气温度，K。

颗粒沉降速度的计算公式为：

$$u_t=\sqrt{\frac{4gd_p(\rho_s-\rho_g)}{3\rho_g C_D}}$$

$$d_p=\frac{1}{\sum_{i=1}^{n}\frac{x_i}{d_i}} \tag{2-6}$$

式中　u_t——煤颗粒沉降速度，m/s；

　　　g——重力加速度，9.8 N/kg；

　　　ρ_s——煤颗粒密度，kg/Nm^3；

　　　ρ_g——炉上部空间煤气密度，kg/Nm^3；

　　　d_p——颗粒平均直径，m；

　　　x_i——筛分颗粒质量分率，无因次；

　　　d_i——某一筛分颗粒直径，m；

　　　C_D——阻力系数，无因次。

从式(2-5)、式(2-6)可以看出，当气化炉的生产能力低(即 V 小)、气化压力高(即 p 大)时，煤气的实际流速小。随煤气流速的减小被带出气化炉的颗粒粒度小，颗粒总带出量减小。

入炉煤颗粒的直径除考虑颗粒的带出速度外还与气化用炉型及使用的具体煤种有关。

出矿的煤料含有大量的细粉煤，6 mm 以下的细粉煤含量取决于采矿机械系统，一般在 30%～60%。

固定床气化炉中煤的粒度应该均匀合理。细粉煤比例不应该太大，可将细粉煤制成煤球使用。

流化床气化炉中一般要求煤的粒度 3～5 mm，并且十分接近。如果原料粒度太小，加上煤粒间的摩擦形成细粉，会使煤气中带出物增多；若粒度太大，则挥发分逸出会受到阻碍。

气流床气化炉(干法进料)：要求<0.1 mm，即至少 70%～90% 的<200 网目粉煤。

（五）煤的反应性

煤的反应性是指在一定的条件下，煤炭与不同气化介质(如二氧化碳、氧、水蒸气和氢)

相互作用的反应能力。

不论何种气化工艺,煤活性高总是有利的。

一是利于甲烷的生成。当制造合成天然气时,有利于甲烷的生成反应。

二是降低了氧气的耗量。反应性高的煤在低温下也可与水蒸气进行反应,同时还进行甲烷生成的放热反应,可减少氧气耗量。

三是容易避免结渣现象。当使用具有相同的灰熔点而活性较高的原煤时,由于气化反应可在较低的温度下进行,可避免结渣现象。

本 章 小 结

(1) 煤炭气化是在一定温度、压力条件下,用气化剂将煤中的有机物转变为煤气的过程。煤炭气化过程是一系列物理、化学变化过程。可划分为干燥、热解、气化和燃烧四个阶段。干燥属于物理变化,随着温度的升高,煤中的水分受热蒸发;其他属于化学变化。

(2) 影响煤气化反应的因素很多,其中工艺条件的影响很大。选择工艺条件,要分析煤炭气化过程的化学平衡和反应速度。温度是影响气化反应的重要因素,升高温度化学平衡向吸热反应方向移动,有利于反应向正反应方向进行,即生成 CO 和 H_2 的方向,所以升高温度有利于主反应。压力对于液相反应影响较小,但对于有气相物参与的反应平衡的影响是比较大的,增大压力平衡向气体体积减小的方向进行,降低压力平衡向气体体积增大方向进行。

(3) 煤炭气化的分类,按是否需要开采分类包括地下气化、地面气化等;按气化剂和供热方式分类包括自热式煤的水蒸气气化、外热式煤的水蒸气气化、煤的加氢气化、煤的水蒸气气化和加氢气化相结合制造代用天然气,以及煤的水蒸气气化和甲烷化相结合制造代用天然气等;按流体力学行为(燃料在炉内的状况)分类包括固定床、流化床和气流床等。

(4) 煤炭气化的影响因素包括煤种、煤质及煤的理化性质。

自 测 题

一、判断题

1. 煤炭气化是在一定温度、压力、隔绝空气条件下,将煤中的有机物转变为煤气的过程(　)。

2. 压力提高,可以使气化生产能力提高(　)。

3. 压力提高可以增加氧气的消耗(　)。

二、填空题

1. 煤炭气化原料指煤或煤焦,所用气化剂是＿＿＿＿＿＿＿、＿＿＿＿＿＿＿或＿＿＿＿＿＿＿等。

2. 固定床发生炉中,原料层可以分为六层:＿＿＿＿＿＿＿层、＿＿＿＿＿＿＿层、＿＿＿＿＿＿＿层、＿＿＿＿＿＿＿层、＿＿＿＿＿＿＿层和＿＿＿＿＿＿＿层。

3. 气化工艺中,当以固态排渣时,为了防止结渣可以提高气化剂中＿＿＿＿＿＿＿的含量。

4. 气化所需具备的三个条件为_____、_____和_____,三者缺一不可。

三、选择题

1. 在固定床发生炉中原料层分为五层,其中还原层内的主要化学反应是_____。

A. $C+O_2 \longrightarrow CO_2$　　$C+O_2 \longrightarrow CO$

B. $CO_2+C \longrightarrow CO$　　$CO+H_2 \longrightarrow CH_4+H_2O$

C. $C+O_2 \longrightarrow CO$　　$C+H_2O \longrightarrow CO+H_2$

D. $CO_2+C \longrightarrow CO$　　$C+H_2O \longrightarrow CO+H_2$

2. 下列关于固定床加压气化的原理与工艺说法不正确的是_____。

A. 蒸汽耗量比常压下低,是固态排渣加压气化炉的优点

B. 加压气化所得到的煤气产率低

C. 加压气化节省了煤气输送动力消耗

D. 就生产能力而言,使用加压气化后比常压下有所提高

3. 下列关于自热式气化炉中产热方式说法不正确的是_____。

A. 利用空气中氧气与碳反应供热,氮气稀释煤气

B. 利用氢气与碳反应供热,煤气中甲烷含量高

C. 使用氧化钙:$CaO+CO_2=CaCO_3$,所形成 $CaCO_3$ 的再生是难点

D. 使用氧气与碳反应,煤气热值比利用空气时要低

4. 灰熔点是煤灰的_____的温度。

A. 软化、熔融　　B. 凝固　　C. 燃烧　　D. 流动

5. 德士古气化炉的排渣为_____。

A. 固态排渣　　B. 液态排渣　　C. 固液两相排渣

四、简答题

1. 什么是固态排渣和液态排渣?

2. 简述固定床(移动床)气化炉内煤与气化剂的接触变化过程。

第三章　移动床气化工艺

【本章重点】　常压移动床气化及加压移动床气化工艺。
【本章难点】　两段炉制气、间歇法气化工艺及加压气化工艺流程。
【学习目标】　掌握发生炉煤气、两段炉制气、间歇法气化工艺和加压气化工艺流程；了解移动床煤气化新工艺。

第一节　概　　述

　　移动床气化曾称固定床气化，是煤料靠重力下降与气流接触，或气化剂以较低速度（5～6 mm/s）由下而上通过炽热的煤粒床层时，从相对静止的煤粒空隙穿过而相互反应产生煤气的方法。

　　在移动床气化炉中煤由气化炉顶部加入，自上而下经过干燥层、干馏层、还原层和氧化层，最后形成灰渣排出炉外。有的炉型采用液态排渣方式，故最下部为熔渣层。气化介质则自下而上与煤形成逆流接触。为保证床层分布的均匀性和透气性，一般移动床气化炉要求入炉煤有一定的粒度（3～30 mm）和合理的粒级分布。

　　移动床气化分为常压和加压两类，常压移动床气化有混合煤气发生炉、水煤气发生炉和两段式气化炉，常见的有连续式气化工艺和间歇式气化——UGI工艺。加压的移动床气化主要有干法排渣鲁奇（Lurgi）炉和液态排渣鲁奇炉（BGL炉）。

一、常压移动床气化

　　常压移动床煤气化是以空气、蒸汽、氧为气化剂，将固体燃料转化成煤气的过程。自1882年第一台常压移动床煤气发生炉在德国投产以来，该项技术不断得到完善。由于技术成熟可靠，投资少，建设期短，在国内外仍广泛使用。在冶金、建材、机械等行业用于制取燃气。在中小型合成氨厂用于制取合成气。但可以预计，随着生产技术不断更新，企业生产规模不断扩大，装置大型化，而这种气化技术存在对原料要求严格、生产能力小、能耗高等缺点，故随着时间的推移终将被淘汰。

　　1. 煤气化产物的种类和用途

　　常压移动床气化生成煤气的有效成分主要有 H_2、CO 和少量 CH_4，用于合成氨生产的半水煤气中的氮也是有效成分。用做燃料的煤气的品质以单位发热量来衡量，而用做合成气的品质则以 CO 和 H_2 的体积百分含量来表示。工业煤气一般分为空气煤气、混合煤气（发生炉煤气）、水煤气、半水煤气和中热值煤气。煤气的种类、大致组分和用途见表3-1。

表 3-1 煤气的种类、组分和用途

煤气名称	气化剂	煤气组分						低热值/kJ·m⁻³ (kcal·m⁻³)	用途
		H_2	CO	CO_2	N_2	CH_4	O_2		
空气煤气	空气	2.6	10	14.7	72.0	0.5	0.2	3 768~4 605 (900~1 100)	与其他气体混用做燃气
混合煤气	空气、蒸汽	13.5	27.5	5.50	52.8	0.5	0.2	5 024~7 327 (1 200~1 750)	燃料气
水煤气	蒸汽、氧	48.4	38.5	6.0	6.4	0.5	0.2	10 048~11 304 (2 400~2 700)	化工原料制氢,燃气掺混气
半水煤气	蒸汽、空气	40.0	30.7	8.0	14.6	0.5	0.2	8 792~9 629 (2 100~2 300)	合成氨原料气
中热值煤气	富氧、蒸汽	22.8	18.0	18.5	—	14.1	—	15 072 (3 600)	城市煤气

2. 煤气发生炉内的燃料分布情况

固定床实质上是移动床。只是床层各层面的参数基本恒定,床层无明显运移。移动床的气化过程如图 3-1 所示。以空气—水蒸气或氧—水蒸气为气化剂的气化炉内各区层的作用特性见表 3-2。

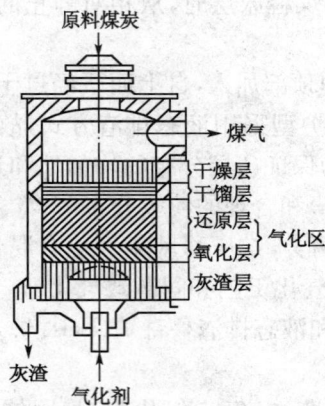

图 3-1 移动床气化过程

表 3-2 煤气炉燃料层各区域特性(由下而上)

区域	区域名称	进行过程及用途	主要化学反应
1	灰渣区	分配气化剂,防止炉箅过热,预热气化剂约400 ℃	
2	氧化区(燃烧区)	碳与气化剂中的氧进行反应生成一氧化碳及二氧化碳并放出热量	$C+O_2 \longrightarrow CO_2+408.8$ MJ $2C+O_2 \longrightarrow 2CO+246.4$ MJ
3	还原区	二氧化碳还原成一氧化碳,水蒸气分解成氢,热量由氧化层上升之热气体供给约1 100 ℃	$CO_2+C \longrightarrow 2CO-162.4$ MJ $H_2O(g)+C \longrightarrow CO+H_2-118.8$ MJ $2H_2O(g)+C \longrightarrow CO_2+2H_2-75.2$ MJ $CO+H_2O(g) \longrightarrow CO_2+H_2+43.6$ MJ

区域	区域名称	进行过程及用途	主要化学反应
4	干馏区	燃料与上升的热煤气换热进行热解,煤干馏成半焦或熟煤,释放出挥发分、水分、轻油、焦油、苯酚、硫化氢、甲烷、氨等 500~600 ℃	
5	干燥区	依靠气体显热蒸发煤中水分约 350 ℃	
6	气相(自由)空间	积聚煤气,沉降部分夹带炭尘	有时伴有部分水煤气变换反应 $CO+H_2O \longrightarrow CO_2+H_2$

二、加压移动床气化

移动床加压煤气化炉是 Lurgi 公司开发的,其主要特点是带有夹套锅炉固态排渣的加压煤气化炉,原料是碎煤,经加压气化得到粗煤气($CO+H_2$)。煤和气化剂(蒸汽和氧气)在炉中逆流接触,煤在炉中停留时间 1~3 h,压力 2.0~3.0 MPa。因此,通常将这种气化技术称为 Lurgi 碎煤气化工艺,所采用的气化炉称 Lurgi 炉。碎煤固定层加压气化采用的原料粒度为 5~50 mm,气化剂采用水蒸气与纯氧,随着气化压力的提高,气化强度大幅提高,单炉制气能力可达 35 000 m³(标)/h(干基)以上,而且煤气的热值增加。碎煤加压气化在中国城市煤气生产和制取合成气方面受到广泛重视。

1. 碎煤加压气化特点

碎煤加压气化有以下特点。

(1)原料适应性:原料适应范围广,除黏结性较强的烟煤外,从褐煤到无烟煤均可气化;由于气化压力较高,气流速度低,可气化较小粒度的碎煤;可气化水分、灰分较高的劣质煤。

(2)生产过程:单炉生产能力大,最高可达 75 000 m³(标)/h(干基);气化过程是连续进行的,有利于实现自动控制;气化压力高,可缩小设备和管道尺寸,利用气化后的余压可以进行长距离输送;气化较年轻的煤时,可以得到各种有价值的焦油、轻质油及粗酚等多种副产品;通过改变压力和后续工艺流程,可以制得 H_2/CO 各种不同比例的化工合成原料气,拓宽了加压气化的应用范围。

2. 碎煤加压气化发展史

鲁奇碎煤加压气化技术的发展根据炉型的变化大致可划分为三个发展阶段。

第一阶段:1930~1954 年。1930 年在德国希尔士斐尔德建立了第一套加压气化试验装置,1936 年设计了第一代工业化的鲁奇炉,以褐煤为原料生产城市煤气,气化剂为氧气和水蒸气,气化剂通过炉箅的中空转轴由炉底中心送入炉内,出灰口设在炉底侧面,炉内壁有耐火衬里,只能气化非黏结性煤,气化强度较低。

第二阶段:1954~1965 年。为了能够气化弱黏结性的烟煤,提高气化强度,联邦德国鲁尔煤气公司与鲁奇公司合作建立了一套试验装置,对泥煤、褐煤、次烟煤、长焰煤、贫煤和无烟煤进行了气化试验,根据试验结果设计了第二代鲁奇炉。该炉型在炉内设置了搅拌装置,起到了破黏作用,从而可以气化弱黏结性煤,同时取消了炉内的耐火衬里,设置了水夹套,排灰改为炉底中心排灰,气化剂由炉底侧向进入炉箅下部。

第三阶段:1969~。为了进一步提高鲁奇炉的生产能力,扩大煤种的应用范围,满足现代化大型工厂的生产需要,经对第二代炉改进,开发了第三代鲁奇炉,其内径增大到 3.8 m,采用双层夹套外壳,炉内装有搅拌器和煤分布器,转动炉箅采用宝塔形结构,多层布气,单炉产气量提高到 35 000～55 000 m³(标)/h(干气),同时第三代炉的结构材料、制造方法、操作控制等均采用了现代技术,自动化程度较高。

三、常压移动床气化与加压移动床气化的比较

常压移动床间歇制气工艺的特点是:常压气化,固体加料 10～70 mm,固体排渣,间歇气化,空气和蒸汽作为气化剂,吹风和制气阶段交替进行。代表炉型有美国的 UGI 与苏联的 UGII。其优点是历史悠久,技术成熟,设备简单,投资省,生产经验丰富;缺点是技术落后,原料动力消耗高,碳转化率低,产品成本高,生产强度低,程控阀门多,维修工作量大,废气废水排放多,污染严重,面临淘汰。

常压移动床连续制气工艺的特点是:常压气化,固体加料与排渣,连续制气,富氧空气(氧占 50%)或氧加蒸汽做气化剂,无废气排放。其优点是连续制气,操作简单,程控阀门少,维修费用低,生产强度大,碳转化率在 80%～84%;缺点是需空分装置,投资比较大。常压移动床连续制气工艺的技术突破在于以氧气或富氧空气加蒸汽做气化剂,由于气化剂中氧含量的增加,在气化反应过程中,燃烧产生的热量与煤和蒸汽分解所需要的热量能够实现平衡,这样可得到稳定的反应温度和固定的反应床层,实现连续制气,不用专门吹风,无废气排放,生产强度和能源利用率都有了很大的提高。

加压移动床气化工艺的特点是:加压气化,固体加料 5～55 mm,固体排渣,连续气化,氧气和蒸汽作为气化剂,设有加压的煤锁斗和灰储斗。优点:加压气化(3.1 MPa),生产强度大,碳转化率约 90%;缺点:反应温度略低,煤气中含有焦油和酚类物质,气体净化和废水处理复杂,且流程较长,投资比较大。

四、移动床气化对煤质量的要求

原料煤的性质对气化过程影响很大。移动床气化对煤的选择尤为严格。

1. 水分

煤中水分含量随煤的碳化度而异。无烟煤和烟煤含水多在 5% 以下。次烟煤和褐煤含水 10%～30%。煤中水分和挥发分含量有关,随挥发分降低而降低。气化用煤含水量越低越好,一般要求不超过 8%。煤中水分高,会增加气化过程的热损失,降低煤气产率和气化效率,使消耗定额增加。有资料认为:若灰分含量不超过 10%,则允许水分含量达到 35%。但必须有足够高的燃料层,使原料在进入气化区时得到充分预热。

2. 挥发分

移动床气化制合成气时挥发分含量以不超过 6% 为宜。因为挥发分经干馏后进入煤气,焦油和其他烃类凝结后易堵塞管道,处理相当困难。而其中的甲烷等不凝性气体会增加压缩工序的功耗。

3. 化学活性

化学活性是指煤与气化剂中氧、蒸汽、二氧化碳及氢的反应能力。化学活性高有利于气化过程,可以提高气体质量和增加气化能力。由于可以降低气化温度而降低氧耗,在回收吹风气时可以提高气化效率。煤的化学活性对不同的气化剂有一致的趋向。

4. 灰分及灰熔点

灰分的组成多为钙、镁、铁的碳酸盐,钾、镁等的硅铝酸盐,钙、镁、铝、钠、钾等的硅酸盐、硫酸盐,以及硫化物、钠盐及氧化亚铁等。气化用煤灰分越低越好,一般控制在 16% 以下。一般要求灰熔点 T_2 在 1 250 ℃以上。在生产中常用通入过量蒸汽的方法防止灰分

烧结。

5. 固定碳

它是气化燃料的有效成分。一般要求固定碳在 60% 以上。

6. 硫分

煤中的硫分为有机硫、单质硫、硫化物和硫酸盐四种形态。气化时硫变成硫化氢和有机硫存在于煤气中,对设备会产生腐蚀。合成气硫化物会引起后续工序触媒中毒,所以要求煤中硫分越低越好。

7. 热稳定性

热稳定性是指在高温下燃料保持原来粒度大小的性质,对气化工艺影响很大。热稳定性差的煤,在气化过程易破碎,使床层阻力增加,煤气中带出物增加。热稳定性≥70% 为宜。

8. 机械强度

机械强度差的煤在运输和破碎中易于生成碎屑。不仅增加成本,而且不利于气化过程。要求煤的抗碎强度≥65%。

9. 黏结性

煤气炉对煤的黏结性很敏感。黏结性强的煤很容易在气化炉内生成拱焦,破坏气化层中气体的分布,以至于使气化过程无法进行。

10. 粒度

入炉原料的粒度大小和粒度范围对气化炉的操作有很大的影响。小粒原料的比表面积大,有利于气化,但床层阻力上升使生产强度下降。而大块则相反。移动床气化特别要求煤粒度均匀,否则会影响煤气炉的正常操作。

综上所述,移动床气化对原料的要求是低水、低灰、低硫、高活性、高灰熔性、热稳定性好、机械强度高、不黏结、粒度均匀适中。

第二节 发生炉煤气

一、发生炉煤气的特性

以空气为气化剂与原料煤或焦炭发生反应制得的煤气称为空气煤气,热值约为 4.6 MJ/m³(标)。以空气和水蒸气为气化剂与原料煤或焦炭反应制得的煤气称为混合煤气(发生炉煤气)。混合煤气组成中无效气体约占 60% 左右,热值约为 5.02~5.86 MJ/m³(标)。由于其热值低,主要用做工业燃料气,亦可作为民用燃气的掺混气。可燃组分为 30% 左右的一氧化碳,一般不单独作为民用煤气使用。主要特性见表 3-3。

表 3-3　　　　　　　　　　**煤气特性表/(干煤气 0 ℃,101 325 Pa)**

煤气种类	相对平均分子质量	密度/kg·m⁻³(标)	相对密度(空气=1)	高热值/MJ·m⁻³(标)[kcal·m⁻³(标)]	低热值/MJ·m⁻³(标)[kcal·m⁻³(标)]	爆炸极限(空气中体积百分比)(上/下)	华白指数(Qₑ/r₀)
发生炉煤气	20.14	1.16	0.90	6.00 (1 314)	5.74 (1 372)	67.5/21.5	1 270

煤气种类	相对平均分子质量	密度/kg·m⁻³(标)	相对密度(空气=1)	高热值/MJ·m⁻³(标) [kcal·m⁻³(标)]	低热值/MJ·m⁻³(标) [kcal·m⁻³(标)]	爆炸极限空气中体积百分比)(上/下)	华白指数(Q_e/r_0)
混合煤气	15.00	0.67	0.52	15.41 (3 681)	13.86 (3 310)	42.6/6.1	4 040
水煤气	15.69	0.70	0.54	11.45 (2 735)	10.38 (2 480)	70.4/6.2	2 960
直立炉煤气	12.38	0.55	0.43	18.05 (4 310)	16.44 (3 854)	40.9/4.9	5 180

二、气化工艺流程和操作条件

发生炉煤气的工艺流程一般分为热煤气和冷煤气两种流程。

1. 热煤气流程

热煤气工艺流程见图 3-2。饱和空气经与煤气炉的碳反应生成 500 ℃ 左右的粗煤气,经旋风除尘器除去带出物以后(煤粉粒、焦油等),通过煤气管道直接送往用户。这种流程简单,煤气的显热得到利用,但煤气含焦油和煤粉量较多,对后续工序不利。

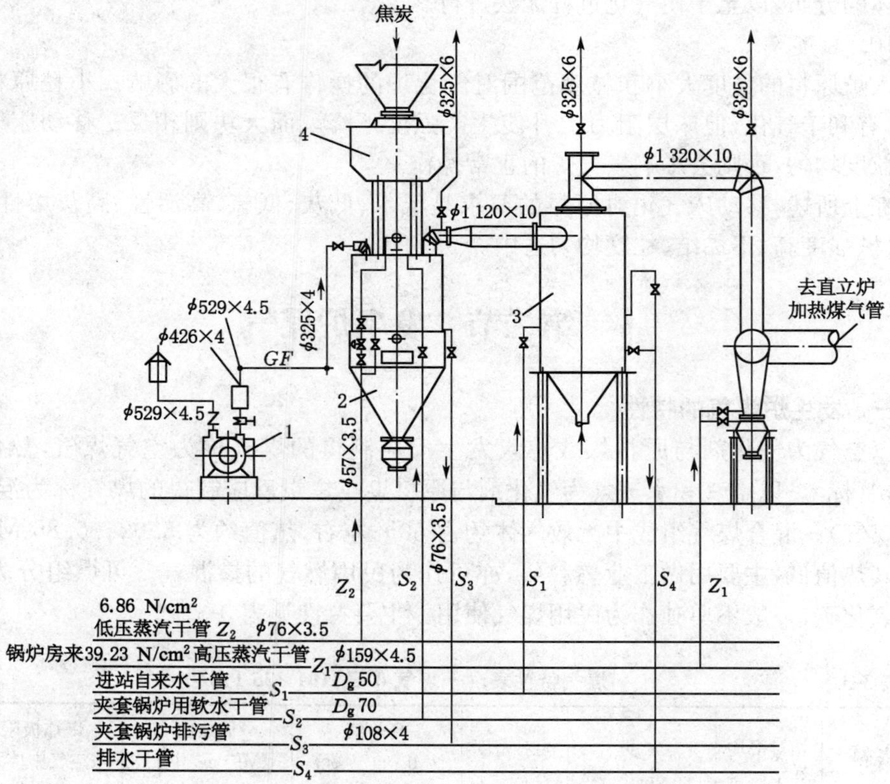

图 3-2 热煤气工艺流程图

1——鼓风机;2——威尔曼—格鲁夏型煤气发生炉;3——旋风除尘器;4——中间煤斗

2. 冷煤气流程

冷煤气工艺流程又因原料不同而分为焦炭(无烟煤)冷煤气流程和烟煤冷煤气流程。主要区分在于煤气的除焦油不同。

(1) 焦炭(无烟煤)冷煤气流程(图3-3)

煤气发生炉生成的约500 ℃的粗煤气,出炉后进入双竖管,经循环水冷却至80 ℃后,进入煤气洗涤塔,与冷却塔顶部喷下的冷却水逆流接触换热,煤气被冷却到30~40 ℃,由洗涤塔上部导出,经气水分离器除去水分后再送至用户。

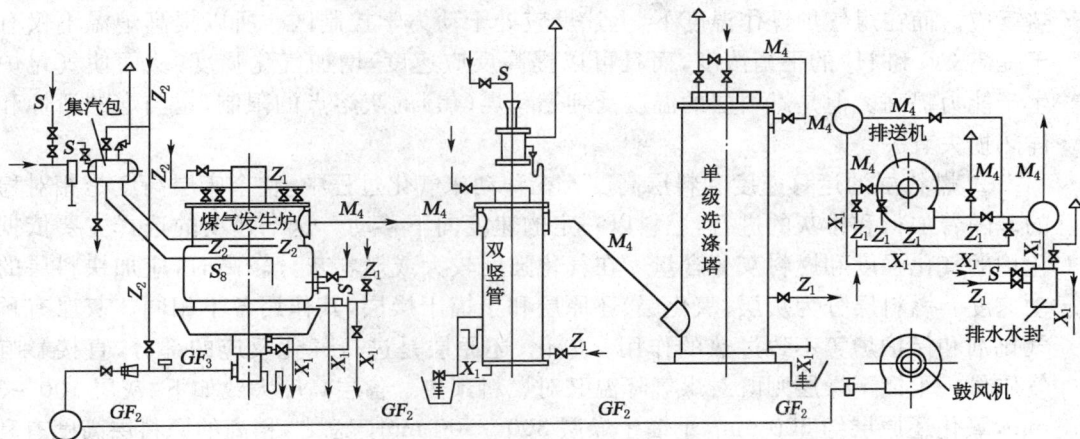

图3-3　焦炭(无烟煤)冷煤气工艺流程图

(2) 烟煤冷煤气流程(图3-4)

煤气炉产生的粗煤气约500 ℃,进入双竖管顶部,在塔内与冷却水逆流和并流接触,粗气中的焦油和带出物经洗涤自塔底排出,粗气则被冷却至80 ℃左右,出塔后经隔离水封去电捕焦油器脱除所夹带的95%以上的焦油雾。再进入三级洗涤塔,在塔内与冷却水逆流换热,煤气被冷却至35 ℃左右,洗涤水自塔底排出。出洗涤塔的冷煤气经气水分离器分离水滴后经排送机送往用户。

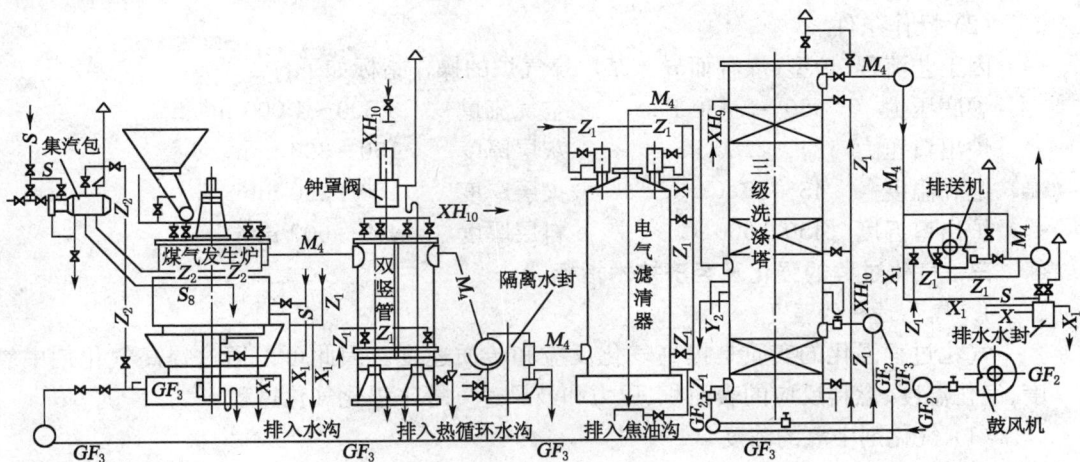

图3-4　烟煤冷煤气工艺流程图

3. 操作条件

(1) 气化过程的工艺条件

对于既定的原料、设备和工艺流程,为了获得质量优良的煤气和足够高的气化强度,就必须选择最佳的气化条件。

① 燃料层温度。合适的燃料层温度对煤气质量、气化强度及气化热效率至关重要。发生炉煤气中的有效成分($CO+H_2$)的含量主要取决于碳的氧化与还原反应($C+CO_2 \longrightarrow 2CO$)和水蒸气的分解反应[$C+H_2O(g) \longrightarrow CO+H_2$]。上面的两个反应均属吸热反应。而在煤气炉操作温度下,上述反应处于动力学控制区。所以提高炉温不仅有利于提高 CO 和 H_2 的平衡浓度,而且可以提高反应速度,增加气化强度,从而使气化炉的生产能力提高。但是燃料层的温度受到燃料煤(焦)的灰熔点的限制,也与煤的活性和炉体热损失有关。

② 燃料层的运移速度和料层高度。在移动床气化过程中,整个床层高度是相对稳定的。随着加料和排灰的进行,燃料以一定的速度向下移动。这个速度的选择主要依据气化炉的气化强度和燃料灰分含量。在气化强度较大或燃料灰分较高时,应加快料层的移动速度。燃料层分为灰层、氧化层、还原层和干馏干燥层,其作用各不相同。灰层有预热气化剂和保护炉箅不致过热的作用。氧化、还原层是进行气化反应的部分,直接影响煤气质量。干馏干燥层则既对煤气降温又对燃料预热。各层高度大致如下:灰层 100~300 mm,氧化还原层约 500 mm,干馏干燥层 300~500 mm。总之,稍高的原料层高度有利于气化过程。

③ 鼓风量。鼓风量适当提高,既可增大发生炉的生产能力,又有利于提高煤气的质量。若过大则床层阻力增加,煤气出口带出物增加,不利于生产。

④ 饱和温度。在发生炉煤气的生产过程中,加入蒸汽是重要的操作和调节手段。蒸汽既参加反应增加煤气中的可燃组分,过量的蒸汽又是调节床层温度重要手段。正常操作中,水蒸气单耗在 0.4~0.6 kg/kg(碳)之间,饱和温度 50~65 ℃之间,此时的蒸汽分解率约为 60%~70%。发生炉的负荷变化时,饱和温度应随之改变,气化强度变高,应调高饱和温度。反之,则调低饱和温度。

(2) 操作条件

因工艺流程、炉型、煤种而异。某厂煤气炉的操作指标如下:

炉底压力	980~3 430 Pa	空气流量	3 500~4 000 m³/h
炉出口压力	340~780 Pa	灰层厚度	150~300 mm
饱和温度	45~58 ℃	火层厚度	150~250 mm
炉出口温度	450~600 ℃	料层厚度	450~600 mm

三、气化过程的强化及经济技术指标

1. 气化过程的强化

气化过程强化的实质是提高气化反应和传质速度。因此可以通过提高气化剂中氧浓度、气化温度、燃料反应的表面积、压力和鼓风速度等来强化气化过程。

(1) 气化剂中氧的浓度

以富氧空气—蒸汽为气化剂时,气化剂中的氧浓度对气化指标的影响见表 3-4。

表 3-4　　　　　　　　　　　　气化剂中氧浓度对主要气化指标的影响

气化指标	干鼓风中的氧浓度/%(体积分数)					
	21.0	30.2	40.0	49.9	59.9	70.6
CO_2/%(体积分数)	6.0	13.2	14.7	15.4	16.4	17.4
CO/%(体积分数)	26.0	28.8	30.9	34.0	34.7	35.2
H_2/%(体积分数)	13.0	23.9	28.3	31.7	34.7	37.5
CH_4/%(体积分数)	0.5	0.5	0.5	0.5	0.5	0.5
N_2/%(体积分数)	54.5	33.6	25.6	18.4	13.7	9.4
煤气低热值/MJ·m⁻³(标)	4.857	6.448	7.180	7.955	8.322	8.709
干鼓风气的蒸汽消耗/kg·m⁻³(标)	0.25	0.6	0.9	1.3	1.7	2.0
蒸汽分解率/%	80	66	55	50		
气化效率/%	76.0	77.4	79.0	81.0	82.6	84.0
气化强度/kg·m⁻²·h⁻¹	200	263	330	405	372	327

从表中可以看出,随着氧浓度的提高,发生炉的生产能力、煤气热值、气化效率、煤气中的可燃成分(CO+H₂)含量均相应增大。煤气中的二氧化碳含量也上升。随着蒸汽消耗量的增加,蒸汽分解率也降低了。

(2) 气化温度

提高气化温度是增大气化反应速度,提高生产能力和改善煤气质量最有效的手段。可以通过提高气化剂中的氧浓度和气化剂温度的办法来提高气化温度,提高气化剂的饱和温度或对气化剂进行预热均可改善煤气质量。预热气化剂的效果如图 3-5 所示。反应温度受到煤的灰熔点的制约。

(3) 气化压力

提高气化压力有利于提高反应速度,也即提高了生产能力,也可使煤气中甲烷含量增加。

(4) 鼓风速度

适当地提高鼓风速度可以强化气化过程,提高气化炉的生产能力。但将使气化产物的带出物增加。

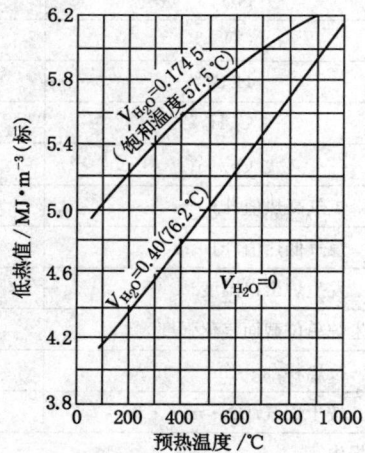

图 3-5　预热气化剂对
煤气热值的影响

(5) 燃料的粒度

燃料的粒度变小,扩大了气固相反应的接触面积,可以提高气化炉的生产能力,但却使床层阻力增加。因此,粒度必须和鼓风速度进行优化选择以达到经济运行的目的。粒度均匀是保证正常生产的前提。加强原料煤的管理,是强化气化过程的重要手段之一。

2. 发生炉制气的技术经济指标

混合煤气发生炉的气化技术经济指标见表 3-5。

表 3-5 混合煤气发生炉的气化技术经济指标

指标项目	原料种类			
	无烟煤	气 煤	褐 煤	泥 煤
原料				
水分/%	5	5	19	33
灰分/%	11	10	17	5
固定碳/%	78.6	68.0	46.0	36.0
挥发分(可燃基)/%	3.6	39.3	40.6	36.0
高热值/kJ·kg^{-1}	28 386.5	28 093.4	18 505.7	14 402.6
气化剂消耗量				
空气消耗量/m³·kg^{-1}	2.8	2.2	1.4	0.86
蒸汽消耗量/m³·kg^{-1}	0.32~0.5	0.2~0.3	0.12~0.22	0.07~0.12
蒸汽—空气温度/℃	50~57	45~55	45~55	47~53
干煤气产量、组分、热值、温度				
干煤气产量/m³·kg^{-1}	4.1	3.3	2.0	1.38
煤气组分:CO/%(体积分数)	27.5	26.5	30.0	28.0
H$_2$/%	13.5	13.5	13.0	15.0
CH$_4$/%	0.5	2.3	2.0	3.0
N$_2$/%	52.63	51.9	49.4	45.34
CO$_2$/%	5.5	5.0	5.0	8.0
H$_2$S/%	0.17	0.3	0.2	0.06
C$_m$H$_n$/%	0	0.30	0.20	0.40
O$_2$/%	0.20	0.20	0.20	0.20
煤气高热值/kJ·m^{-3}	5 442.8	6 196.5	6 489.5	6 950.0
煤气低热值/kJ·m^{-3}	5 150.0	5 442.8	6 112.7	6 531.4
发生炉出口温度/℃	350~600	520~650	110~330	70~100
发生炉单位截面气化强度				
按燃料/kg·m^{-2}·h^{-1}	200	280	260	360
按干煤气/m³·m^{-2}·h^{-1}	560	620	365	310
碳损失				
灰渣含碳量/%	15	12	12	4
带出物含碳量/%	3.8	4.5	3.0	2.0
煤焦油含碳量/%	0	3.4	3.0	5.7
碳平衡				
转入气体/%	94.0	89.0	87.0	86.0
灰渣带出/%	2.5	2.0	5.0	0.5
气相带出/%	3.5	5.0	3.0	1.0
成为焦油/%	0	4.0	5.0	12.5

指标项目	原料种类			
	无烟煤	气　煤	褐　煤	泥　煤
热平衡				
原料煤热值/%	94.5	96.7	97.0	97.8
干空气显热/%	0.7	0.6	0.5	0.3
蒸汽热焓/%	4.8	2.7	2.5	1.9
合计/%	100	100	100	100
出热				
煤气潜热/%	75.2	71.0	68.2	65.5
煤气显热/%	9.0	9.2	6.0	0.9
煤气中水分热焓/%	2.7	2.9	5.6	7.0
焦油热值/%	0			
水溶物热值/%	0	4.0	5.6	17.0
带出物热值%	4.5	4.0	4.0	2.0
灰渣热值/%	2.0	2.0	4.5	1.0
合计/%	93.4	93.1	93.9	93.4
其他损失/%	6.6	6.9	6.1	6.6
平衡/%	100	100	100	100

四、主要设备

常压移动床混合煤气发生炉是我国目前使用最广泛的煤气化设备。目前国内使用的混合煤气发生炉大致有以下几种。

1. M 型混合煤气发生炉

常压 M 型炉型是国内发生炉煤气用户使用最为广泛的煤气炉之一。M 型煤气发生炉是我国机械和热加工行业在原苏式基础上改进定型的 3M13 和 3M21。3M13 有搅拌装置，3M21 无搅拌。此炉型装备较多，运行经验成熟。

（1）3M21 型移动床混合煤气发生炉

3M21 型煤气发生炉不带搅拌破黏装置，适宜于气化贫煤、无烟煤和焦炭等不黏结性燃料，气化剂用空气和蒸汽，湿式排渣，炉膛内径 3 000 mm，产气量为 4 500 标准 m³/h，多用于冶金、玻璃等行业作为燃料气的生产装置。如图 3-6 所示，3M21 型气化炉的主体结构由四部分组成，即炉上部的加煤机构、中部为炉身、下部有除灰机构和气化剂的入炉装置。各主要部分的结构和功能介绍如下。

① 加煤机构。加煤机构的作用是将料仓中一定粒度的煤经相应部件传送，能基本保持煤的粒度不变，安全定量地送入气化炉内。加煤机构必须具有好的密封性，适当的传送距离，不挤压煤料而引起颗粒的破碎。3M21 型的加煤机构主要由一个滚筒、两个钟罩和传动装置组成。滚筒用来实现煤的定量加入，上钟罩接受滚筒落入的煤。

上下钟罩交替开闭，当上钟罩打开时，下钟罩与炉体断开并与炉体隔绝，煤被加入到上下钟罩之间，关闭上钟罩，打开下钟罩使煤料入炉，经分布锥均匀加入炉内。分布锥保证煤料在整个炉膛截面上均匀分布，不能出现离析现象，即大颗粒煤在四周，而小颗粒煤在中

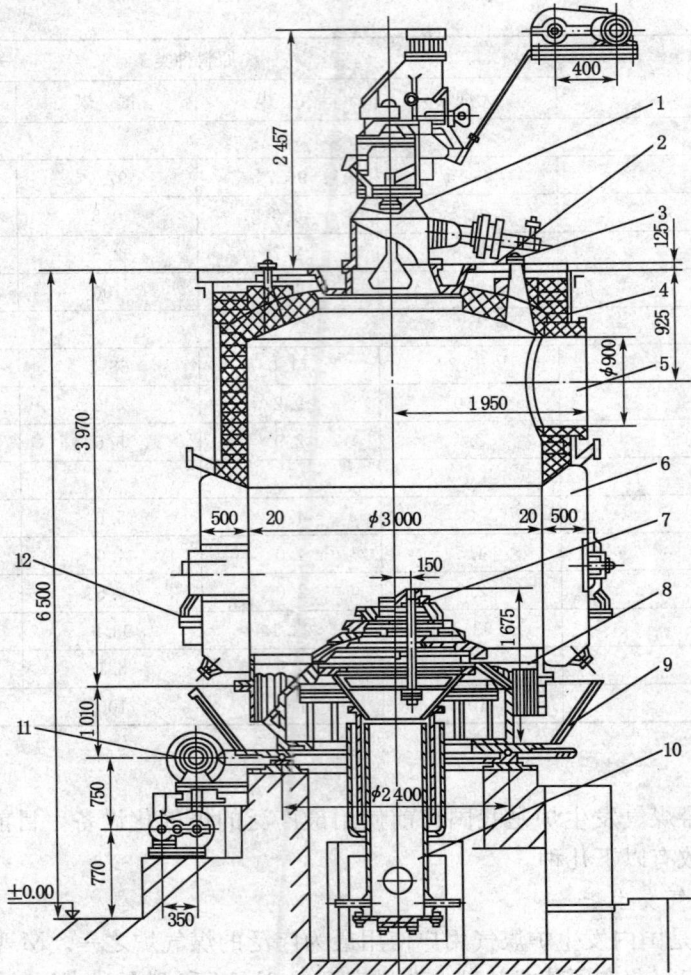

图 3-6　3M21 型煤气发生炉

1——加煤机；2——炉盖；3——探火孔；4——炉衬；5——煤气出口；6——蒸汽水套；
7——炉箅；8——碎渣圈；9——灰盘；10——通风箱；11——传动装置；12——支柱

间，可能出现中间高而四周低的不良状况。

② 中部炉身。中部炉身是煤气化的主要场所，上设探火孔、水夹套、耐火衬里等主要部分。探火孔的主要作用是在煤料的扒平、捅渣时通过它来进行，也通过探火孔用钎子测炉内气化层的温度、厚度等。探火孔由孔塞、孔座及喷气环等主要部分构成。对探火孔的要求是密封性要好，不能使煤气外泄。喷气环的作用是在打开探火孔时，为避免煤气外泄着火，从喷气环喷出的低压蒸汽斜向进入炉内空间上部，在探火孔处形成一层隔离气幕，防止煤气外泄和空气进入炉内。通入的蒸汽表压大于等于 0.4 MPa，蒸汽量不能太大以防将空气带入气化炉内引起爆炸。

水夹套是炉体的重要组成部分。由于强放热反应使得氧化段温度很高，一般在 1 000 ℃以上。加设水夹套的作用一是回收热量，产生一定压力的水蒸气供气化或探火孔气封使用；另一方面，可以防止气化炉局部过热而损坏。夹套水必须用软化水，特殊情况可暂时用自来水代替,但时间不宜太长,以防在夹套壁上形成水垢,影响传热。

碎渣圈位于炉体底部,上面与水套固定,下部有 6 把灰刀,内壁呈波纹型。当炉算和灰盘转动时,碎渣圈不动,可使大块灰渣受到挤压和剪切而碎裂,并下移。当灰渣移到小灰刀处,即被灰刀刮到灰盘。碎渣圈的另一作用是和灰盘外套构成水封装置,作为炉算密封用。

炉顶耐火衬里和水夹套上部耐火衬里的主要作用是保护炉身钢制外壳,防止因高温变形烧坏。耐火衬里也可以防止热量散失太大,炉体外部温度太高,操作条件恶化。耐火衬里的缺点是容易挂渣,为防止挂渣,可以采用全水套炉身结构。

③ 下部除灰机构。除灰机构的主要部件有炉算、灰盘、排灰刀和风箱等。其示意图如图 3-7 所示。炉算的主要作用是:支撑炉内总料层的重量,使气化剂在炉内均匀分布,与碎渣圈一起对灰渣进行破碎、移动和下落。它由四或五层炉算和炉算座重叠后用一长杆螺栓固定成一整体,然后固定在灰盘上。每两层炉算之间及最后一层炉算和炉算座之间开有布气孔,每层的布气量通过试验来确定。安装时炉算整体的中心线和炉体的中心线偏移 150 mm 左右的距离,可以避免灰渣卡死。具体结构如图 3-8 所示。灰盘是一敞口的盘状物,起储灰、出灰和水封的作用。灰盘内壁一般焊有斜钢筋,便于灰渣上移至灰槽。灰盘固定在大齿轮上,大齿轮装在钢球上,由电动机通过蜗轮、蜗杆带动大齿轮转动。以灰盘转速来调节出灰量和料层高度,灰盘转速一般在 0.177~1.77 r/h,具体应根据煤的灰分产率、气化强度、操作条件等实际情况来确定。

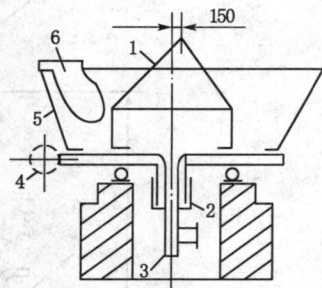

图 3-7　除灰机构示意图

1——炉算;2——水封;3——风箱;
4——蜗杆;5——灰盘;6——灰刀

3M21 型气化炉不带搅拌破黏装置,可以用来气化无烟煤、焦炭等无黏结性煤种。

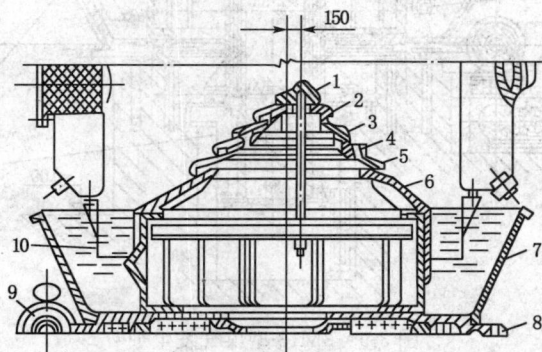

图 3-8　炉算示意图

1———层炉算;2——二层炉算;3——三层炉算;4——四层炉算;5——五层炉算;
6——炉算座;7——灰盘;8——大齿轮;9——蜗杆;10——裙板

(2) 3M13 型移动床混合煤气发生炉

3M13 型发生炉装有破黏装置,既能气化弱黏结性的煤如长焰煤、气煤等,又能气化无烟煤、焦炭等不黏结性燃料,生产的煤气可以用来作为燃料气。其结构如图 3-9 所示。炉顶盖上设有 8 个探火孔,用于探测炉内温度和检查气化层的分布情况。也可以实施捣炉操作。半水夹套可以产生约 0.07 MPa 的压力。

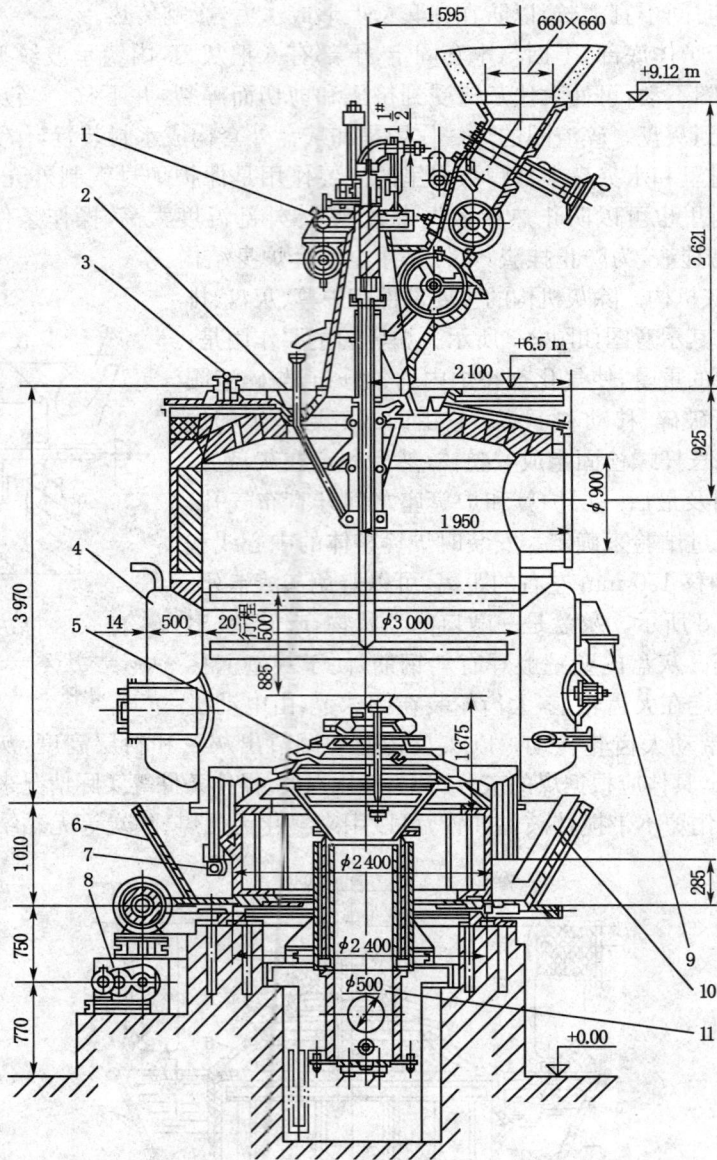

图 3-9 3M13 型煤气发生炉

1——加煤机和搅拌装置;2——炉盖;3——探火孔;4——炉体和水套;5——炉箅;6——灰盘;
7——小排灰刀;8——炉箅传动装置;9——支柱;10——大排灰刀;11——通风箱

3M13 型和 3M21 型的结构及操作指标基本相同,不同的是加煤机构和破黏装置。

该种加煤机的主要部件有煤斗闸门、计量给煤器、计量锁气器等。煤斗闸门是一闸板阀,其作用是对从煤斗进入计量给煤器的煤量大小初步调节。进入气化炉内的煤量最终由计量给煤器进行控制。计量给煤器的煤量调节,是通过计量给煤器上部的调节板与外壳的间隙大小进行的。通过手轮调节使间隙增大时,则进入给煤器的煤量增加,反之,则减少。计量锁气器的作用主要是隔断炉膛和计量给煤器,在加煤时煤气也不会进入计量给煤器内。通过计量锁气器的煤料进入炉内时,为了分布均匀,须通过一旋转的播煤板,沿炉周围均匀地进入炉内。

搅拌破黏装置的作用是破坏煤的黏结性,将炉内的煤层扒平。当电动机转动时,通过蜗轮减速机带动,搅拌装置以一定的转速在炉内旋转。同时,破黏装置在料层内的竖直方向上可以自由升降,搅拌黏结性大的燃料受力大,搅拌装置将上升;反之,将下降。这种设计的优点是能够避免搅拌装置因强行搅拌而损坏,缺点是气化黏结性较大的煤时,由于它自动上升,减弱了搅拌破黏作用。搅拌破黏装置所处的环境温度高,为避免烧坏,水平杆、竖直杆等部位做成空心结构,内通冷却水以降低温度。

2. W—G 型混合煤气发生炉

魏尔曼—格鲁夏(Wellman-Galusha)煤气发生炉简称 W—G 型煤气发生炉,是国内另一种被广泛采用的煤气发生炉。前述两种炉型均为半水夹套气化炉,W—G 型煤气发生炉属于全水夹套炉型,炉顶盖为温水冷却,炉内不用耐火砖,构成一个自产自用水蒸气的系统,见图 3-10。

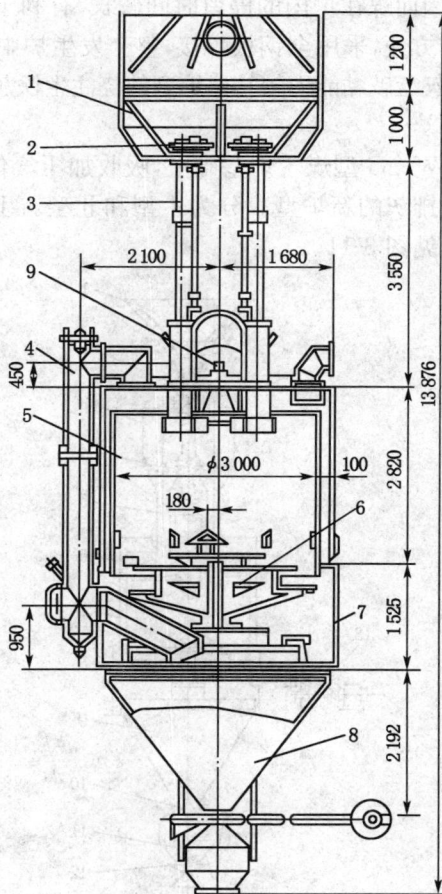

图 3-10 W—G 型煤气发生炉

1——料仓;2——加料控制系统;3——料管;4——饱和空气管;5——上炉体;
6——炉箅;7——下炉体;8——灰斗;9——探火孔

魏尔曼—格鲁夏气化炉采用输料管加煤或焦,输料管和炉膛内都处于满料状态,不存在一般气化炉的炉膛空间。为避免装料不均匀现象,炉内径为 3 m,采用了四根输料管。煤料由提升机送入炉子上面的受煤斗,再进入中料仓,然后由四根输料管加入炉内。输料管上下都有加煤阀,通过联锁装置来控制开闭。加煤时,四个上阀门关闭打开下阀门,煤料即进入炉内;加煤完毕,下阀门关闭,上阀门又打开接受煤料。如此循环往复。炉箅由钢板制造,顶部为铸铁件,偏心塔形。炉下部设有两个串联的灰斗,两个灰斗之间的阀门在排渣时起密封作用,当下阀门打开排渣时关闭上阀门,隔断炉膛和外界的通道,避免煤气外泄。

W—G 型发生炉的特点是水夹套非满水设计,气化用的空气首先鼓入水夹套中的水面上层空间与夹套产生的蒸汽混合增湿,饱和后的空气经过管 4 再导入气化炉的炉底进入炉内。另外,它采用了类似于 3M21 型的钟罩式加煤机构的出灰机构,比炉底采用水封的方法密封性能强,可以大大提高气化炉的鼓风能力,风压可以高达 8~10 kPa,从而提高气化强度和单台气化炉的生产能力。

W—G 型发生炉较一般的发生炉高,直径 3 m 的炉子其炉内料层高约 2.7 m,而 3M21 型发生炉却只有 1.1 m 左右。因而煤在炉内的停留时间较长,有利于气化进行完全。W—G 型发生炉的生产能力较大,操作方便,采用全钢板焊接,整个发生炉中的铸件很少,故制造方便,不利的地方是用钢板焊接的灰盘破黏能力较其他炉型的浇注生铁灰盘的破黏能力差。

3. TG 型混合煤气发生炉

TG 型煤气发生炉是在 W—G 型煤气炉基础上,吸收加压气化炉的某些结构特点,采用可编程序控制器实现加煤和排灰的新炉型。分为Ⅰ型和Ⅱ型。Ⅰ型无搅拌破黏装置,Ⅱ型有搅拌破黏装置。结构简图见图 3-11。

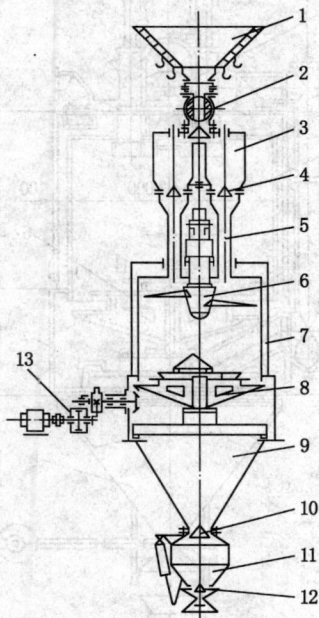

图 3-11　TG—3 m 型煤气发生炉

1——煤仓;2——滚筒阀;3——双煤锁;4——煤锁锥形阀;5——加料管;6——搅拌装置;7——炉体;
8——炉箅;9——灰斗;10——灰斗锥形阀;11——灰箱;12——灰箱锥形阀;13——炉箅传动机构

4. 3MT 型（威尔曼型）混合煤气发生炉

3MT 型（威尔曼型）混合煤气发生炉的结构见图 3-12。

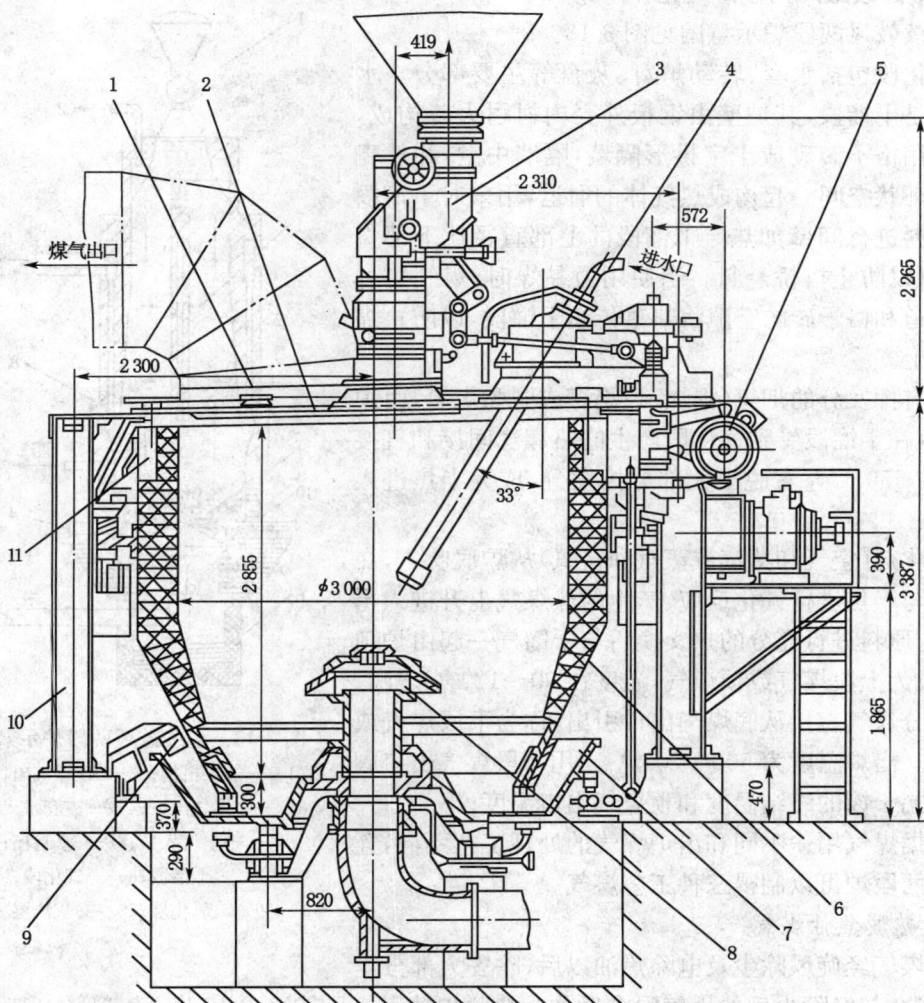

图 3-12　3MT 型（威尔曼型）混合煤气发生炉的结构

1——探火孔；2——炉盖；3——加煤机；4——搅拌机构；5——传动机构；6——炉体；7——灰盘；
8——炉箅；9——排灰刀；10——支柱；11——水封槽

第三节　两段炉制气

在常规的移动床气化炉上加装一个干馏段，与原有的移动床气化炉组成一个总的气化装置即成为两段气化炉。上段进行煤的干燥干馏过程，产生半焦。半焦进入下部气化段进行气化反应。煤中挥发物通过干馏段引出。也可以将干馏煤气和气化物一起由顶部引出。因此，在两段炉中可以得到含干馏产物和不含干馏产物的两股煤气。其煤气的成分和热值不同。由于两段炉的气化段可以按混合发生炉煤气或水煤气程式操作,因此两段炉又可以分为发生炉煤气型和水煤气型,即连续鼓风气化两段炉和循环鼓风两段气化炉。

一、连续鼓风两段炉气化

连续鼓风两段炉示意图见图 3-13。

气化段包括水套、转动炉箅、灰盘等主要部分。水套上部是干馏段,其炉壁由钢板外壳内衬耐火砖构成,炉膛内用格子砖砌成十字拱形隔墙,隔墙中空,和外壳衬砖的环状空间一起构成热气体的通道,用来对干馏段内的煤料进行间壁加热。干馏段的上部直径比下部直径小,可以防止搭桥悬料。当使用微黏煤时,煤气经过环状通道和格子砖的空隙将热量传给干馏段,以防止煤黏在壁上。

含有挥发分的烟煤(褐煤、长焰煤或弱黏煤等)由炉顶加入,在干馏段受到气化段产生的热煤气间接和直接加热,在 550 ℃ 左右脱出大部分挥发分,成为半焦进入气化段。

气化剂(空气和蒸汽或蒸汽和富氧)从炉底吹入,在气化段与半焦进行气化反应,产生的热煤气上升进入干馏段,与原料进行充分的热交换后与干馏气一起由炉顶引出,成为上段煤气或顶煤气,温度在 90~120 ℃ 之间。另一部分煤气直接从底煤气出口引出,称为下段煤气或底煤气。出炉温度为 500~700 ℃。用下段煤气出口阀调节控制干馏的终结温度和顶煤气出口温度。

根据煤气用途不同和出炉煤气的处理工艺不同,连续鼓风两段炉可以制得三种工艺煤气。

1. 热脱焦油煤气

顶煤气经旋风除尘及电除焦油以后,除去大部分尘粒和焦油,与经除尘后的煤气混合后称为热脱焦油煤气。其组成为:H_2 为 14%~18%;CO 为 23%~24.5%;CO_2 为 6.5%~6.8%;N_2 为 45%~47%;CH_4 为 4%~7%。

2. 冷净煤气

顶煤气经电捕焦油后,经冷凝器冷却到 30 ℃ 左右,再经电除焦油器除去轻质油。底煤气经除尘、洗涤和管式冷却器冷却到 30 ℃ 左右。两者混合即成冷净煤气。其组成大致为:H_2 为 13.3%~17.3%;CO 为 26.1%~32.2%;CO_2 为 1.8%~7.0%;N_2 为 46%~50.1%;CH_4 为 1.2%~2.9%;C_mH_n 为 0.1%~0.4%;O_2 为 0.1%~0.5%。

3. 热粗煤气

顶煤气仅经旋风除尘器脱除大滴焦油,与经旋风除尘后的下段煤气混合成为热粗煤气。

两段炉气化原料为褐煤、不黏结煤等。考虑到特殊的料层高度,煤的粒度大比较有利,且要求均匀,选用中块煤,粒径在 20~50 mm 之间。为了发挥两段炉干馏段的特长,增加生

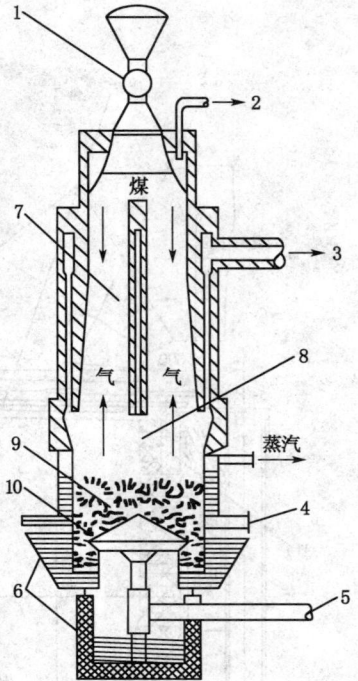

图 3-13　连续鼓风两段炉示意图

1——加煤机构;2——顶煤气出口;
3——底煤气出口;4——夹套水入口;
5——空气入口;6——水封槽;
7——干馏段;8——气化段;
9——氧化层;10——灰渣层

成煤气中的含烃量,提高煤气的热值,原料煤中的挥发分宜大于 20%。

两段炉国内使用的数量少,品牌规格多,多数炉径在 3 m 左右,高度约 13 m。

二、循环鼓风两段炉气化

循环鼓风两段炉属于水煤气型两段炉,其炉型简图如图 3-14 所示。

原料煤自炉顶加入后在干馏段与气化段产生的吹风气、上行水煤气分别进行间接或直接换热后,脱除挥发分和水分后成为低温干馏半焦进入气化段。气化段的操作方式与水煤气生产过程操作基本相同。一个工作循环由五个阶段组成,即吹风、蒸汽吹净、上吹制气、下吹制气和二次蒸汽吹净。吹风气流经干馏段的隔墙和外墙之间的通气道,与干馏段的煤层间接换热后,由水煤气出口引出经热回收后放空。干馏所产生的纯干馏煤气从顶煤气出口引出。上吹制气阶段产生的上行水煤气与干馏段的煤进行直接换热后,与干馏煤气成为混合煤气,由顶煤气出口引出进入煤气处理系统。下吹制气阶段,经过预热的下吹蒸汽由水煤气出口进入,流经干馏段隔墙和外墙的通气道向下进入气化段,干馏煤气仍由顶煤气出口引出。下行水煤气则由炉底出口引出。一次吹净阶段产

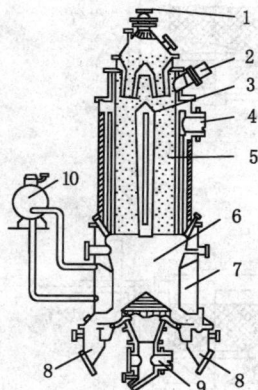

图 3-14　循环制气两段煤气发生炉
1——加煤口;2——顶煤气口;
3——干燥段;
4——水煤气及鼓风气出口,下吹蒸汽入口;
5——干馏段;6——气化段;
7——水夹套;8——排渣口;
9——鼓风及上吹蒸汽入口,下吹水煤气出口;
10——气包

生的气体经间接换热后由底煤气出口引出进入吹气系统。二次蒸汽吹净阶段与上吹制气阶段过程相同,得混合顶煤气。吹风、一次蒸汽吹净、下吹制气阶段三个间接加热阶段,所产生的纯干馏煤气由顶煤气出口引出。

循环鼓风两段炉可以气化的煤种有不黏结或弱黏结性的烟煤、热稳定性好的褐煤。块度为 20～40 mm 或 30～60 mm,煤灰分含量最高允许在 40%～50% 之间,最高允许的水分含量为 5%～30%,超过此范围,必须干燥脱水,否则干馏段吸热太大而影响正常生产。间歇式两段煤气炉的生成气的有效成分较多,既可作为原料气,也可以作为燃料气,还可以作为中小城市的城市煤气。

第四节　间歇法气化工艺

一、水煤气气化的工作循环

在实际生产中由于副反应存在和热损失,气化指标和理想状态不同。在以空气和水蒸气为气化剂时,为了维持气化的连续进行,必须有积累热量的吹风阶段和制气阶段两大步骤。而实际生产中常包括一些辅助阶段,通常分为空气吹风,蒸汽吹净,一次上吹、下吹,二次上吹、空气吹净六个阶段。对于煤气质量要求不严或用于生产合成氨原料气时,常省掉蒸汽吹净阶段。每个阶段的气流方向如图 3-15 所示。

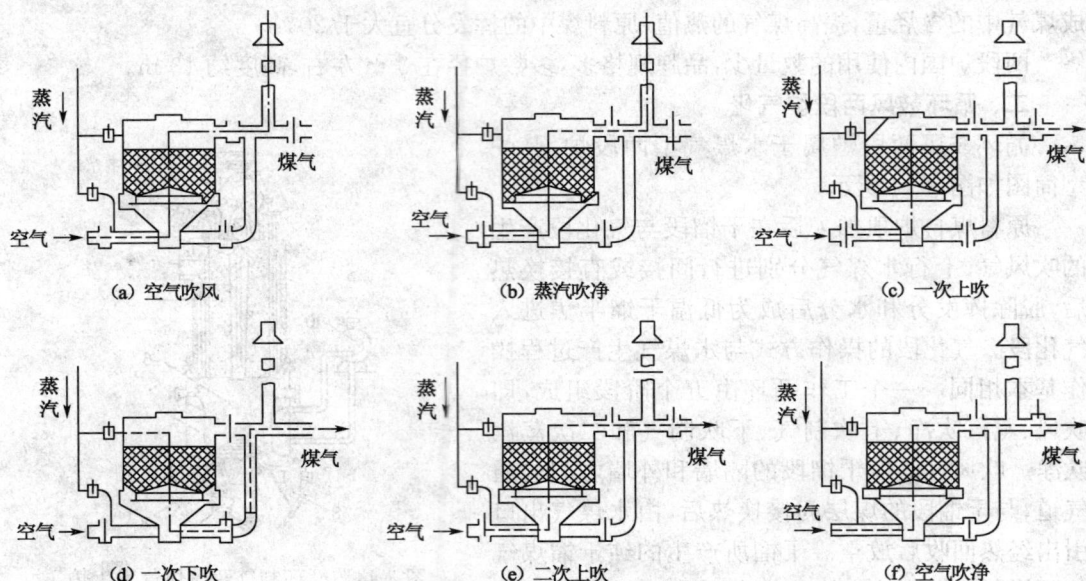

图 3-15　每个循环按六个阶段制水煤气的气流方向

　　首先是吹风阶段,此时向炉内自下而上吹入空气以使炭层温度上升。在吹风阶段之后将要送入水蒸气前,在炉上部和煤气管道中存有一些残余的吹风煤气,为了避免含有大量氮和二氧化碳的吹风气混入水煤气而影响质量,一般需要一个短时间的蒸汽吹净阶段。倘若是生产合成氨的原料气或对水煤气质量要求不严时,可以不设这个阶段。然后送入水蒸气进入上吹制气阶段,此时床层底部逐渐被冷却,但炉子上部温度仍高,因而气化层逐渐上移。当蒸汽上吹了一个阶段后,改将水蒸气由煤气炉上部送入,进行下吹阶段。在下吹制气后,炉底有下行煤气,不可立即吹入空气,以免引起爆炸。为了安全起见,可以在下吹制气以后,再次进行上吹制气称为二次上吹阶段。在二次上吹制气后,本应开始下一轮的循环,但因炉上部和煤气管道中仍有煤气,需由空气吹净阶段将这部分煤气送入煤气系统,再进行下一循环。

二、半水煤气生产

　　在合成氨生产中为获得氢氮比为 3∶1 的合成气,可以用发生炉煤气和水煤气混合的方法,亦可在同一煤气炉中制取。在生产中采用在水煤气中加氮的办法获取合格原料气。该法有利于提高煤气炉的生产能力。

　　半水煤气生产通常分为五个阶段。

　　吹风阶段:来自鼓风机的加压空气自炉底送入,与炭层反应后生成的吹风气,经除尘及余热回收系统回收余热后经烟囱放空。

　　上吹制气阶段:蒸汽与加氮空气自炉底同时送入,与灼热炭层反应生成的煤气经除尘、废热锅炉、洗涤塔降温后由塔顶引出,送入气柜。加氮空气阀比上吹蒸汽阀早关 3%~5%。

　　下吹制气阶段:为使气化层下移,蒸汽自炉顶送入。反应生成的煤气自炉底引出,经洗气箱和洗气塔降温除尘后送入气柜。加氮空气阀比蒸汽阀迟开 3%~5%,早关

3%～5%。

二次上吹:气体流程基本同上吹制气,但无加氮空气。目的在于置换炉下部和管道中残存的煤气,以防止爆炸。

吹净阶段:工艺流程同上吹制气,只是改用空气以回收系统中的煤气到气柜。

循环各阶段的气体流向见图 3-16。

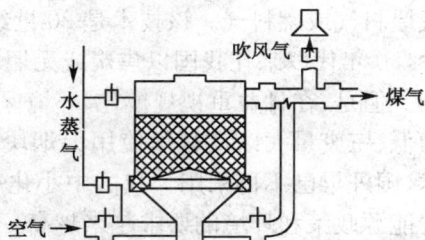

图 3-16 间歇式制半水煤气
各阶段气体流向示意图

三、工艺条件分析和操作条件选择

1. 工艺条件

(1) 气化层温度。常用半水煤气中的 CO_2 高低来判断气化层温度的高低。一般控制 CO_2 含量在 8%～12%,炉顶温度 350～400 ℃,炉底温度 200～250 ℃。

(2) 吹风时间和入炉风量。提高风速可以减少 CO 的生成,增加炉内炭层蓄热。可缩短吹风时间,以利于提高煤气炉的生产能力。入炉空气量在 0.95～1.05 m^3/m^3(标)半水煤气(含加氮空气)。如系纯吹风,则空气量在 0.65～0.7 m^3/m^3(标)半水煤气。优质原料,蒸汽分解率高时取低值,反之取高值。

(3) 上下吹制气时间和蒸汽用量。以不使煤气炉温度波动太大为原则。通常下吹蒸汽量约为上吹气量的 1.1～1.5 倍。下吹时间在实际生产中根据炉型决定。现在多数企业采用蒸汽流量稳压自调技术,按炉温控制供给蒸汽量,以提高蒸汽分解率。

(4) 炭层高度。高炭层有利于炉内燃料分区高度相对稳定,使燃料层储存较多的热量,而炉面和炉底温度不致太高,有利于维持较高的气化层温度,也会延长气化剂与原料的接触时间;有利于提高蒸汽分解率和煤气中有效气体含量。但过高则使阻力增加,可能导致局部过热,引起煤气炉结疤。

(5) 循环时间。较短的循环时间可以减少气化层的温度波动,有利于提高蒸汽分解率和煤气质量。循环时间根据燃料的化学活性而定。气化活性高的燃料循环时间可以较短。反之,则较长。一般以 120～150 s 为宜。

(6) 生产强度。应当适度。过分强调设备出力,增大生产强度,对生产操作和节能降耗不利。在实际生产中,应提倡经济运行,适当地减少吹风时间,相应地减少上、下吹蒸汽用量,虽然煤气炉的生产能力有所下降,但原料煤和蒸汽消耗可以大幅度降低。

2. 操作条件选择

(1) 上、下吹制气。稳定气化层位置,减少气体带出的热损失,有利于炭层蓄热。当使用灰熔点较高的燃料时,可以适当减少上吹增加下吹,以维持气化层较高的反应温度。实际生产中,为了保持稳定的气化条件,上吹加二次上吹的时间和下吹大致相等。

(2) 吹风与回收操作。通常在决定循环百分比分配时,保持吹风加回收时间为定值。由于回收时的风量较吹风为少,常用增加或减少回收时间来降低或提高炉温。

(3) 加焦操作。现大多采用电子秤或自动加焦机,其计量准确,安全可靠。少加勤加,使炉温稳定,减少了吹风时间,节能效益十分明显。

四、典型工艺流程

1. 制取半水煤气的工艺流程(UGI 气化工艺)

常压 UGI 炉以块状无烟煤或焦炭为原料,以空气和水蒸气为气化剂,在常压下生产合成原料气或燃料气。该技术是 20 世纪 30 年代开发成功的,设备容易制造、操作简单、投资少,50 年代以来在我国以焦炭或无烟煤为原料的中小氮肥厂广泛采用。

但是,在日益重视规模化、环境保护和能源利用率的今天,这种常压煤气化技术设备能力低、三废量大以及必须使用无烟块煤等缺点变得日益突出。UGI 炉目前已属落后的技术,国外早已不再采用。我国中小化肥厂,多数厂仍采用该技术生产合成氨原料气。但随着能源政策和环境的要求越来越高,不久的将来,会逐步为新的煤气化技术所取代。

其流程(见图 3-17)和制取水煤气流程大致相同。对于 $\phi 3\,000$ 以下的煤气炉,流程中没有燃烧室,只回收吹风气和煤气的显热。此流程在氮肥行业特别是在小氮肥企业有许多变化。如在废热锅炉前增设蒸汽过热器,利用吹风气和煤气的显热提高入炉蒸汽的温度,成为过热蒸汽,以提高蒸汽分解率,并可延长制气时间。

(1) UGI 气化原理

UGI 气化过程的主要反应是水蒸气的分解反应:

$$C + H_2O(g) \longrightarrow CO + H_2 + 131.5 \text{ kJ/mol}$$
$$C + 2H_2O(g) \longrightarrow CO_2 + 2H_2 + 90.0 \text{ kJ/mol}$$

这两个反应都是吸热反应,因而为确保水蒸气分解能顺利进行,外界必须提供足够的热量。目前,我国主要采用间歇送风蓄热气化法。间歇送风蓄热气化法把气化生产过程分成两个阶段。第一阶段是吹风阶段,向发生炉吹入空气,使空气中的氧与煤发生燃烧反应(反应热以 ΔH 表示):

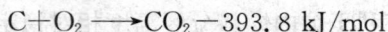

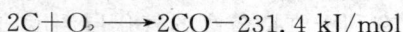

$$C + O_2 \longrightarrow CO_2 - 393.8 \text{ kJ/mol}$$
$$2C + O_2 \longrightarrow 2CO - 231.4 \text{ kJ/mol}$$

反应放出的热量积蓄在料层内,使料层温度升高,生成的吹风气的主要成分是 N_2 和 CO_2,经废热回收后放空。第二阶段是制气阶段,向高温料层内送入水蒸气,使水蒸气与炽热的碳进行分解反应,生产以 CO 和 H_2 为主要成分的水煤气,经一定时间后,料层温度下降,蒸汽分解很少或不再分解,停止送入蒸汽,制气阶段结束,再向煤气炉内送入空气,送气和吹风循环进行。

在理想情况下,水蒸气分解反应只生成 CO 和 H_2。在 UGI 气化过程中,分成吹风阶段和制气阶段,吹风气与水煤气组成不同,吹风气组成空气,即约为 $21\%O_2$ 和 $79\%N_2$。所以,在实际水煤气中,除了 CO 和 H_2 外还含有空气中的 O_2、N_2 以及副反应产生的 H_2S、$H_2O(g)$、CO_2、和 CH_4 等气体。

(2) UGI 气化对煤质的要求

UGI 气化用煤的要求是具有较高的机械强度、热稳定性和灰熔点。对煤种要求是选用无烟煤或焦炭或挥发分适中的不黏结和弱黏结烟煤。对煤质的具体要求如下。

① 粒度(mm):反应性好,粒度可适当增大。

烟煤:13~25,25~50,50~100;

无烟煤:6~13,13~25,25~50;

焦炭:6~13,13~25;

气化用焦:5~10,10~25。

② 灰分:≤20%。

③ 固定碳(干基):≥70%。

④ 水分：≤7%。

⑤ 挥发分：<8%。

⑥ 灰熔点：≥250 ℃。

⑦ 胶质层最大厚度(mm)：$Y<12$(无搅拌装置)，$Y<16$(有搅拌装置)。

⑧ 抗碎强度：>60%。

⑨ 热稳定性：>60%。

⑩ 全硫：<2.0%。

(3) UGI 气化工艺

UGI 气化工艺的典型工艺流程如图 3-17 所示。

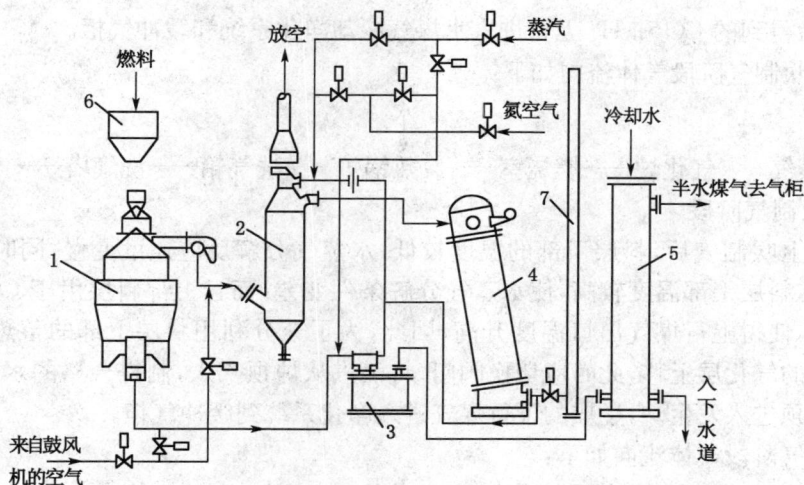

图 3-17　UGI 气化工艺流程图

1——气化炉；2——燃烧室；3——水封槽(洗气箱)；4——废热锅炉；
5——洗气塔；6——原料仓；7——烟囱

UGI 气化过程是间歇式的，每隔一定时间后，整个生产过程的各个阶段必有一次重复，自上一次开始送空气至下一次开始送空气称为一个工作循环。从理论上讲，一个工作循环由吹风阶段和制气阶段所组成，但是，在实际生产过程中，为了节约原料、保证安全和煤气质量，还必须包括一些辅助阶段。一般来说，一个工作循环由六个阶段组成：吹风阶段、蒸汽吹净阶段、一次上吹制气阶段、下吹制气阶段、二次上吹制气阶段、空气吹净阶段。

① 吹风阶段

吹风阶段是将空气与原料燃烧后放出的热量积蓄在料层内，为制气阶段提供热量。该过程的气流方向是：空气从气化炉底进入料层，吹风气由气化炉上部流出，进入燃烧室和余热锅炉，回收吹风气的显热和潜热。此阶段不产生煤气。

吹风阶段气体流向如下：

二次空气　　　　水

空气——→气化炉——→吹风气——→燃烧室——→废热锅炉——→烟囱放空

② 蒸汽吹净阶段

蒸汽自炉底进入气化炉内吹扫料层和发生炉及管道,目的是将残余的吹风气吹净,提高水煤气质量。蒸汽从炉底进入,吹出的残余气体进入燃烧室和余热锅炉回收废热。

蒸气吹净阶段气体流向如下:

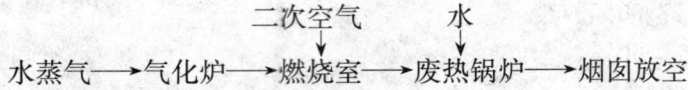

$$\text{水蒸气} \longrightarrow \text{气化炉} \overset{\text{二次空气}}{\longrightarrow} \text{燃烧室} \overset{\text{水}}{\longrightarrow} \text{废热锅炉} \longrightarrow \text{烟囱放空}$$

③ 一次上吹制气阶段

该阶段的目的是制造合格的水煤气。经吹风阶段后,料层内已积蓄了大量热量,温度较高,为 1 100~1 200 ℃,吹入水蒸气可以大量分解,是主要的制气阶段。水蒸气继续进入炉底,反应后得到的 CO 和 H_2 上行进入水煤气冷却净化系统和缓冲气柜。

一次上吹制气阶段气体流向如下:

$$\text{水蒸气} \longrightarrow \text{气化炉} \longrightarrow \text{燃烧室} \overset{\text{水}}{\longrightarrow} \text{废热锅炉} \longrightarrow \text{洗气箱} \longrightarrow \text{洗气塔} \longrightarrow \text{气柜}$$

④ 下吹制气阶段

在一次上吹制气后,料层下部的温度较低,水蒸气分解反应速度变慢,同时,由于反应层逐渐上移,料层上部温度较高,使水蒸气分解条件变差,而且上部料层由于 CO 变换反应的放热作用,使得上行煤气出口温度升高,因此,为了充分利用料层上部的蓄热,克服上吹制气时造成的气化层上移,此时应切换阀门,将蒸汽从炉顶吹入,制得合格的水煤气。此时水蒸气由炉顶进入发生炉,生成的下行煤气进入净化系统到缓冲气柜。

下吹制气阶段气体流向如下:

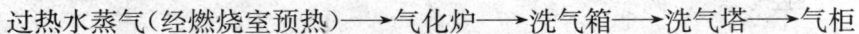

$$\text{过热水蒸气(经燃烧室预热)} \longrightarrow \text{气化炉} \longrightarrow \text{洗气箱} \longrightarrow \text{洗气塔} \longrightarrow \text{气柜}$$

⑤ 二次上吹制气阶段

该阶段的目的是将下吹后残留在发生炉底部和管道内的水煤气吹入贮气柜中,并保证安全生产,因为此时若吹入空气,会引起爆炸。气流路线与第三阶段相同。

二次上吹制气阶段气体流向如下:

$$\text{水蒸气} \longrightarrow \text{气化炉} \longrightarrow \text{燃烧室} \overset{\text{水}}{\longrightarrow} \text{废热锅炉} \longrightarrow \text{洗气箱} \longrightarrow \text{洗气塔} \longrightarrow \text{气柜}$$

⑥ 空气吹净阶段

这一阶段的目的是使残存在炉顶空间和管道内的水煤气吹入贮气柜,以免将其吹除,节约原料,提高气化效率。此时停止向炉内通入蒸汽。空气由炉底进入,吹出气经净化系统送入缓冲气柜。

空气吹净阶段气体流向如下:

$$\text{空气} \longrightarrow \text{气化炉} \longrightarrow \text{燃烧室} \overset{\text{水}}{\longrightarrow} \text{废热锅炉} \longrightarrow \text{洗气箱} \longrightarrow \text{洗气塔} \longrightarrow \text{气柜}$$

(4) UGI 煤气化炉

UGI 煤气化炉是一种常压移动床煤气化设备。原料通常采用无烟煤或焦炭,其特点是可以采用不同的操作方式(连续或间歇)和气化剂,制取空气煤气、半水煤气或水煤气。UGI

煤气化炉结构见图3-18。

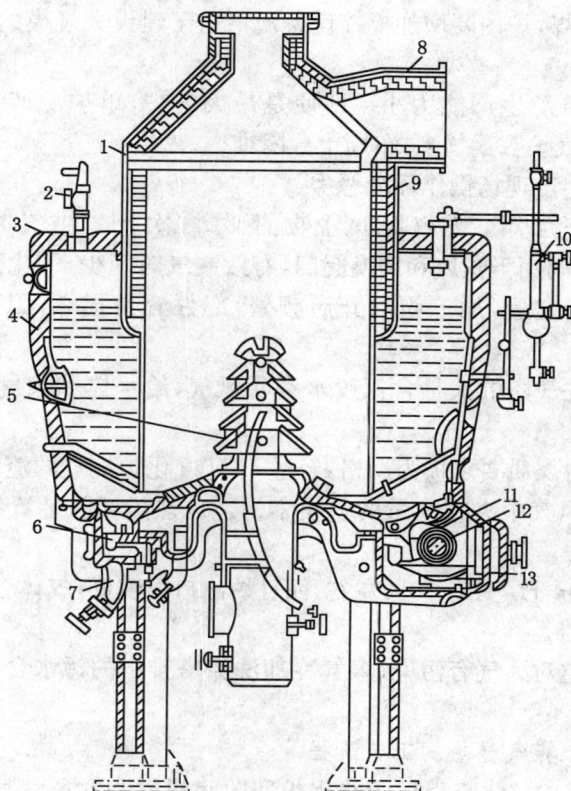

图3-18　UGI煤气化炉

1——炉壳；2——安全阀；3——保温材料；4——夹套锅炉；
5——炉箅；6——灰盘接触面；7——底盘；8——保温砖；9——耐火砖；
10——液位计；11——蜗轮；12——蜗杆；13——油箱

UGI煤气化炉为直立圆筒形结构。炉体用钢板制成，下部设有水夹套以回收热量、副产蒸汽，上部内衬耐火材料，炉底设转动炉箅排灰。气化剂可以从底部或顶部进入炉内，生成气相应地从顶部或底部引出。因采用移动床反应，要求气化原料具有一定块度，以免堵塞煤层或气流分布不匀而影响操作。

UGI炉用空气生产空气煤气或以富氧空气生产半水煤气时，可采用连续式操作方法，即气化剂从底部连续进入气化炉，生成气从顶部引出。以空气、蒸汽为气化剂制取半水煤气或水煤气时，都采用间歇式操作方法。在中国，除少数用连续式操作生产发生炉煤气（即空气煤气）外，绝大部分用间歇式操作生产半水煤气或水煤气。

UGI炉的优点是设备结构简单，易于操作，一般不需用氧气作为气化剂，热效率较高。缺点是生产强度低，每平方米炉膛面积的半水煤气发生量约1 000 m³/h，对煤种要求比较严格，采用间歇操作时工艺管道比较复杂。

（5）UGI气化工艺的优缺点

① UGI气化工艺设备容易制造、操作简单、投资少。

② 在移动床气化炉中,煤的停留时间较长,为 1~1.5 h。热效率、碳转化率和气化效率都较高。若使用黏结性煤,炉内要增加搅拌设备。不适于建设大规模的生产装置。煤气中焦油和酚含量较高。

③ UGI 气化工艺单炉生产能力小。即使是最大的炉,单炉的产气量也只有 12 000 m³/h(标)左右,使得煤气炉数量增多,布局十分困难。

④ UGI 气化工艺生产现场操作环境恶劣。

⑤ 一个制气循环分为吹风、蒸汽吹净、上吹、下吹、二次上吹、空气吹净 6 个阶段。气化过程中大约有 1/3 的时间用于吹风和倒换阀门,有效制气时间少,气化强度低。另外,需要经常维持气化区的适当位置,加上阀门开启频繁,部件容易损坏,因而操作与管理比较烦琐。

⑥ 来自洗气箱和洗气塔的大量含氰废水和吹风气,给水体和大气环境造成了严重的威胁。

⑦ 移动床煤气炉对煤质要求极为严格,经过 UGI 气化炉烧过的渣中含碳量高,造成炭的大量浪费。另外,吹风气中夹带大量的粉尘容易造成热量回收装置结垢堵灰,使得其中大量的热量难以回收。

⑧ 出炉煤气中 $CO+H_2$ 只有 70% 左右,而且炉出口温度低,气体含有相当数量的煤焦油,给气体净化带来困难。

⑨ 大量吹风气排空对大气有污染;煤气冷却洗涤塔排出的污水含有焦油、酚类及氰化物,造成环境严重污染。

2. 回收吹风气和水煤气显热的工艺流程

其工艺流程见图 3-19。此流程设废热锅炉回收水煤气和吹风气显热产生蒸汽。采用 $\phi1\,980$ mm 和 $\phi2\,260$ mm 的水煤气炉均为此流程。

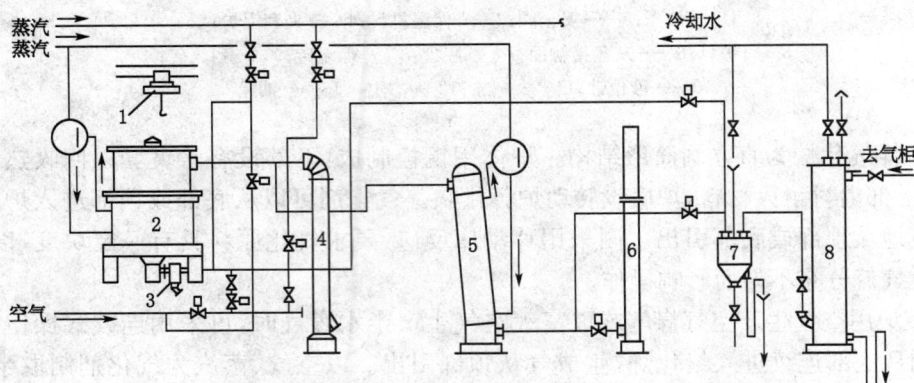

图 3-19 回收吹风气和水煤气显热的水煤气工艺流程图
1——电动葫芦;2——水煤气炉;3——排灰箱;4——集尘器;
5——废热锅炉;6——烟囱;7——洗气箱;8——洗涤塔

3. 回收水煤气显热以及吹风气潜热、显热的水煤气工艺流程

其工艺流程见图 3-20。该流程除设有废热锅炉外,增设了燃烧室以回收吹风气的潜热。

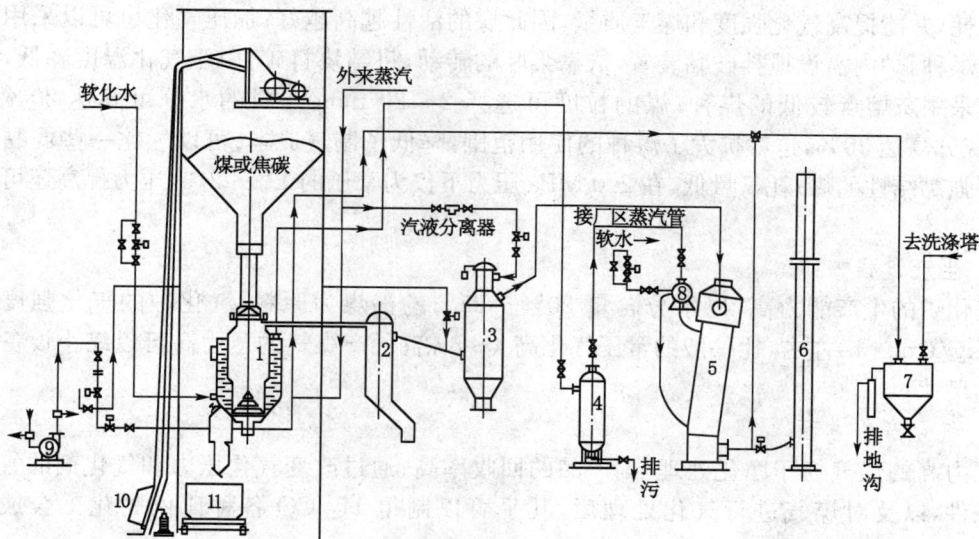

图 3-20 回收水煤气显热以及吹风气潜热、显热的水煤气工艺流程

1——水煤气发生炉;2——集尘器;3——燃烧室;4——蒸汽罐;5——废热锅炉;6——烟囱;

7——洗气箱;8——废热锅炉气包;9——鼓风机;10——加焦车;11——排灰车

第五节 加压气化及气化炉

一、加压气化生产特点

常压移动床气化炉生产的煤气热值较低,煤气中一氧化碳的含量较高,气化强度和生产能力有限。后来人们进行了加压气化技术的研究,并在 1939 年由德国的鲁奇公司设计了第一代工业生产装置,后来又不断地对气化炉的结构、气化压力、气化的煤种进行研究,相继推出了第二代、第三代、第四代炉型。由开始仅以褐煤为原料,炉径 2 600 mm,采用边置灰斗和平型炉箅,发展到能气化弱黏结性烟煤,加设了搅拌装置和转动布煤器,炉箅改成塔节型,灰箱设在炉底正中的位置,炉子的直径也在不断加大,单炉的生产能力可以高达 75 000~100 000 m³/h。

我国 20 世纪 60 年代就引进了捷克制造的早期鲁奇炉,在云南建成投产,用褐煤加压气化制造合成氨。1987 年建成投产的天脊煤化工集团公司(原山西化肥厂)从德国引进了 4 台直径 3 800 mm 的Ⅳ型鲁奇炉,用贫瘦煤代替褐煤来生产合成氨(鲁奇炉主要用于以褐煤为原料生产城市煤气),先后用阳泉煤、晋城煤、西山官地煤等煤种试验,经过十几年的探索,基本掌握了鲁奇炉气化贫瘦煤生产合成氨的技术。

鲁奇加压可以采用氧气—水蒸气或空气—水蒸气作为气化剂,在 2.0~3.0 MPa 的压力和 900~1 100 ℃的条件下进行煤的气化。制得的煤气热值高。

鲁奇炉的排渣方式主要有液态排渣和气态排渣两种。

鲁奇加压气化和常压气化比较,主要有下面一些优点:

1. 原料方面

加压气化所用的煤种有无烟煤、烟煤、褐煤等。煤的活性高,能在较低的温度下操作,降低氧耗,并能提高气化强度和煤气质量,因此煤的活性越高越好;加压气化也可以采用弱黏结性煤种,炉内需设搅拌破黏装置,依靠桨叶的转动,将结块打碎;由于气化温度降低,因而可以采用灰熔点较低的煤种;煤的粒度可选择 2～20 mm、燃料的水分可高达 20%～30%、灰分高达 30%,这就扩大了煤种的使用范围,降低了制气成本;可以气化一些弱黏结性和稍强黏结性的煤;耗氧量低,在 2.0 MPa 压力下仅为常压的 1/3～2/3,压力提高还可以再降低。

2. 生产过程方面

气化炉的生产能力高,以水分含量 20%～25% 的褐煤为原料,气化炉的气化强度在 2 500 kg/(m²·h)左右,比一般的常压气化高 4～6 倍;所产煤气的压力高可以缩小设备和管道的尺寸。

3. 气化产物方面

压力高的煤气易于净化处理,副产品的回收率高;通过改变气化压力和气化剂的气氧比等条件,以及对煤气进行气化处理后,几乎可以制得 H_2/CO 各种比例的化工合成原料气。

4. 煤气输送方面

可以降低动力消耗,便于远距离输送。

这种气化工艺的主要缺点是:

(1) 高压设备的操作具有一定的复杂性,固态排渣的鲁奇炉中水蒸气的分解率低。2 MPa 下水蒸气的分解率只有 32%～38%,这样就要消耗大量的水蒸气。采用液态排渣的鲁奇炉,水蒸气的分解率可以提高到 95% 左右。

(2) 气化过程中有大量的甲烷生成(8%～10%),这对燃料煤气是有利的,但如果作为合成氨的原料气一般要分离甲烷,其工艺较为复杂。

(3) 加压气化一般选纯氧和水蒸气作为气化剂,而不像常压气化那样较多地采用空气加蒸汽的方法。解决纯氧的来源需要配备庞大的空分装置,加上其他高压设备的巨大投资规模,这成为国内一些厂家采用加压气化的障碍。

二、加压气化的实际过程

鲁奇加压气化炉内生产工况如图 3-21 所示。

在实际的加压气化过程中,原料煤从气化炉的上部加入,在炉内从上至下依次经过干燥、干馏、半焦气化、残焦燃烧、灰渣排出等物理化学过程。

在加压气化炉中,一般将床层按其反应特性由下至上划分为以下几层:① 灰渣

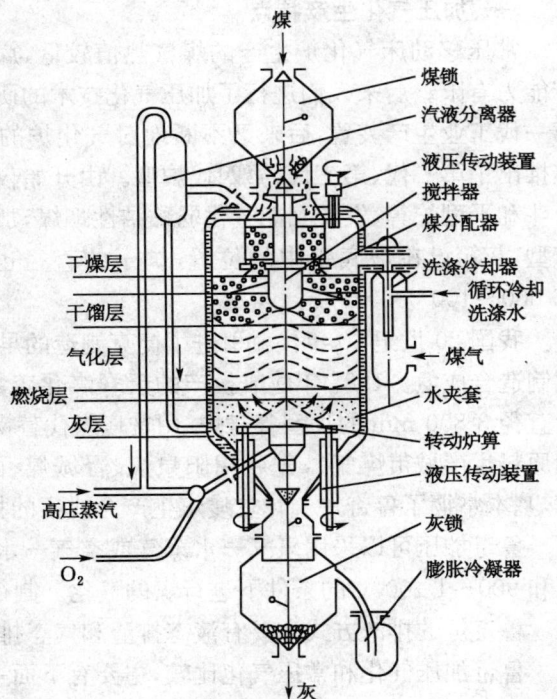

图 3-21　碎煤加压气化炉内生产工况

层;② 燃烧层(氧化层);③ 气化层(还原层);④ 干馏层;⑤ 干燥层。

灰渣层的主要功能是燃烧完毕的灰渣将气化剂加热,以回收灰渣的热量,降低灰渣温度;燃烧层主要是焦渣与氧气的反应即 $C+O_2 \longrightarrow CO_2$,它为其他各层的反应提供了热量;气化层(也称还原层)是煤气产生的主要来源;干馏层及干燥层是燃料的准备阶段,煤中的吸附气体及有机物在干馏层析出。

许多研究工作者曾在加压气化的半工业试验中,研究燃料床中各层的分布状况和温度间的关系,其结果如图 3-22 所示。

加压气化炉中各层的主要反应及产物见图 3-23。

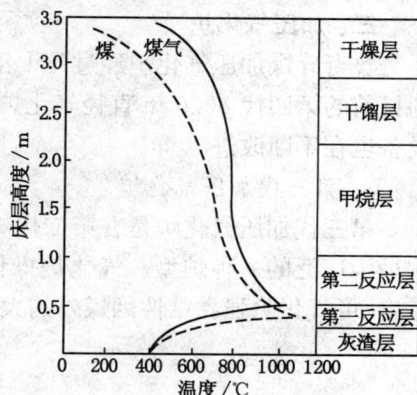

图 3-22 加压气化炉燃料床高度与温度的关系

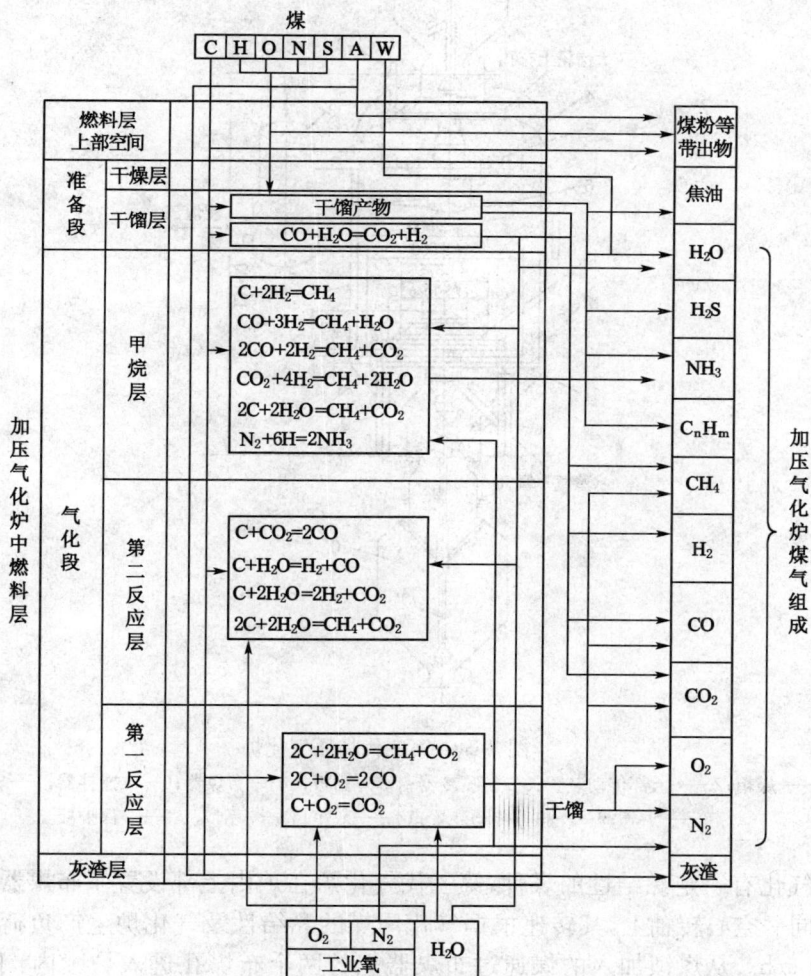

图 3-23 加压气化炉中各层的主要反应及产物

三、加压气化炉

鲁奇碎煤加压气化炉经过几十年的发展,已从最初的第一代 ϕ2.6 m 直径气化炉发展到目前的第四代 ϕ5.0 m 直径气化炉。气化炉的内径扩大,单炉产气能力提高,其他的附属设备也在不断改进。

1. 第三代加压气化炉

第三代加压气化炉是在第二代炉型上的改进型,其型号为 Mark—Ⅲ,是目前世界上使用最为广泛的一种炉型。气化炉操作压力为 3.05 MPa。该炉生产能力高,炉内设有搅拌装置,可气化除强黏结性烟煤外的大部分煤种。第三代加压气化炉如图 3-24 所示。

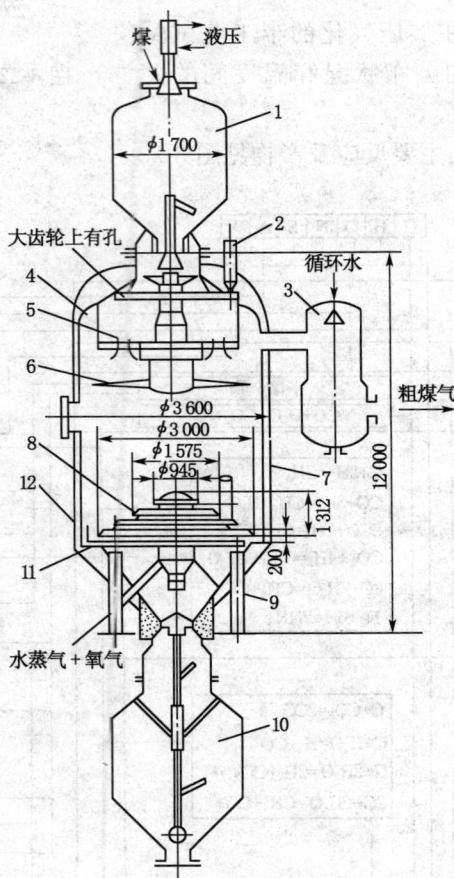

图 3-24 第三代加压气化炉

1——煤箱;2——上部传动装置;3——喷冷器;4——裙板;5——布煤器;6——搅拌器;7——炉体;
8——炉箅;9——炉箅传动装置;10——灰箱;11——刮刀;12——保护板

为了气化有一定黏结性的煤种,第三代气化炉在炉内上部设置了布煤器与搅拌器,它们安装在同一空心转轴上,其转速根据气化用煤的黏结性及气化炉生产负荷来调整,一般为 10~20 r/h。从煤锁加入的煤通过布煤器上的两个布煤孔进入炉膛内,平均每转布煤 15~20 mm 厚,从煤锁下料口到布煤器之间的空间,约能储存 0.5 h 气化炉用煤量,以缓冲煤锁在间歇充、泄压加煤过程中的气化炉连续供煤。

在炉内,搅拌器安装在布煤器的下面,其搅拌桨叶一般设上、下两片。桨叶深入到煤层里的位置与煤的结焦性能有关,其位置深入到气化炉的干馏层,以破除干馏层形成的焦块。桨叶的材质采用耐热钢,其表面堆焊硬质合金,以提高桨叶的耐磨性能。桨叶和搅拌器、布煤器都为壳体结构,外供锅炉给水通过搅拌器、布煤器的空心轴内中心管,首先进入搅拌器最下底的桨叶进行冷却,然后再依次通过冷却上桨叶、布煤器,最后从空心轴与中心管间的空间返回夹套形成水循环。该锅炉水的冷却循环对布煤搅拌器的正常运行非常重要。因为搅拌桨叶处于高温区工作,水的冷却循环不正常将会使搅拌器及桨叶超温烧坏造成漏水,从而造成气化炉运行中断。

该炉型也可用于气化不黏结煤种。此时,不安装布煤搅拌器,整个气化炉上部传动机构取消,只保留煤锁下料口到炉膛的储煤空间,结构简单。

炉箅分为五层,从下到上逐层叠合固定在底座上,顶盖呈锥形。炉箅材质选用耐热、耐磨的铬锰合金钢铸造。最底层炉箅的下面设有三个灰刮刀安装口,灰刮刀的安装数量由气化原料煤的灰分含量来决定。灰分含量较小时安装1~2把刮刀,灰分含量较高时安装3把刮刀。支承炉箅的止推轴承体上开有注油孔,由外部高压注油泵通过油管注入止推轴承面进行润滑。该润滑油为耐高温的过热气缸油。炉箅的传动采用液压电动机(采用变频电动机)传动。液压传动具有调速方便,结构简单,工作平稳等优点。但为液压传动提供动力的液压泵系统设备较多,故障点增多。由于气化炉直径较大,为使炉箅受力均匀,采用两台电动机对称布置。

在该炉型中,煤锁与灰锁的上、下锥形阀都有了较大改进,采用硬质合金密封面,使煤、灰锁的运行时间延长,故障率减少。南非 Sasol 公司在煤灰锁上、下锥形阀的密封面采用了碳化硅粉末合金技术,使锥形阀的使用寿命延长到 18 个月以上。

2. 第四代加压气化炉

第四代加压气化炉是在第三代炉的基础上加大了气化炉的直径(达 $\phi5$ m),使单炉生产能力大为提高,其单炉产粗煤气量可达 75 000 m³(标)/h(干气)以上。目前该炉型仅在南非 Sasol 公司投入运行。

3. 鲁奇液态排渣气化炉

鲁奇液态排渣气化炉是传统固态排渣气化炉的进一步发展,其特点是气化温度高,气化后灰渣呈熔融态排出,因而使气化炉的热效率与单炉生产能力提高,煤气的成本降低。液态排渣鲁奇炉如图 3-25 所示。

该炉气化压力为 2.0~3.0 MPa,气化炉上部设有布煤、搅拌器,可气化较强黏结性的烟煤。气化剂(水蒸气+氧气)由气化炉下部喷嘴喷入,气化时,灰渣在高于煤灰融点(T_2)温度下呈熔融状态排出,熔渣快速通过气化炉底部出渣口流入急冷器,在此被水急冷而成固态炉渣,

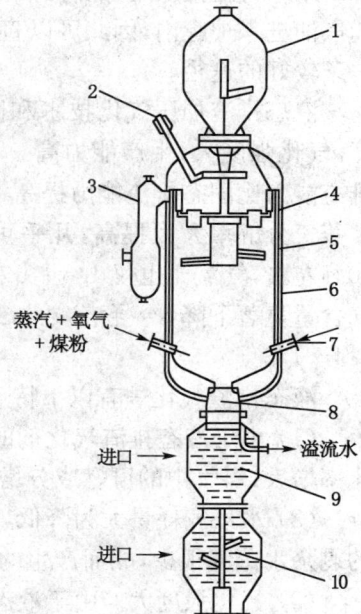

图 3-25　液态排渣加压气化炉
1——煤箱;2——上部传动装置;
3——喷冷器;4——布煤器;
5——搅拌器;6——炉体;
7——喷嘴;8——排渣口;
9——熔渣急冷箱;10——灰箱

然后通过灰锁排出。

液态排渣加压气化炉的基本原理是,仅向气化炉内通入适量的水蒸气,控制炉温在灰熔点以上,灰渣要以熔融状态从炉底排出。气化层的温度较高,一般在 1 100～1 500 ℃之间,气化反应速度大,设备的生产能力大,灰渣中几乎无残碳。液态排渣气化炉的主要特点是炉子下部的排灰机构特殊,取消了固态排渣炉的转动炉箅。在炉体的下部设有熔渣池。在渣箱的上部有一液渣急冷箱,用循环熄渣水冷却,箱内充满70%左右的急冷水。由排渣口下落的液渣在急冷箱内淬冷形成渣粒,在急冷箱内达到一定量后,卸入渣箱内并定时排出炉外。由于灰箱中充满水,和固态排渣炉比较,灰箱的充、卸压就简单多了。

在熔渣池上方有 8 个均匀分布、按径向对称安装并稍向下倾斜、带水冷套的钛钢气化剂喷嘴。气化剂和煤粉及部分焦油由此喷入炉内,在熔渣池中心管的排渣口上部汇集,使得该区域的温度可达 1 500 ℃左右,使熔渣呈流动状态。

为避免回火,气化剂喷嘴口的气流喷入速度应不低于 100 m/s。如果要降低生产负荷,可以关闭一定数量的喷嘴来调节,因此它比一般气化炉调节生产负荷的灵活性大。高温液态排渣,气化反应的速度大大提高,是熔渣气化炉的主要优点。所气化的煤中的灰分是以液态形式存在的,熔渣池的结构与材料是这种气化方法的关键。为了适应炉膛内的高温,炉体以耐高温的碳化硅耐火材料做内衬。

该炉型装上布煤器和搅拌器后,可以用来气化强黏结性的烟煤。与固态排渣炉相比,可以用来气化低灰熔点和低活性的无烟煤。在实际生产中,气化剂喷嘴可以携带部分粉煤和焦油进入炉膛内,因此可以直接用来气化煤矿开采的原煤,为粉煤和焦油的利用提供了一条较好的途径。

液态排渣加压气化技术和固态排渣比较,关键在于通过提高气化温度来提高气化速度,气化强度大,生产能力高。一些加压气化实验表明,对于直径相同的加压气化炉,液态排渣能力比固态排渣能力提高了 3 倍多。另一个更为重要的方面是,液态排渣加压气化的水蒸气分解率大大提高,几乎可以达到 95%,结果使水蒸气的消耗量仅为固态排渣时的20%左右,气氧比也仅 1.3：1 左右。低水蒸气消耗、高水蒸气分解率使得粗煤气中的水蒸气含量显著下降,冷凝液减少,最终煤气站的废水量下降,废水处理量仅为固态排渣时的1/4～1/3。

液态排渣气化炉有以下特点:

(1) 由于液态排渣气化剂的气氧比远低于固态排渣,所以气化层的反应温度高,碳的转化率增大,煤气中的可燃成分增加,气化效率高。煤气中 CO 含量较高,有利于生成合成气。

(2) 水蒸气耗量大为降低,且配入的水蒸气仅满足于气化反应,蒸汽分解率高,煤气中的剩余水蒸气很少,故而产生的废水远小于固态排渣。

(3) 气化强度大。由于液态排渣气化煤气中的水蒸气量很少,气化单位质量的煤所生成的湿粗煤气体积远小于固态排渣,因而煤气气流速度低,带出物减少,因此在相同带出物条件下,液态排渣气化强度可以有较大提高。

(4) 液态排渣的氧气消耗较固态排渣要高,生成煤气中的甲烷含量少,不利于生产城市煤气,但有利于生产化工原料气。

(5) 液态排渣气化炉体材料在高温下的耐磨、耐腐蚀性能要求高。在高温、高压下如何有效地控制熔渣的排出等问题是液态排渣的技术关键,尚需进一步研究。

四、加压气化炉设备构造

1. 炉体

（1）筒体。加压气化炉的炉体不论何种炉型均是一个双层筒体结构的反应器。其外筒体承受高压，一般设计压力 3.6 MPa，温度 260 ℃；内筒体承受低压，即气化剂与煤气通过炉内料层的阻力，一般设计压力为 1.5 MPa（外压），温度 310 ℃。内、外筒体的间距一般为 40～100 mm，其中充满锅炉水，以吸收气化反应传给内筒的热量而产生蒸汽，经汽液分离后并入气化剂中。这种内、外筒结构的目的在于尽管炉内各层温度高低不一，但内筒体由于有锅炉水的冷却，基本保持锅炉水在该操作压力下的蒸发温度，不会因过热而损坏。由于内外筒体受热后的膨胀量不尽相同，一般在内筒设有补偿装置。夹套蒸汽的分离也分为内分离或外置汽包分离，如图 3-26 所示。

第一、第二代气化炉一般外设汽包，第三代气化炉以后不再外设汽包，而利用夹套上部空间进行分离。

（2）搅拌与布煤器。根据气化煤种的不同，在气化不黏结煤时炉内不设搅拌器，在气化自由膨胀指数大于 1 的煤种时需要设搅拌器，以破除干馏层的焦块。一般在设置搅拌器的同时也设置转动的布煤器，它们连接为一体，由设在炉外的传动电动机带动。煤分布器、搅拌器和冷圈示意图见图 3-27。

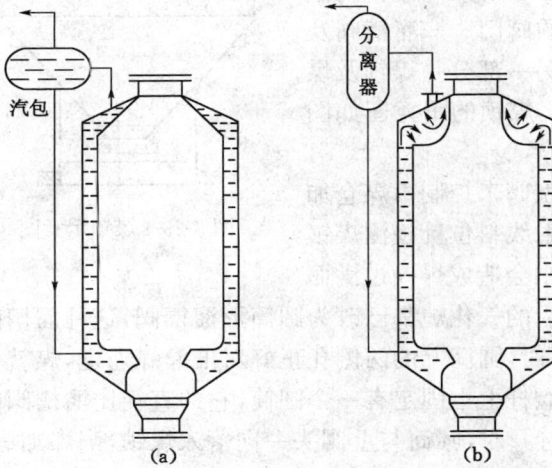

图 3-26　外置汽包与内置汽包

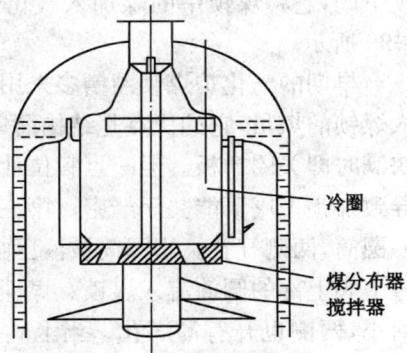

图 3-27　煤分布器、搅拌器和冷圈示意图

（3）炉算。炉算设在气化炉的底部，它的主要作用是支撑炉内燃料层，均匀地将气化剂分布到气化炉横截面上，维持炉内各层的移动，将气化后的灰渣破碎并排出，所以炉算是保证气化炉正常连续生产的重要装置。

早期的鲁奇加压气化炉炉算为环形送风的平炉算，由于平炉算布气不均匀，灰渣中残碳含量高，并且仅能用于气化非黏结性煤，故而在后期的气化炉中已不再使用这种炉算。现在运行的装置在设计上（或经改造）大多采用了宝塔形炉算。宝塔形炉算一般由四层依次重叠成梯锥状的炉算块及顶部风帽组成，共五层炉算，它们依次用螺栓固定在布气块上，如图 3-28 所示。

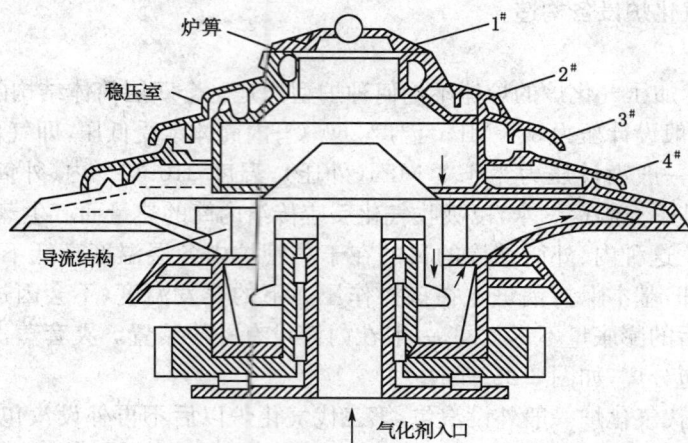

图 3-28 宝塔形炉算示意图

2. 煤锁

煤锁是用于向气化炉内间歇加煤的压力容器,它通过泄压、充压循环将存于常压煤仓中的原料煤加入高压的气化炉内,以保证气化炉的连续生产。煤锁包括两部分:一部分是连接煤仓与煤锁的煤溜槽,它由控制加煤的阀门——溜槽阀及煤锁上锥阀组成,将煤由煤仓加入煤锁;另一部分是煤锁及煤锁下阀,它将煤锁中的煤加入气化炉中。煤锁的示意图如图3-29所示。

早期的气化炉煤锁溜槽多采用插板型阀来控制由煤仓加入煤锁的煤量,它的优点是结构简单,由射线料位计检测煤锁快满时即关闭插板。但一旦料位计不准则会造成煤锁过满而导致煤锁上阀不能关闭严密。第三代以后的气化炉都已改为圆筒形溜槽阀,这种溜槽阀为一圆筒,两侧开孔。当圆筒被液压缸放下时,圆筒上的两侧孔正好对准溜槽通道,煤就会通过上阀上部的圆筒流入煤锁。煤锁上阀阀杆上也固定有一个圆筒,它的直径比溜槽阀的圆筒小,两侧也开有溜煤孔。当上阀向下打开时,圆筒与上阀头一同落入煤锁,当煤加满时,圆筒以外的煤锁空间流不到煤,当上阀提起关闭时,圆筒内的煤流入煤锁。这样只要溜煤槽在一个加煤循环时开一次,煤锁就不会充得过满,从而避免了仪表失误造成的煤锁过满而停炉。其工作示意图如图3-30所示。

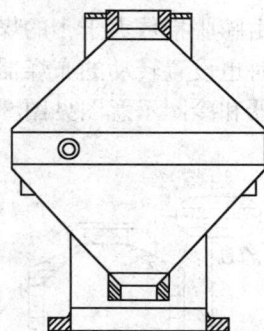

图 3-29 煤锁示意图

3. 灰锁

灰锁是将气化炉炉算排出的灰渣通过升、降压间歇操作排出炉外,而保证气化炉连续运转。灰锁同煤锁都是承受交变荷载的压力容器,但灰锁由于储存的是气化后的高温灰渣,工作环境较为恶劣,所以一般灰锁设计温度为 470 ℃,并且为了减少灰渣对灰锁内壁的磨损和腐蚀,一般在灰锁筒体内部都衬有一层钢板,以保护灰锁内壁,延长使用寿命。第三代炉灰锁结构图如图3-31所示。

灰锁上阀的结构及材质与煤锁下阀相同,因其所处工作环境差,温度高,灰渣磨损严重,为延长阀门使用寿命,在阀座上设有水夹套进行冷却。第三代炉还在阀座上设置了两

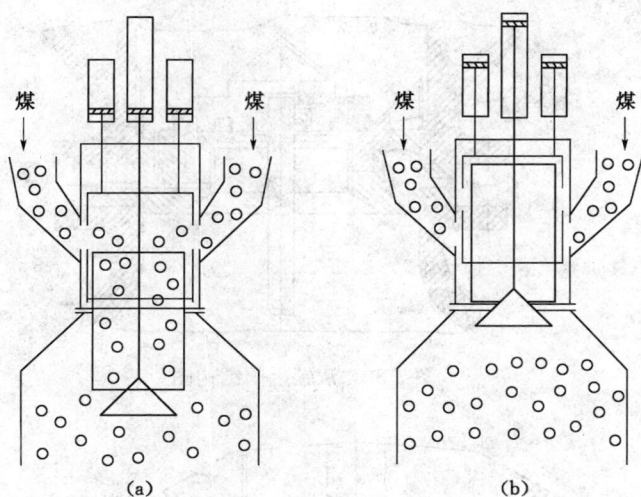

图 3-30 圆筒阀结构图

(a) 加煤时;(b) 关闭时

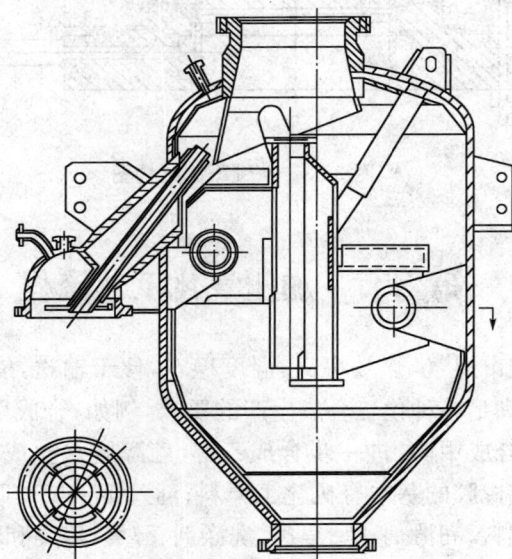

图 3-31 灰锁结构图

个蒸汽吹扫口,在阀门关闭前先用蒸汽吹扫密封面上的灰渣,从而保证了阀门的密封效果,延长了阀门的使用寿命。灰锁上阀密封结构见图3-32。

灰锁下阀由于工作温度较低,其结构与煤锁类似,也采用硬质合金与氟橡胶两道密封。另外,为保证阀门的密封效果,第三代炉在灰锁下阀阀座上还设有冲洗水,在阀门关闭前先冲掉阀座密封面上的灰渣,然后再关闭阀门。其结构如图3-33所示。

灰锁上、下阀在设计上也采用了自锁紧形式,即阀门关闭后受到来自气化炉或灰锁的压力作用于阀头上,压差越大关闭越严密,下阀只有在泄完压与大气压力相近时才能打开,上阀只有在灰锁充压与气化炉压力相同时才能打开,这样就保证了气化炉的运行安全。

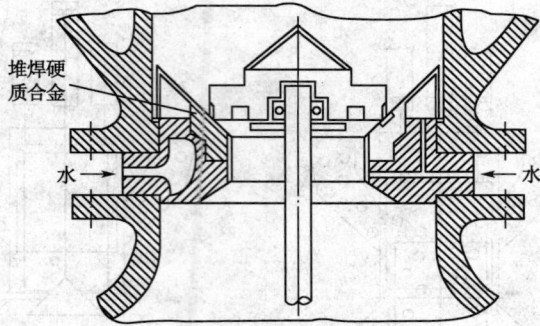

图 3-32　灰锁上阀结构图

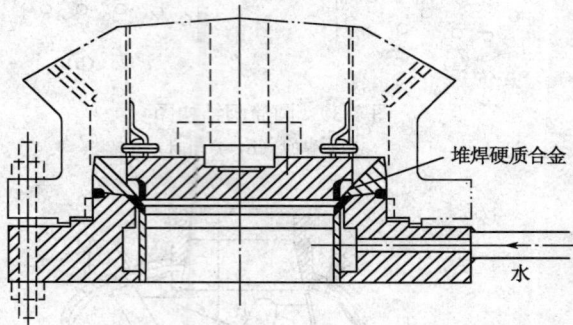

图 3-33　灰锁下阀结构图

第六节　加压气化工艺流程

　　加压气化生产的城市煤气,热效率高,温度稳定,便于输送,易于调节和自动化。生产化工原料气,几乎可以满足各种化工合成生产的要求,例如,合成甲烷,生产代用天然气;生产合成氨用的原料气;合成甲醇,进一步合成乙醇,乙醇脱水生成乙烯,甲醇和乙烯又是合成纤维、合成塑料、合成橡胶的基本有机化工原料;通过 Fischer-Tropsch 反应,一氧化碳和氢可转化为各种液体燃料、润滑剂、蜡、皂类、洗涤剂、醇类、醛类和酚类等等。

　　自 20 世纪 70 年代以来,一些发达国家如美国、德国就开始研究整体煤气化联合循环发电(IGCC-Integrated Gasification Combined Cycle)系统。世界上最早的德国 IGCC 示范厂采用的就是鲁奇固态排渣气化炉。

　　煤气的用途不同,其工艺流程差别很大,但基本上都包括三个主要部分:煤的气化,粗煤气的净化,煤气组成的调整处理。气化炉出来的煤气称粗煤气,净化后的煤气称为净煤气。煤气净化的目的是清除有害杂质,回收其中一些有价值的副产品,回收粗煤气中的显热。粗煤气中的杂质主要有固体粉尘及水蒸气、重质油组分、轻质油组分、各种含氧有机化合物(主要是酚类)、含氮化合物如氨和微量的一氧化氮、各种含硫化合物(主要是硫化氢)、煤气中的二氧化碳等。

　　下面主要介绍有废热回收系统的煤气生产工艺流程、整体煤气化联合发电工艺流程。

一、有废热回收系统的流程

采用大型加压气化炉生产时,煤气携带出的显热较大。煤气显热的回收对能量的综合利用有极其重要的意义。流程如图 3-34 所示。

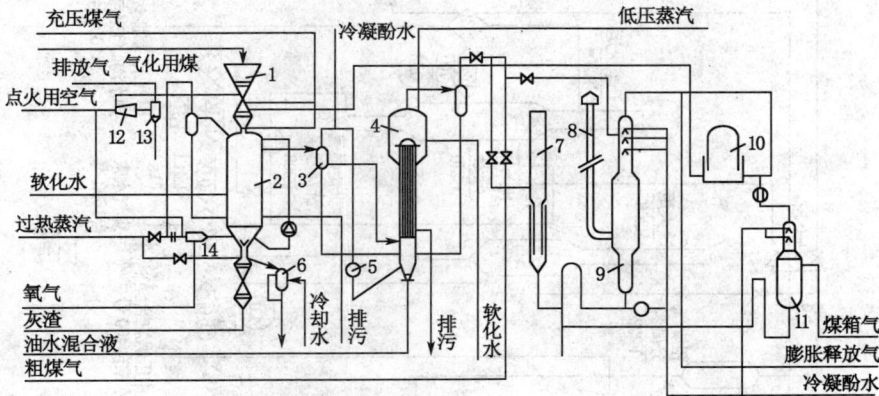

图 3-34　有废热回收的制气工艺流程

1——储煤仓;2——气化炉;3——喷冷器;4——废热锅炉;5——循环泵;
6——膨胀冷凝器;7——放散烟囱;8——火炬烟囱;9——洗涤分离器;10——储气柜;
11——煤箱气洗涤器;12——引射器;13——旋风分离器;14——混合器

原料煤经过破碎筛分后,粒度为 4～50 mm 的煤加入上部的储煤斗,然后定期加入煤箱,煤箱中的煤不断加入炉内进行气化。反应完的灰渣经过转动炉算借刮刀连续排入灰斗。从气化炉上侧方引出的粗煤气,温度高达 400～600 ℃(由煤种和生产负荷来定),经过喷冷器喷淋冷却,除去煤气中的部分焦油和煤尘,温度降至 200～210 ℃,煤气被水饱和,湿含量增加,露点提高。

粗煤气的余热通过废热锅炉回收废热后,温度降到 180 ℃左右。温度降得太低,会出现焦油凝析,黏附在管壁上影响传热并给清扫工作增加难度。废热锅炉生产的低压蒸汽,并入厂内的低压蒸汽总管,用来给一些设备加热和保温。

喷冷器洗涤下来的焦油水溶液由煤气管道进入废热锅炉的底部,初步分离油水。一部分油水由锅炉底部出来送入处理工段加工;酚水由循环泵加压送回喷冷器循环使用。

由锅炉顶部出来的粗煤气送下一工序继续处理。

煤从煤箱加入炉膛前需先进行加压,一般采用生成的煤气加压,而在向煤箱内加煤时,就应将煤箱内存在的压力煤气放出,使煤箱处于常压状态下。这一部分煤箱气送入低压储气柜,经过压缩和洗涤后当燃料使用。

中国山西天脊煤化工(集团)公司(原山西化肥厂,以下简称天脊集团)气化装置于 20 世纪 80 年代初从联邦德国鲁奇公司引进,设有四台 $\phi3.8$ m 第三代鲁奇加压气化炉,用于生产合成氨原料气。其气化装置采用带废热回收工艺流程,在气化炉后设有废热锅炉以回收煤气的废热,副产低压蒸汽。气化装置工艺流程简图见图 3-35。

气化装置工艺流程简述如下。

经筛分后,6～50 mm 的碎煤由煤斗进入煤锁,煤锁在常压下加满煤后,由来自煤气冷却工段的冷粗煤气充压至 2.4 MPa,然后再由气化炉顶部粗煤气将煤锁充压至与气化

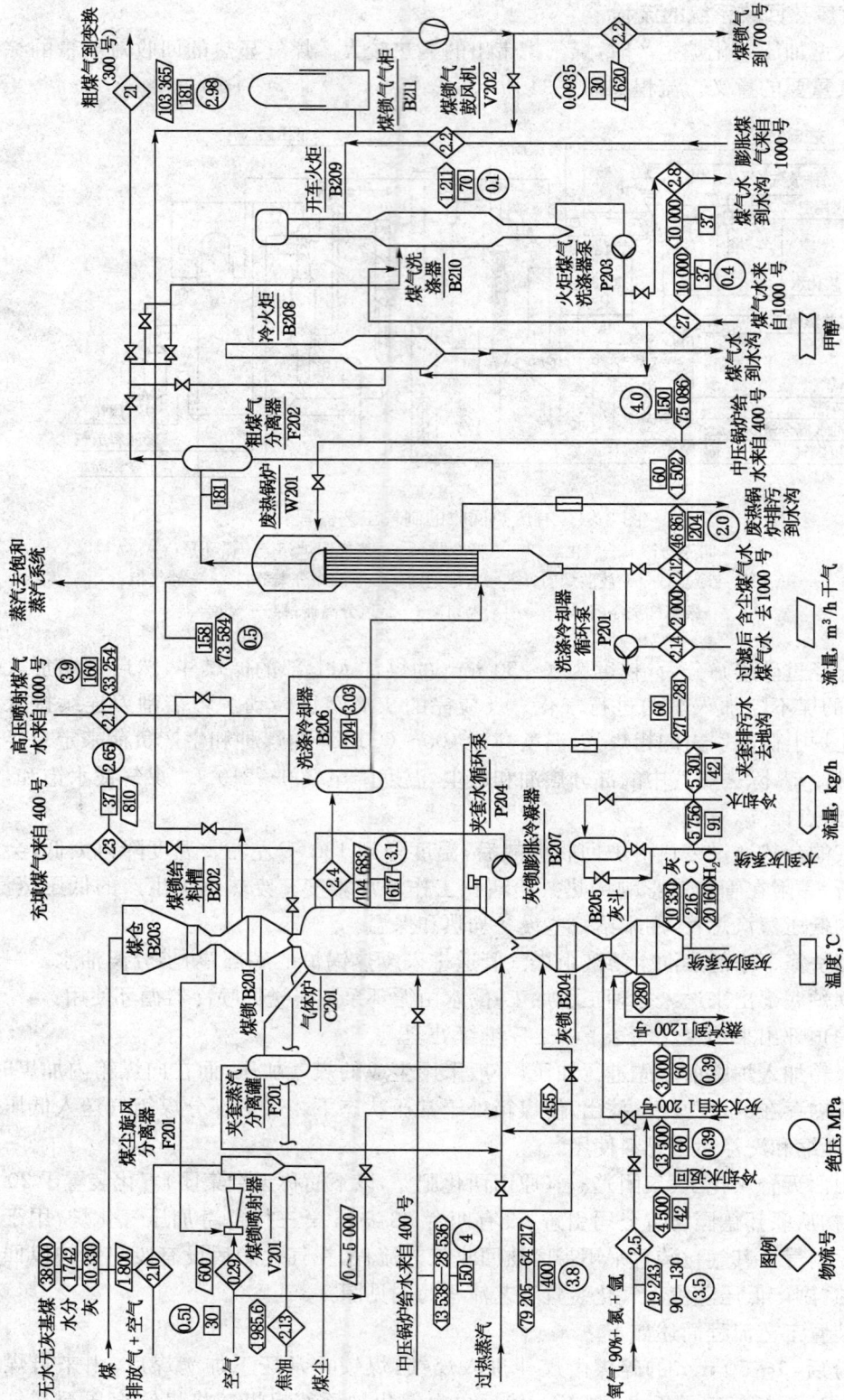

图 3-35 中国山西天脊煤化工（集团）公司气化工艺流程图

炉平衡,打开煤锁下阀,煤加入气化炉冷圈内。当煤锁中的煤全部加入气化炉后,气化炉内热气流的上升,使煤锁内温度升高,因此以煤锁中的温度监测煤锁空信号,然后煤锁关闭下阀泄压后再加煤,由此构成了间歇加煤循环。进入气化炉冷圈中的煤经转动的布煤、搅拌器均匀分布于炉内,依次经过干燥、干馏、气化、氧化层,与气化剂反应后的灰渣经炉算排入灰锁。当灰锁积满灰后,关闭灰锁上阀,通过膨胀冷凝器将灰锁泄压至常压,打开灰锁下阀,灰渣通过常压灰斗落入螺旋输灰机的水封槽内,灰渣在此被激冷,产生的灰蒸汽通过灰蒸汽风机经洗涤除尘后排入大气。冷却后的灰渣由螺旋输灰机排至输灰胶带外运。

气化炉内产生的粗煤气(约 650 ℃)汇集于炉顶部引出,首先进入文丘里式洗涤冷却器被高压喷射煤气水洗涤、除尘、降温,在此粗煤气被激冷至 200 ℃,然后粗煤气与煤气水一同进入废热锅炉。在废热锅炉中,粗煤气被壳程的锅炉水冷却至约 181 ℃,以回收废热产生的 0.55 MPa 的低压蒸汽,然后粗煤气经气液分离后并入总管,进入变换工段。煤气冷凝液与洗涤煤气水汇于废热锅炉底部积水槽中,大部分由煤气水循环泵打至洗涤冷却器循环洗涤粗煤气,多余的煤气水由液位调节阀控制排至煤气水分离工段。

甘肃兰州煤气厂气化装置于 20 世纪 80 年代末以易货贸易方式从捷克引进,用于生产城市煤气。该气化炉直径 ϕ2.7 m(内径),属于有废热回收的第二代鲁奇加压气化炉,其气化装置工艺流程如图 3-36 所示。

二、整体煤气化联合循环发电流程(IGCC)

整体煤气化联合循环发电系统,是将煤的气化技术和高效的联合循环发电相结合的先进动力系统。该系统包括两大部分,第一部分是煤的气化、煤气的净化部分,第二部分是燃气与蒸汽联合循环发电部分。第一部分的主要设备有气化炉、空分装置、煤气净化设备(包括硫的回收装置),第二部分的主要设备有燃气轮机发电系统、蒸汽轮机发电系统、废热回收锅炉等。煤在压力下气化,所产的清洁煤气经过燃烧,来驱动燃气轮机,又产生蒸汽来驱动蒸汽轮机联合发电。如图 3-37 所示。

该流程是以五台鲁奇加压气化炉供气的实验性流程,经过德国律伦(Luenen)电厂试验,发电效率可达 36.5%左右,而普通火力发电厂采用锅炉—汽轮机—发电机系统的效率仅为 34%左右,而且污染严重,燃烧后的烟气脱硫系统装置庞大、运行费用高。

将空气和水蒸气作为气化剂送入鲁奇炉内,在 2 MPa 的压力下气化,气化炉出口粗煤气的温度约 550 ℃,发热值为 6 700 kJ/Nm³ 左右。煤经洗涤除尘器除去其中的部分焦油蒸气和固体颗粒,同时煤气的温度降到 160 ℃,并被水蒸气所饱和。煤气进一步经文丘里管除尘后,进入膨胀透平压缩机,压力下降到 1 MPa 左右,气化用的空气在此由 1 MPa 被压缩到 2 MPa 后送入气化炉。

从透平压缩机来的煤气在正压锅炉中与空气透平压缩机一段来的空气燃烧,生产 520 ℃、13 MPa 的高压水蒸气。煤气燃烧后产生的 820 ℃左右的高压烟气,进入燃气轮机中膨胀,产生的动力用于驱动压缩机一段,多余的能量发电,从燃气轮机出来的烟气温度约 400 ℃,压力为常压,通过加热器用于加热锅炉上水,水温被提高到 330 ℃左右,排出的烟气温度约 160 ℃。

正压锅炉所产的高温高压水蒸气带动蒸汽轮机发电机组发电,从蒸汽轮机抽出一部分蒸汽(压力约 2.5 MPa)供加压气化炉用。IGCC 技术既有高发电效率,又有极好的环保性

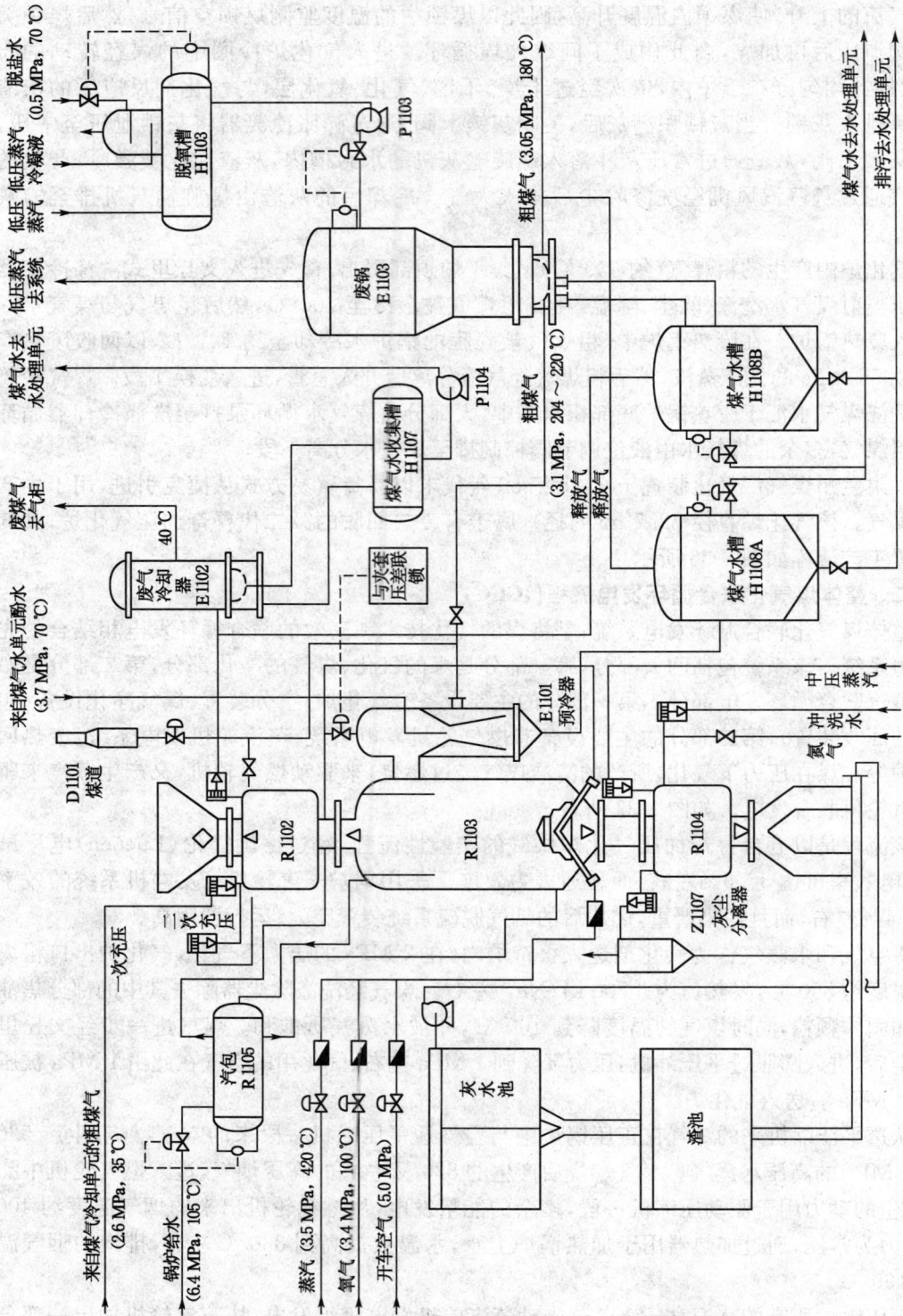

图 3-36　兰州煤气厂气化工艺流程图

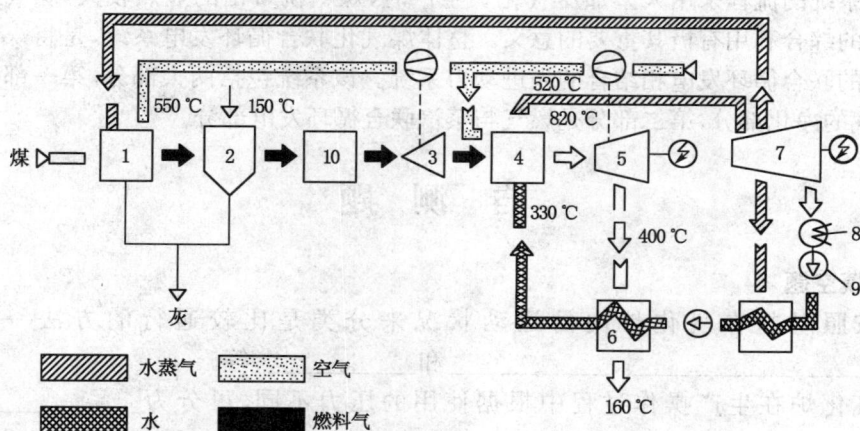

图 3-37　律伦联合循环发电生产工艺系统
1——加压气化炉；2——洗涤除尘器；3——膨胀透平；4——正压锅炉；5——燃气轮机；
6——加热器；7——蒸汽轮机；8——冷凝器；9——泵；10——脱硫

能，是一种有发展前景的洁净煤利用技术。在目前的技术水平下，发电效率最高可达 45%左右。污染物的排放量仅为常规电站的 1/10 左右，二氧化硫的排放在 25 mg/Nm³ 左右，氮氧化物的排放只有常规电站的 15%～20%，而水的耗量只有常规电站的 1/2～1/3，利于环境保护。

本 章 小 结

（1）常压移动床煤气化技术是以空气、蒸汽、氧为气化剂，将固体燃料转化成煤气的过程。动床加压煤气化炉是 Lurgi 公司开发的，其主要特点是带有夹套锅炉固态排渣的加压煤气化炉，原料是碎煤，经加压气化得到粗煤气（$CO+H_2$）。移动床气化分为常压和加压两类。

（2）以空气为气化剂与原料煤或焦炭发生反应制得的煤气称为空气煤气。常压移动床混合煤气发生炉是我国目前使用最广泛的煤气化设备。目前国内使用的混合煤气发生炉有 M 型混合煤气发生炉（3M13 型和 3M21 型）、W—G 型混合煤气发生炉、TG 型混合煤气发生炉和 3MT 型（威尔曼型）混合煤气发生炉等。

（3）两段炉气化可分为发生炉煤气型和水煤气型，即连续鼓风气化两段炉和循环鼓风气化两段炉。

（4）常压移动床气化有混合煤气发生炉、水煤气发生炉和两段式气化炉，常见的有连续式气化工艺和间歇式气化——UGI 工艺。间歇法气化工艺有 UGI 气化工艺，回收吹风气和水煤气显热的工艺，回收水煤气显热以及吹风气潜热、显热的水煤气工艺等。

（5）鲁奇加压气化和常压气化比较，在原料、生产过程、气化产物与煤气输送方面均有较好的优点。加压的移动床气化主要有干法排渣鲁奇炉和液态排渣鲁奇炉。

（6）加压气化生产的城市煤气，热效率高，温度稳定，便于输送，易于调节和自动化。有废热回收系统的流程采用大型加压气化炉生产时,煤气携带出的显热较大,煤气显热的回收对能量的综合利用有极其重要的意义。整体煤气化联合循环发电系统,是将煤的气化技术和高效的联合循环发电相结合的先进动力系统。该系统包括两大部分,第一部分是煤的气化、煤气的净化部分,第二部分是燃气与蒸汽联合循环发电部分。

自 测 题

一、填空题

1. 按照燃料在气化炉内的运动状况来分类是比较通行的方法,一般分为_____、_____、_____和_____等。

2. 气化炉在生产操作过程中根据使用的压力不同,可分为_____和_____;根据不同的排渣方式,可以分为_____和_____。

3. 各种不同结构的气化炉基本上由三大部分组成,即_____、_____和_____。

4. 移动床是一种较老的气化装置,燃料由_____加入,底部通入_____,燃料与气化剂_____逆向流动,反应后的灰渣由底部排出。

5. 移动床气化炉当炉料装好进行气化时,以空气作为气化剂,或以空气(氧气、富氧空气)与水蒸气作为气化剂时,炉内料层可分为六个层带,自上而下分别为:_____、_____、_____、_____、_____、_____,气化剂不同,发生的化学反应不同。

6. 发生炉煤气根据使用气化剂和煤气的热值不同,一般可以分为_____、_____、_____、_____等。

7. 3M21 型气化炉的主体结构由四部分组成,即_____、_____、_____和_____。

8. 3M21 型气化炉除灰结构的主要部件有_____、_____、_____和_____等。

9. 3M13 型和 3M21 型的结构及操作指标基本相同,不同的是_____和_____。

10. 水煤气发生炉和混合煤气发生炉的构造基本相同,一般用于制造水煤气或作为合成氨原料气的加氮半水煤气,代表性的炉型当推_____。

11. 水煤气生产原料用_____,燃料从_____加入,气化剂从_____加入,_____主要从炉子的两侧进入灰瓶,少量细灰由炉算缝隙漏下进入炉底中心的灰瓶内。

12. 洗涤塔是煤气发生炉的重要辅助设备,它的作用是_____。

13. 气化温度一般指_____,煤气发生炉的温度一般控制在_____左右。通常,生产城市煤气时,气化层的温度在_____左右最佳;生产合成原料气时,可以提高到_____左右。

14. 间歇式水煤气的生产和混合煤气的生产不同。以水蒸气为气化剂时,在气化区进行碳和水蒸气的反应,不再区分_____和_____。

二、选择题

1. 水煤气中主要由以下哪两种成分组成？_____

A. 一氧化碳、氢气　　B. 一氧化碳、氮气　　C. 氢气、氮气　　D. 氢气、甲烷

2. 以下关于两段式完全气化炉说法不正确的是_____。

A. 两段炉具有比一般发生炉较长的干馏段

B. 两段炉获得焦油质量较重,净化处理难

C. 干馏、气化在一炉体内分段进行

D. 比一般发生炉加热速度慢,干馏温度低

3. 下列关于固定床加压气化的原理与工艺说法不正确的是_____。

A. 蒸汽耗量比常压下低,是固态排渣加压气化炉的优点

B. 加压气化所得到的煤气产率低

C. 加压气化节省了煤气输送动力消耗

D. 就生产能力而言,使用加压气化后比常压下有所提高

4. 在固定床发生炉中原料层分为五层,其中还原层内的主要化学反应是_____。

A. $C+O_2 \longrightarrow CO_2$　　　$C+O_2 \longrightarrow CO$

B. $CO_2+C \longrightarrow CO$　　　$CO+H_2 \longrightarrow CH_4+H_2O$

C. $C+O_2 \longrightarrow CO$　　　$C+H_2O \longrightarrow CO+H_2$

D. $CO_2+C \longrightarrow CO$　　　$C+H_2O \longrightarrow CO+H_2$

三、简答题

1. 根据燃料在炉内的运动状况可以将气化炉分为哪几类？
2. 简述移动床气化炉的燃料分层情况,并说明各层的主要作用。
3. 发生炉煤气分为哪几类？
4. 为什么实际混合煤气组成与理想混合煤气组成有一定的差别？
5. 什么是水煤气？什么是半水煤气？二者有何区别？
6. 比较空气煤气、混合煤气和水煤气的热值大小,并简单说明其理由。
7. 3M21 型煤气发生炉的主要结构包括哪几个部分？
8. 煤气发生炉设水夹套的目的是什么？
9. 炉箅的主要作用是什么？
10. 3M21 型和 3M13 型两种气化炉的主要区别是什么？
11. 简述制取水煤气的工作循环。
12. W—G 型发生炉的加煤装置和 3M21 型的有什么不同？

第四章　流化床气化工艺

第一节　概　　述

所谓"流态化"是一种使固体微粒通过与气体或液体接触而转变成类似流体状态的操作。如图 4-1 所示，当流体以低速向上通过微细颗粒组成的床层时，流体只是穿过静止颗粒之间的空隙，称为固定床。随着流速增加，流体曳力相对于固体重量的比率增加，颗粒互相离开，少量颗粒开始在一定的区间运动，称为膨胀床。当流速增加到使全部颗粒都刚好悬浮在向上流动的流体中，此时颗粒与流体之间的摩擦力与其重量相平衡，床层可认为是刚刚流化，称为初始流化床，或称为处于临界流化状态的床层。气固系统随着流速增加超过临界流态化，会发生鼓泡和气体沟流现象。此时，床层膨胀并不比临界流态化时的体积大很多，这样的床层称为聚式流化床、鼓泡流化床或气体流化床。床层存在清晰上表面的流化床可认为是密相流化床，这类流化床在许多方面表现出类似液体的性能。当气体流速高到足以超过固体颗粒的终端速度时，固体颗粒将被气体夹带，床层界面变得模糊以致消失，这种情况称为贫相流化床。

流化床气化是由向上移动的气流使煤料在空间呈沸腾状态的气化过程。气化剂以一定速度由下而上通过煤粒（0~8 mm）床层，使煤粒浮动并互相分离，当气流速度继续增大到一定程度时，出现了煤粒与流体间的摩擦力和它本身的质量相平衡，这时煤粒悬浮在向上流动的气流中做相对运动，犹如沸腾的水泡一样，又称为沸腾床。

流化床气化用煤的粒度一般较小，比表面积大，气固相运动剧烈。整个床层温度和组成一致，所产生的煤气和灰渣都在炉温下排出，因而，导出的煤气中基本不含焦油类物质。

流化床气化的基本原理：在流化床气化炉中，采用气化反应性高的燃料（如褐煤），粒度在 3~5 mm，由于粒度小，再加上沸腾床较强的传热能力，因而煤料入炉的瞬间即被加热到炉内温度，几乎同时进行着水分的蒸发、挥发分的分解、焦油的裂化、碳的燃烧与气化过程。有的煤粒来不及热解并与气化剂反应就已经开始熔融，熔融的煤粒黏性强，可以与其他粒子接触形成更大粒子，有可能出现结焦而破坏床层的正常流化，因而流化床内温度不能太高。由于加入气化炉的燃料粒径分布比较分散，而且随气化反应的进行，燃料颗粒直径不

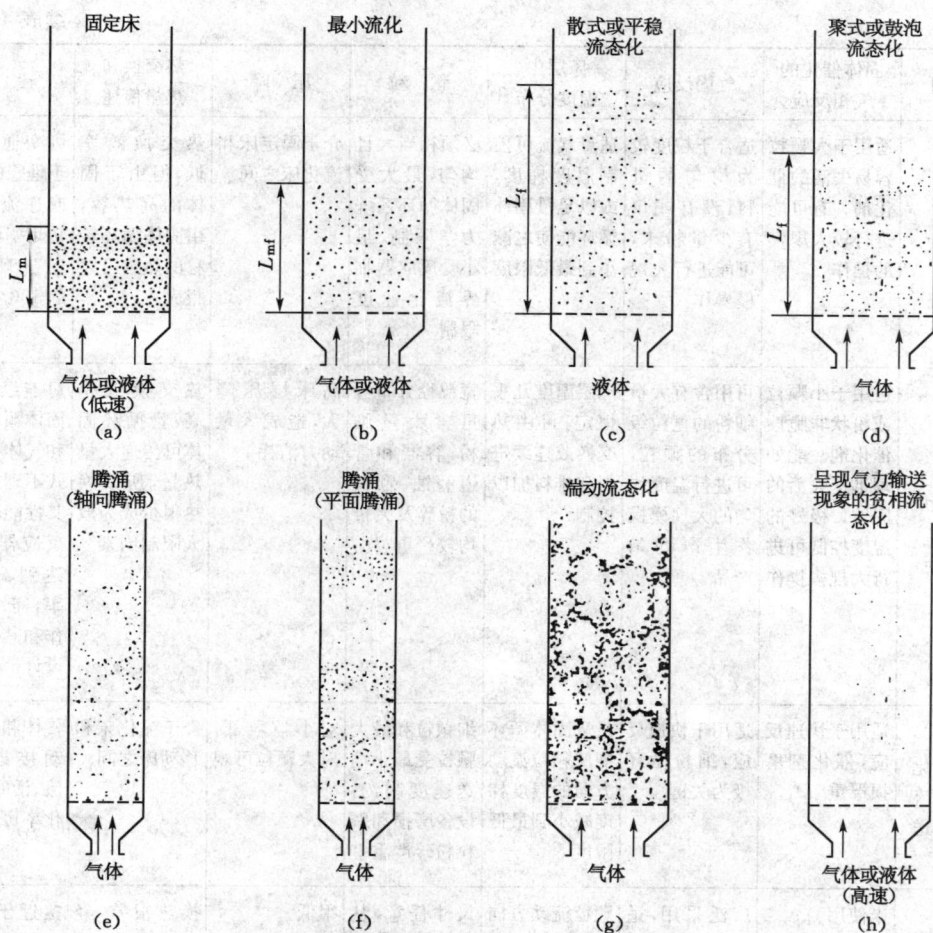

图 4-1　固体颗粒层与流体接触的不同类型

断减小,其对应的自由沉降速度相应减小。当其对应的自由沉降速度减小到小于操作的气流速度时,燃料颗粒即被带出。

流化床作为化学反应器与其他反应器相比,既有优点又有缺点,气固反应系统接触形式对比详见表 4-1。流化床首次工业化大规模应用是温克勒用于粉煤气化,此法在 1922 年获得专利。之后,流化床技术广泛应用于化工合成、冶金、干燥、燃烧、换热等工业过程中。

表 4-1　　　　　　　　　　　　　　气固反应系统接触形式对比

项　目	固体催化的气相反应	气固反应	床层中温度分布	颗　粒	压　降	热交换和热量传递	转　化
固定床	仅适用于缓慢失活或不失活的催化剂。严重的温度控制问题限制其规模	不适合连续操作,间歇生产产品不均	当有大量热传递时,温度梯度较大	必须相当大且均匀,温度控制不好可能烧结并堵塞反应器	由于颗粒大,压降问题不严重	热交换效率低,需要大换热面,常常限制系统规模	气体呈活塞流,如温度控制适当(很困难),转化率可能接近理论的 100%

项目	固体催化的气相反应	气固反应	床层中温度分布	颗粒	压降	热交换和热量传递	转化
移动床	适用于大颗粒容易失活的催化剂。有可能进行较大规模的操作	适合于粒度较为均匀的进料，没有或仅有少量粉末，可能进行大规模操作	适量气流可控制温度梯度，或以足量固体循环使之减小到最低限度	必须相当大且均匀，最大受固体循环系统力学限制，最小受反应器临界流化速度限制	介于固定床和流化床之间	热交换效率低，但由于固体的高热容，由固体循环转移的热量可以很大	可变通，接近于理想的并流或逆流接触，转化率可能接近于理论值的100%
鼓泡和湍动流化床	适用于小颗粒或粉状非脆性催化剂。能处理迅速失活的固体。极好的温度控制可进行大规模操作	可用含有大量细粉的宽粒级分布的颗粒，可进行温度均匀的大规模操作生产均匀产品	床层温度几乎恒定，可由热交换或连续进料和排料加以控制	宽粒径分布且可含大量细粉，容器和管道磨蚀、颗粒的粉碎及夹带均较严重	高床层压降大，造成大量动力消耗	热交换效率高，且循环固体可传递大量热量，所以换热很少成为放大限制因素	对连续操作，固体颗粒返混和气体接触形式不理想导致其性能较其他反应器差，要达到高转化率，需多段操作和其他特殊设计
快速流化床和并流气力输送	适用于快速反应，催化剂磨损严重	适用于快速反应，细粉循环极为关键	足量固体循环能使颗粒流动方向的温度梯度减小到最低限度	细颗粒和最大颗粒受最小输送速度制约，设备磨损和颗粒粉碎严重	对小颗粒低，对大颗粒可观	介于流化床和移动床之间	气体和固体流动接近于并流、活塞流，转化率可以很高
回转炉	未使用	广泛采用，适合于易烧结或团聚固体	颗粒流动方向的温度梯度很严重且难控制	尺寸任意，从细粉到大块均可	很低	换热很差，经常需要很长的炉体	接近于逆流、活塞流，转化率可以很高
平板炉	未使用	适合于易烧结或融化固体	温度梯度很严重且难控制	大小均可	很低	换热很差	需要刮具和搅拌器

流化床煤气化技术是气化碎煤的主要方法。其过程是将气化剂（氧气或空气与水蒸气）从气化炉底部鼓入炉内，炉内煤的细颗粒被气化剂流化起来，在一定温度下发生燃烧和气化反应。

流化床气化经多年发展，形成很多炉型。美国有 U—gas、KRW、HYGas、COGas、Exxon 催化气化等；德国有高温温克勒 HTW 及 Lurgi 公司的 CFB；日本有旋流板式 JSW 和喷射床气化；中国有 ICC 灰熔聚气化、灰黏聚多元气体气化恩德炉流化床、载热体双器流化床、分区流化床、循环制气流化床水煤气炉及加压流化床等。

目前常见的流化床气化工艺有温克勒常压流化床气化工艺、恩德常压流化床气化工艺、高温温克勒（HTW）气化工艺、灰熔聚粉煤循环流化床气化工艺等，本书仅就部分工艺进行介绍。

第二节　常压温克勒煤气化工艺

温克勒气化工艺是流化床技术发展过程中最早应用于工业生产的。1926 年在德国的路易那建成了第一个工业生产装置并投入运行,以后世界各国相继建成 60 多台温克勒气化炉。在这些工业化装置中,有些用空气作为气化介质,有些采用氧气作为气化介质。但是由于常压温克勒气化工艺存在着诸多弊端,至今仍在运转的并不多。针对这些问题,又成功地开发出了许多新型的流化床气化技术,其中最具代表性的是高温温克勒和灰团聚气化工艺。

一、温克勒气化对煤质的要求

温克勒煤气化炉以高活性煤为原料,如褐煤、不黏煤、弱黏煤、长焰煤及中等黏性烟煤等。原料煤要求粒径小于 1 mm 的在 15％以下,大于 10 mm 的在 5％以下,不黏结,灰熔点高于 1 100 ℃,入炉煤水分不大于 20％。能气化含灰 30％～50％的高灰煤。

二、常压温克勒气化工艺

常压温克勒气化工艺流程见图 4-2 所示。温克勒气化工艺过程包括煤的预处理、气化、气化产物显热的利用、煤气的除尘和冷却等。

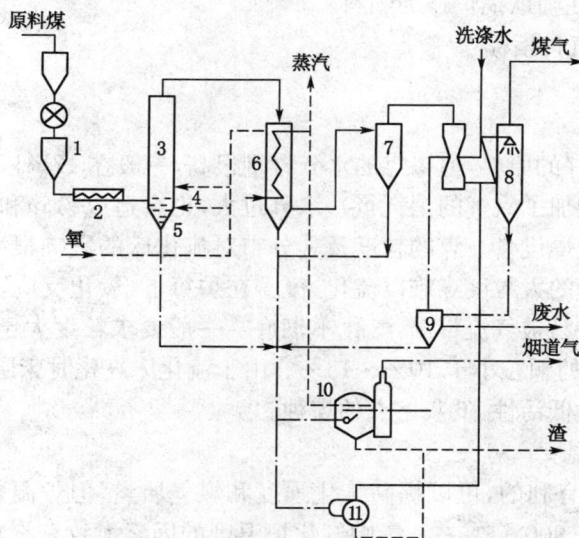

图 4-2　常压温克勒气化工艺流程示意图
1——锁煤斗系统;2——螺旋输送器;3——气化炉;4——流化床;
5——排灰螺旋输送器;6——废热锅炉;7——旋风除尘器;8——洗涤塔;
9——沉降器;10——辅助锅炉;11——气化炉(单设的)

1. 原理预处理

将原料煤破碎至 0～10 mm,并用烟道气余热等热源进行干燥,控制入炉原料水分在 8％～12％之间。经干燥后的原料可提高气化效率,降低氧耗,并且对原料的输送有利。对于黏结性较强的煤料还必须进行破黏处理,以保证原料的顺利输送和流化床内正常的流化工况。

2. 气化

经预处理后的原料煤进入料斗由螺旋给料机送至气化炉内。气化剂分成两股给入气化炉。一次气化剂(约 $60\%\sim75\%$)从炉栅底送入,二次气化剂(约 $25\%\sim40\%$)送入气化炉内的废热锅炉与床层之间的二次反应区。使用二次气化剂的目的是为了提高煤的气化效率和煤气质量。被煤气带出的粉煤和未分解的碳氢化合物,可以在二次气化剂吹入区的高温环境中进一步反应,从而使煤气中的一氧化碳含量增加、甲烷量减少。生成的煤气由发生炉顶部引出,粗煤气中含有大量的粉尘和水蒸气。灰渣由水冷的排灰螺旋输送器排出。

3. 粗煤气的显热回收

粗煤气的出炉温度较高,一般维持在 $700\sim1\,000\,℃$。为了防止熔融的飞灰堵塞废热锅炉的管子,在任何情况下,必须控制煤气出炉温度低于灰熔点,这对煤气的显热利用造成了困难。一般可采用辐射式废热锅炉,通常可产生压力为 $1.96\sim2.16\,MPa$ 的水蒸气,并可作为气化剂使用,蒸汽产量为 $0.5\sim0.8\,kg/m^3$ 干煤气。

4. 煤气的除尘和冷却

粗煤气经热量回收后,进入旋风除尘器和洗涤塔,以除去煤气中大部分粉尘和部分水蒸气,使煤气中的含尘量降至 $5\sim20\,mg/m^3$,温度降至 $35\sim40\,℃$。脱除的粉尘可以与气化炉排出的灰渣一起送往辅助锅炉作为燃料。

三、工艺条件和气化指标

1. 工艺条件

(1) 原料

褐煤是流化床最好的原料,但褐煤的水分含量很高,一般在 12% 以上,蒸发这部分水分需要较多的热量(即增加了氧气的消耗量),水分过大,也会造成粉碎和运输困难,所以水分含量太大时,需增设干燥设备。煤的粒度及其分布对流化床的影响很大,当粒度范围太宽,大粒度煤较多时,大量的大粒度煤难以流化,覆盖在炉算上,氧化反应剧烈可能引起炉算处结渣。如果粒度太小,易被气流带出,气化不彻底。一般要求粒度大于 $10\,mm$ 的颗粒不得高于 5%,小于 $1\,mm$ 的颗粒小于 $10\%\sim15\%$。由于流化床气化时床层温度较低,碳的浓度较低,故不太适宜气化低活性、低灰熔点的煤种。

(2) 气炉的操作温度

高炉温对气化是有利的,可以提高气化强度和煤气质量,但炉温是受原料的活性和灰熔点的限制的,一般在 $900\,℃$ 左右。影响气化炉温度的因素大致有汽氧比、煤的活性、水分含量、煤的加入量等。其中又以汽氧比最为重要。

(3) 二次气化剂的用量

使用二次气化剂的目的是为了提高煤的气化效率和煤气质量。被煤气带出的粉煤和未分解的碳氢化合物,可以在二次气化剂吹入区的高温环境中进一步反应,从而使煤气中的一氧化碳含量增加、甲烷量减少。

2. 气化指标

褐煤的温克勒气化指标如表 4-2 所示。

表 4-2   **常压温克勒气化指标**

指标		褐煤 1	褐煤 2
对原料煤的分析	水分/%	8.0	8.0
	C/%	61.3	54.3
	H/%	4.7	3.7
	N/%	0.8	1.7
	O/%	16.3	15.4
	S/%	3.3	1.2
	灰分/%	13.8	23.7
	高热值/$kJ \cdot kg^{-1}$	21 827	18 469
产品组成及热值	CO/%	22.5	36.0
	H_2/%	12.6	40.0
	CH_4/%	0.7	2.5
	CO_2/%	7.7	19.5
	N_2/%	55.7	1.7
	C_nH_n/%	—	—
	H_2S/%	0.8	0.3
	焦油和轻油/$kg \cdot m^{-3}$		
	煤气高热值/$kJ \cdot m^{-3}$	4 663	10 146
条件	汽/煤/$kg \cdot kg^{-1}$	0.12	0.39
	氧/煤/$kg \cdot kg^{-1}$	0.59	0.39
	空气/煤/$kg \cdot kg^{-1}$	2.51	—
	气化温度/℃	816~1 200	816~1 200
	气化压力/MPa	~0.098	~0.098
	出炉温度/℃	777~1 000	777~1 000
结果	煤气产率/$m^3 \cdot kg^{-1}$	2.9	1.36
	气化强度/$kJ \cdot (m^3 \cdot h)^{-1}$	20.8×10^4	21.2×10^4
	碳转化率/%	83.0	81.0
	气化效率/%	61.9	74.4

由以上的叙述可知,温克勒气化工艺单炉的生产能力较大。由于气化的是细颗粒的粉煤,因而可以充分利用机械化采煤得到的细粒度煤。由于煤的干馏和气化是在相同温度下进行的,相对于移动床的干馏区来讲,其干馏温度高得多,所以煤气中几乎不含有焦油,酚和甲烷的含量也很少,排放的洗涤水对环境的污染较小。但温克勒常压气化也存在一定的缺点,主要是温度和压力偏低造成的。炉内温度要保证灰分不能软化和结渣,一般应控制在 900 ℃左右,所以必须使用活性高的煤为气化原料。气化温度低,不利于二氧化碳还原和水蒸气的分解,故煤气中二氧化碳的含量偏高,而可燃组分如一氧化碳、氢气、甲烷等含量偏低。同时,和移动床比较,气化炉的设备庞大,出炉煤气的温度几乎和床内温度一样,因而热损失大。另外,流态化使颗粒磨损严重,气流速度高又使出炉煤气的带出物较多。为此进一步开发了温克勒加压气化和灰团聚气化工艺。

四、主要设备

流化床煤气化装置由以下 4 部分设备组成。

(1) 原料煤处理和进煤部分:由原料煤破碎、筛分、干燥、储煤、煤计量和气化炉进煤设备组成。

（2）气化炉部分：由气化炉、气化剂加入、进煤、煤气粉尘分离煤粉循环、排渣等设备组成。

（3）煤气余热回收部分：由余热锅炉、蒸汽过热器、软水预热器等设备组成。

（4）煤气冷却净化部分：由煤气洗涤冷却塔、气水分离器、电除尘器、污水处理等设备组成。

五、温克勒气化炉

它是以德国人 F. 温克勒命名的一种煤气化炉型。1926 年在德国工业化。特点是用气化剂（氧和蒸汽）与煤以沸腾床方式进行气化。

温克勒气化炉为钢制立式圆筒形结构，内衬耐火材料，其结构如图 4-3 所示。

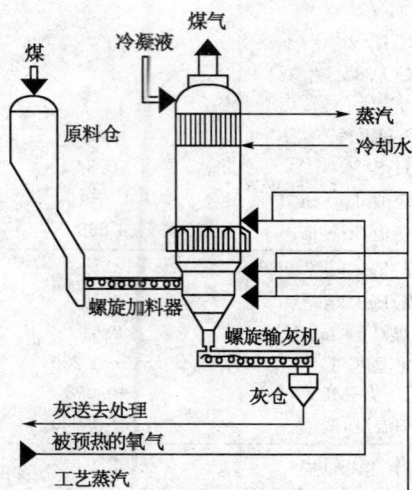

图 4-3　温克勒气化炉

温克勒气化炉采用粉煤为原料，粒度多在 0～10 mm。若煤不含表面水且能自由流动就不必干燥。对于黏结性煤，可能需要气流输送系统，借以克服螺旋给煤机端部容易出现堵塞的问题。粉煤由螺旋加料器加入圆锥部分的腰部，加煤量可以通过调节螺旋给料机的转数来实现。一般沿筒体的圆周设置二到三个加料口，互成 180°或 120°的角度有利于煤在整个截面上的均匀分布。

温克勒气化炉的炉算安装在圆锥体部分，蒸汽和氧化剂由炉算底侧面送入，形成流化床。一般气化剂总量的 60%～75%由下面送入，其余的气化剂由燃料层上面 2.5～4 m 处的喷嘴喷入，使煤在接近灰熔点的温度下气化，这可以提高气化效率，有利于活性低的煤种气化。通过控制气化剂的组成和流速来调节流化床的温度不超过灰的软化点。较大的富灰颗粒比煤粒的密度大，因而沉到流化床底部，经过螺旋排灰机排出。大约有 30%的灰从底部排出，另外的 70%被气流带出流化床。

温克勒气化炉顶部装有辐射锅炉，是沿着内壁设置的一些水冷管，用以回收出炉煤气的显热，同时，由于温度降低可能被部分熔融的灰颗粒在出气化炉之前重新固化。

温克勒气化炉也正在持续开发中，如改进炉型是高温温克勒炉，它是在常规温克勒炉的基础上发展起来的加压炉型。另一种加压加氢气化炉也是从温克勒炉发展起来的，反应压力 12 MPa,气化温度 900 ℃,以 2 mm 的煤粒在床层中进行沸腾加氢气化,目的是生成甲烷以制造人造天然气。

六、常压温克勒气化工艺的优缺点

温克勒气化炉是已经完全工业化的气化炉,其工艺的优缺点如下。

(1) 单炉生产能力大。直径 3.3 m 炉气化强度达 2 500～2 700 m³/(m²·h),直径 5.5 m 炉气化强度达 2 000 m³/(m²·h),单炉生产能力为 47 000 m³/h,远高于常压移动床气化炉的产气量。

(2) 气化炉结构简单,造价低,其炉棚不转动,操作维修费较低,炉子使用寿命长。

(3) 由于气化的是细颗粒的粉煤,因而可以充分利用机械化采煤得到的细粒度煤。

(4) 煤气中无焦油,污染小。由于煤的干馏和气化是在相同温度下进行的,相对于移动床的干馏区来讲,其干馏温度高得多,所以煤气中几乎不含有焦油,酚和甲烷的含量也很少,排放的洗涤水对环境的污染较小。

(5) 由于温度和压力偏低,炉内温度要保证灰分不能软化和结渣,一般应控制在 900 ℃左右,所以必须使用活性高的煤为气化原料。气化温度低,不利于二氧化碳还原和水蒸气的分解,故煤气中二氧化碳的含量偏高,而可燃组分如一氧化碳、氢气、甲烷等含量偏低。

(6) 和移动床比较,气化炉的设备庞大,出炉煤气的温度几乎和床内温度一样,因而热损失大。

(7) 流态化使颗粒磨损严重,气流速度高又使出炉煤气的带出物较多。

为了克服温克勒气化法的缺点,进一步开发了温克勒加压气化和灰团聚气化工艺。

第三节 高温温克勒煤气化工艺

高温温克勒(HTW)气化法的基础是低温温克勒气化法。它是采用比低温温克勒气化法高的压力和温度条件的一项气化技术。其原理与温克勒气化法相同,除了保持常压温克勒气化炉的简单可靠、运行灵活、氧耗量低和不产生液态烃等优点外,主要采用了带出煤粒再循环回床层的做法,从而提高了碳的利用率。

一、HTW 煤气化技术特点

在常压温克勒煤气化技术的基础上,通过提高气化温度和气化压力,开发成功了高温温克勒(HTW)气化技术。HTW 除保留了传统温克勒气化技术的优点外,进一步具备了以下特点:

① 提高了操作温度。由原来的 900～950 ℃提高到 950～1 100 ℃,因而提高了碳转化率,增加了煤气产出率,降低了煤气中 CH_4 含量,氧耗量减少。

② 提高了操作压力。由常压提高到 1.0 MPa,因而提高了反应速度和气化炉单位炉膛面积的生产能力。煤气压力提高使后工序合成气压缩机能耗有较大降低。

③ 气化炉粗煤气带出的固体煤粉尘,经分离后返回气化炉循环利用,使排出的灰渣中含碳量降低,碳转化率显著提高,可以气化含灰量高(>20%)的次烟煤。

④ 气化压力和气化温度的提高,使气化炉大型化成为可能。

二、HTW 煤气化工艺流程简述

HTW 气化法的工艺流程如图 4-4 所示。

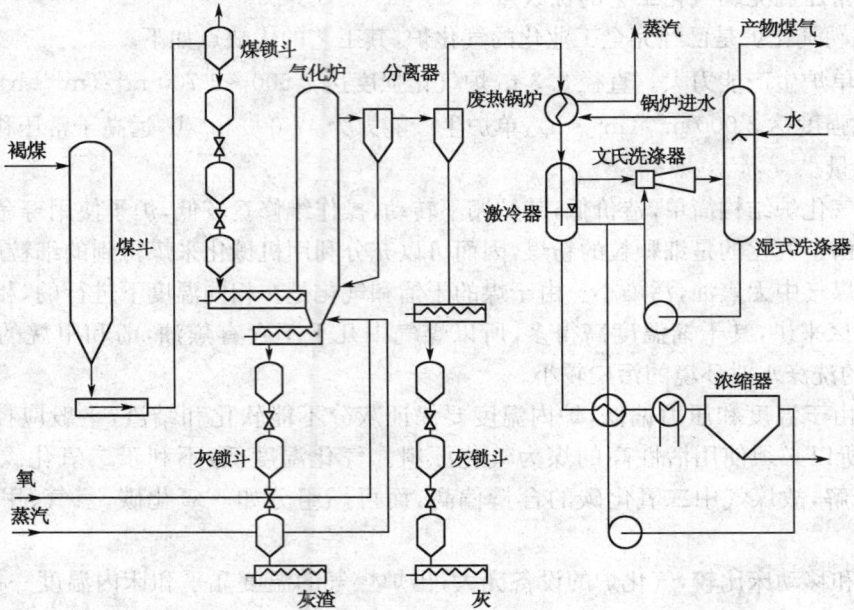

图 4-4　HTW 气化法工艺流程图

经加工处理合格的原料煤储存在煤斗,煤经串联的几个锁斗逐级下移,经螺旋给煤机从气化炉下部加入炉内,被由气化炉底部吹入的气化剂(氧气和蒸汽)流化发生气化反应生成煤气,热煤气夹带细煤粉和灰尘上升,在炉体上部继续反应。从气化炉出来的粗煤气经一级旋风除尘。捕集的细粉循环入炉内,二级旋风捕集的细粉经灰锁斗系统排出。除尘后的煤气进入卧式火管锅炉,被冷却到 350 ℃,同时产生中压蒸汽,然后煤气顺序进入激冷器、文丘里洗涤器和水洗塔,使煤气降温并除尘。

炉底灰渣经内冷却螺旋排渣机排入灰锁斗,经由螺旋排渣排出。煤气洗涤冷却水经浓缩沉淀滤除粉尘,澄清后的水再循环使用。

和低温温克勒气化工艺相比较,高温温克勒气化工艺的主要特点是出炉粗煤气直接进入两级旋风除尘器,一级除尘器分离出含碳量较高的颗粒返回到气化炉内进一步气化;二级除尘器流出的气体入废热锅炉回收热量,再经水洗塔冷却除尘。

整个气化系统是在一个密闭的压力系统中进行的,加煤、气化、出尘均在加压下进行。原料煤进入压力为 0.98 MPa 的密闭料斗系统后,经过螺旋给料机输入炉内。为提高煤的灰熔点而按一定比例配入的添加剂(主要是石灰石、石灰或白云石)也经给料机加入炉内。煤中加入助剂,可以脱出硫化氢等,并且可使碱性灰分的灰熔点提高。经过预热的气化剂(氧气、蒸汽或空气、蒸汽)从炉子的底部和炉身适当位置加入气化炉内,和由螺旋给料机加入的煤料并流气化。

在气化压力 0.98 MPa 的压力下,以氧气、水蒸气为气化剂,温度 1 000 ℃条件下进行的 HTW 气化工艺试验,其结果和常温温克勒气化的比较如表 4-3 所示。

表 4-3		两种温克勒气化方法的比较	
项目		常压温克勒	HTW
气化条件	压力/MPa	0.098	0.98
	温度/℃	950	1 000
气化剂	氧气耗量/m³·kg⁻¹(煤)	0.398	0.380
	水蒸气耗量/m³·kg⁻¹(煤)	0.167	0.410
(CO+H₂)产率/m³·t⁻¹(煤)		1 396	1 483
气化强度(CO+H₂)/m³·t⁻¹(煤)		2 122	5 004
碳转化率/%		91	96

由表中的数据可以看出,压力和高温下的温克勒气化,设备的生产能力大大提高,是常压的 2 倍多,温度的提高和大颗粒重新返回床层使得碳转化率上升为 96%。气化温度提高,虽然煤气中的甲烷含量降低,但煤气中的有效成分却提高,煤气的质量也相应提高。

三、工艺条件和气化指标

（1）气化温度

提高气化温度有利于二氧化碳的还原反应和水蒸气的分解反应,相应地提高了煤气中的一氧化碳和氢气的浓度,碳的转化率和煤气的产率也提高。提高气化反应温度是受灰熔点限制的。当灰分为碱性时,可以添加石灰石、石灰和白云石来提高煤的软化点和熔点。

（2）气化压力

加压气化可以增加炉内反应气体的浓度,流量相同时,气体流速减小,气固接触时间增大,使碳的转化率提高,在生产能力提高的同时,原料的带出损失减小。在同样的生产能力下,设备的体积相应减小。试验证明,使用水分为 24.5%,粒度为 1～1.6 mm 的褐煤为原料,在表压分别为 0.049 MPa 和 1.96 MPa 下,用水蒸气/空气为气化剂时,气化强度可由 930 kg/(m²·h)增加到 2 650 kg/(m²·h);用水蒸气/氧气作为气化剂时气化强度可以由 1 050 kg/(m²·h)增加到 3 260 kg/(m²·h)。

加压流化床的工作状态比常压的稳定。经研究,加压流化床内气泡含量少,固体颗粒在气相中的分散较常压流态化时均匀,更接近散式流态化,气固接触良好。

此外,加压流化时,对甲烷的生成是有利的,相应提高了煤气的热值。

四、气化炉操作

气化压力 1.0 MPa,气化温度根据煤的活性试验数据和灰熔点而定,褐煤气化温度为 950～1 000 ℃,长焰煤、烟煤气化温度为 1 000～1 100 ℃,生物质(木材、甘蔗渣)气化温度 600～650 ℃。

第四节　灰团聚流化床煤气化工艺

一般流化床煤气化炉要保持床层炉料高的碳灰比,而且使碳灰混合均匀以维持稳定的不结渣操作。因此炉底排出的灰渣组成与炉内混合物料组成基本相同,故排出的灰渣的含碳量就比较高(15%～20%)。针对上述问题提出了灰熔聚(或称灰团聚、灰黏聚)的排灰方式。做法是在流化床层形成局部高温区,使煤灰在软的而未熔融的状态下,相互碰撞黏结成含碳量较低的灰球,结球长大到一定程度时靠其重量与煤粒分离下落到炉底灰渣斗中排出炉外,降低了灰渣的含碳量(5%～10%),与液态排渣炉相比减少了灰渣带出的热损失,提高气化过程的碳利用率,这是煤气化炉排渣技术的重大发展。

灰团聚气化法也属于加压流化床气化工艺,亦称灰熔聚气化法。所谓的灰团聚是指在一定的工艺条件下煤被气化后,含碳量很少的灰分颗粒表面软化而未熔融的状态下,团聚成球形颗粒,当颗粒足够大时即向下沉降并从床层中分离出来。

目前采用灰熔聚排渣技术的有美国的 U—GaS 气化炉、KRW 气化炉以及中国科学院山西煤炭化学研究所的 ICC 煤气化炉。法国南希大学早在 20 世纪 50 年代就进行过小型试验,证明灰黏聚技术是可行的。美国开发的 U—GaS 和 KRW 灰团聚气化工艺,同时进行了炉内脱硫试验,取得了脱硫效率达 80%～90% 的好结果,作为洁净煤技术生产煤气供联合循环发电(IGCC)作为燃料使用。

一、灰熔聚流化床煤气化技术特点

其主要特点是灰渣与半焦的选择性分离。即煤中的碳被气化成煤气,生成的灰分熔聚成球形颗粒,然后从床层中分离出来。和传统的固态排渣和液态排渣不同:

① 与固态排渣相比,降低了灰渣中的碳损失;

② 与液态排渣相比,降低了灰渣带走的显热损失,从而提高了气化过程的碳利用率。

与一般流化床煤气化炉相比,灰熔聚煤气化炉具有以下特点:

① 气化炉结构简单,炉内无传动设备,为单段流化床,操作控制方便,运行稳定、可靠。

② 可以气化包括黏结煤、高灰煤在内的各种等级的煤。煤粒度为小于 6 mm 碎粉煤。

③ 气化温度高,碳转化率高,气化强度为一般固定床气化炉的 3～10 倍。

④ 灰团聚排渣含碳量低(<10%),便于作为建材利用,煤气化效率达 75% 以上。

⑤ 煤气中几乎不含焦油和烃类,酚类物质也极少,煤气洗涤冷却水易处理回收利用。

⑥ 煤中含硫可全部转化为 H_2S,容易回收,也可用石灰石在炉内脱硫,简化了煤气净化系统,有利于环境保护。

⑦ 与熔渣炉相比气化温度低得多,耐火材料使用寿命长达 10 年以上。

⑧ 煤气夹带的煤灰细粉经除尘设备捕集后返回气化炉内,进一步燃烧、气化,碳利用率高。

二、U—Gas 煤气化技术

1. U—Gas 煤气化对煤质的要求

U—Gas 气化工艺具有广泛的煤种适应性和高的转化率。中试结果表明,可采用粒度为 0～6 mm 的煤料作为气化原料,且不需要除去任何细粉;可采用具有黏结性的煤,而且可不做任何预处理,直接送入气化炉内;对烟煤、洗选后的煤及未洗煤的试验都已获得成功,还可用高灰分原煤及灰分含量不断变化的原料。用煤性质的具体变化范围是:全水分 1%～40%,干基挥发分 3%～65%,干基灰分 6%～35%,干基硫含量 0.6%～4.6%,自由膨胀序数 0～8,灰软化温度 1 080～1 370 ℃,高位发热量 13 081～29 440 kJ/kg。

2. U—Gas 气化工艺

图 4-5 为 U—Gas 的中试装置工艺流程图。该中试装置在 1974 年开始操作,它包括干燥、筛分、煤仓、煤料锁斗系统、耐火材料衬里的流化床反应器、炉底部熔聚物排出装置、煤气冷却、旋风除尘、煤气洗涤、煤气焚烧和排灰锁斗等。产品气中没有焦油和烃类,因而简化了热回收的净化工序。

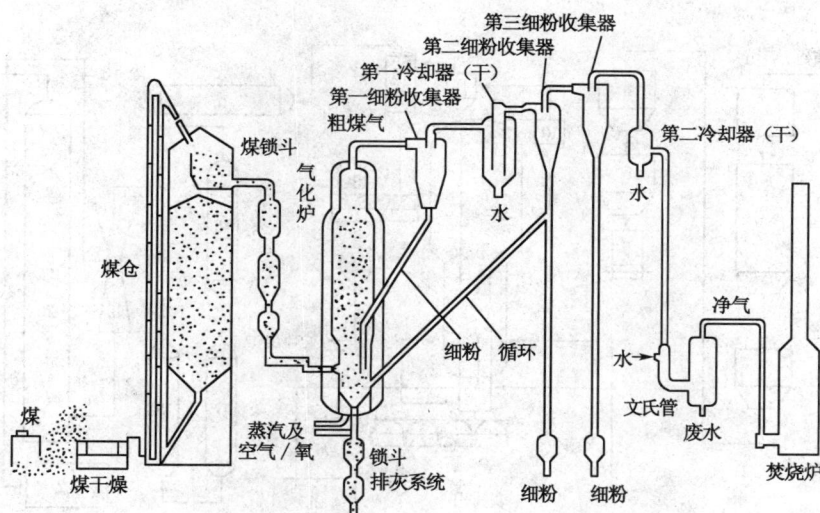

图 4-5　U—Gas 中试装置工艺流程

该工艺中,原料煤经过粉碎和干燥后输入密闭煤仓贮存,粒度为 0～6 mm 的原料煤再经密闭输送系统送到气化炉的煤锁斗中,后经螺旋输送机将原料煤将煤加入炉内。气化剂(蒸汽、空气或氧气)分别由炉箅和中心排灰装置两处进入气化炉,与原料煤并流向气化炉上部运动,并发生气化反应,所产煤气夹带煤灰由炉顶出口进入第一、第二细粉收集器,即第一和第二级旋风分离器。第一级旋风分离器出来的细粉通过回料管返回气化炉下部,第二级旋风分离器分离出来的细粉部分通过回料管返回气化炉排灰区,在该处气化及熔聚(与床内灰渣熔聚),然后随熔聚灰渣排出。

煤气经第三细粉分离器分离后,去除了煤气中 99％的粉尘后,依次进入废热锅炉、蒸汽过热器、蒸汽预热器,软水加热器回收余热,最后经文丘里洗涤器、洗涤塔降温洗尘后送出气化系统。

1993 年中国上海焦化厂引进美 IGT 开发的 U—Gas 煤气化技术及设备,共有 8 台气化炉,全套装置于 1995 年 4 月建成投产。这是 U—Gas 在世界上第一套工业化装置。该装置由煤的破碎、干燥、加煤、气化炉、余热回收、排渣、灰粉仓、DCS、空压站、污水处理以及公用工程(水、电、汽)等部分组成。以空气/蒸汽为气化剂,每台气化炉设计生产能力为煤气 20 000 m^3(标)/h,6 开 2 备,总生产能力为 288×10^4 m^3(标)/d 低热值煤气,供炼焦炉作为加热燃气,把焦炉煤气替换出来供城市煤气。整个装置投资约 4×10^8 元(RMB)。1995 年 4 月试生产至 1996 年 10 月共运行 15 000 台·h,气化原料煤 5×10^4 t,生产煤气 2.05×10^8 m^3(标)煤气,平均产气率为 4.04 m^3(标)/kg。原料煤为中国神府烟煤。由于上海市以天然气代替煤制气,U—Gas 煤气化炉于 2002 年初停止运行。

U—Gas 气化工业装置工艺流程图见图 4-6。

原料煤在粉碎干燥机内用烟通气进行干燥,合格煤经 MACAWBER 密相输送系统送到气化炉,经加煤螺旋输送机将煤加入炉内。煤与经分布器加入炉内的气化剂进行气化反应,所产煤气夹带煤灰由炉顶出口进入一、二级旋风分离器,分离回收的煤尘通过回料管返

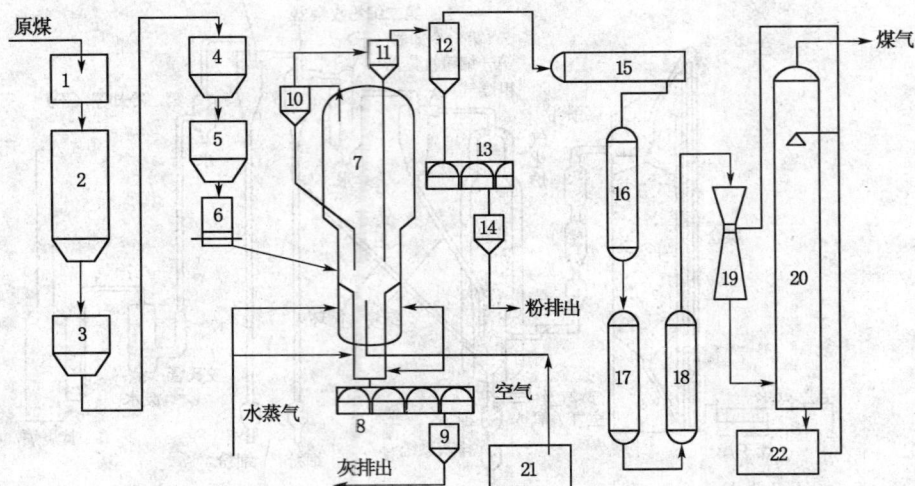

图 4-6　U—Gas 气化工业装置流程

1——煤干燥粉碎部分；2——干煤仓；3——密相输送系统；4——称量斗；5——锁斗；
6——进料斗；7——U—Gas 气化炉；8——灰冷；9——排灰装置；10——第一级旋风分离器；
11——第二级旋风分离器；12——第三级旋风分离器；13——灰冷器；14——排粉装置；
15——废热锅炉；16——蒸汽过热器；17——蒸汽预热器；18——脱氧水加热器；
19——文丘里洗涤器；20——洗涤器；21——空气压缩机部分；22——废水循环处理部分

回气化炉下部,煤气经第三旋风分离器依次进入废热锅炉、蒸汽过热器、蒸汽预热器、软水加热器回收余热,最后经文丘里洗涤器、洗涤塔降温洗尘后送出气化系统。

3. U—Gas 气化炉

U—Gas 气化炉是一个单段流化床气化炉,如图 4-7 所示。原料煤通过锁斗系统加到气化炉内。床内反应温度为 955～1 095 ℃,床温由进料煤性质决定,应使煤灰团聚而不结渣。气化剂由两处进入反应器:① 从分布炉箅进入,维持正常的流化;② 由中心排灰装置进入。由中心进入气体的氧/汽比较大,故床底中心区温度较高,当达到灰的初始软化温度时,灰粒选择性地和别的颗粒团聚起来。团聚体不断增大,直到它不能被上升气流托起为止。也就是说,由于气流的扰动使得碳粒从团聚物中分离出来。文氏管形成的局部高温区,使未燃碳燃烧气化,又使灰粒相互黏结而团聚。控制中心管的气流速度,可达到控制排灰量的目的。中心管固体分离速度约 10 m/s,而流化床内气流速度为 1.2～2 m/s。

提高碳转化率的另一措施是带出物经过两段旋风分离器分离后返回流化床内,第二段分出的细灰进入排灰区域,经过气化和团聚成灰渣颗粒排出。灰渣含碳量<10%,碳转化率>97%。

气化炉要完成的四个过程是:煤的破黏脱挥发分、煤的气化、灰的熔聚和分离。

U—Gas 气化炉可以气化被破碎到 0～6 mm 的煤料,和温克勒气化炉相比,气化粒度更细的粉煤是其又一优点,U—Gas 气化可以接纳 10%小于 200 目(0.07 mm)的煤粉。对黏结性强的煤种要在脱黏器中进行预处理以免气化炉发生问题,气化非黏结性煤种时可以取消。

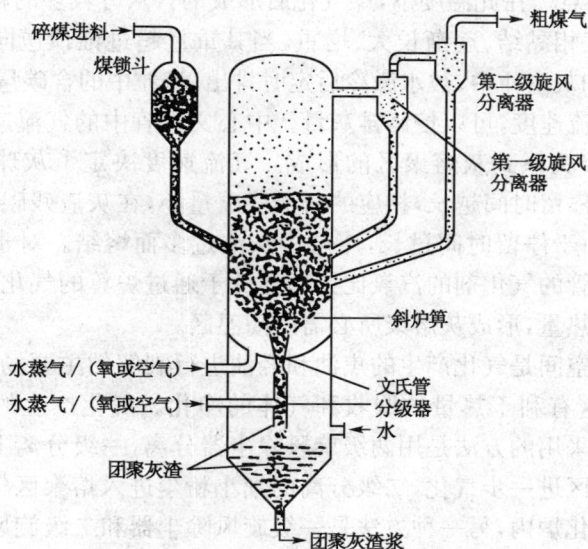

图 4-7　U—Gas 气化炉示意图

（图中标注：碎煤进料、煤锁斗、粗煤气、第二级旋风分离器、第一级旋风分离器、斜炉箅、水蒸气／（氧或空气）、文氏管、分级器、水、团聚灰渣、团聚灰渣浆）

经过粉碎和干燥的煤料通过闭锁煤斗或螺旋加料器均匀、稳定地加入炉内。煤脱黏时的压力与气化炉的压力相同，温度一般在 $370\sim430$ ℃之间，吹入的空气使煤粉颗粒处于流化状态，并使煤部分氧化提供热量，同时进行干燥和浅度炭化，使煤粉颗粒表面形成一层氧化层，达到脱黏的目的。脱黏后的煤粒在气化过程中，可以避免黏结现象的发生。在流化床内，煤与气化剂在 $950\sim1\,100$ ℃和表压 $0.69\sim2.41$ MPa 下接触反应，生成的煤气从气化炉的顶部导出经过两级旋风分离器除尘，气化形成的灰分被团聚成球形粒子，从床层中分离出来。

炉箅呈倒锥格栅型，气化剂分两部分进入炉子。通过炉箅侧面的栅孔进入炉内的一部分气化剂，由下而上流动，流速约 $0.30\sim0.76$ m/s，使入炉煤粒处于流化状态，煤粒在床内的高温环境下被迅速气化，逐步缩小的焦粒之间不会形成熔渣。生成气体主要是 CO、H_2、N_2、CO_2，甲烷含量稍多于一般气化生成气的量。流化床均处于还原气氛中，故煤粒中的绝大部分硫都转为硫化氢，有机硫化合物很少。一座直径为 1.2 m 的 U—Gas 气化炉，以空气和水蒸气为气化剂，气化温度为 943 ℃，气化压力为 2.41 MPa 时，粗煤气的产量为 $16\,000$ m^3/h，调荷能力达 $10:1$，气化效率约 79%。煤气组成和热值如表 4-4 所示。

表 4-4　　　　　　　　　　　　煤气组成和热值

操作条件	煤气组成/%						煤气热值 /kJ·m^{-3}
	CO	CO_2	H_2	CH_4	H_2S+COS	N_2+Ar	
空气鼓风、烟煤	19.6	9.9	17.5	3.4	0.7	48.9	5 732
氧气鼓风、烟煤	31.4	17.9	41.5	5.6	微量	0.9	11 166

气化剂中的另一部分通过炉子底部中心文氏管高速向上流动，经过倒锥体顶端孔口进入锥体内的灰熔聚区域，使该区域的温度高于周围流化床的温度，一般比灰熔点低 $100\sim$

200 ℃,接近煤的灰熔点。在此温度下,煤气化后形成的含灰分较多的粒子由流化床的上部落下进入该区域后,互相黏结、逐渐长大、增重,当其重量超过锥顶逆向而来的气流的上升力时,即落入排渣管和灰渣斗中,被水激冷后定时排出,渣粒中的含碳量一般低于 1%。

控制中心管的气流速度,可以控制排灰量。中心文氏管中的气流速度和气化剂中的汽氧比极为重要,它直接关系到灰熔聚区的形成。气流速度决定了灰球在床层中的停留时间,气流速度越大,则停留时间越长,相应的灰渣残碳量小,在灰渣残碳量满足要求后,停留时间应尽量小,以免由于停留时间过长,床层中灰渣过多而熔结。对于气化剂的汽氧比而言,一般地,通过文氏管的气化剂的汽氧比要远远低于通过炉箅的气化剂的汽氧比,过量的氧气能够提供足够的热量,形成灰熔聚所必需的高温区。

床层上部较大的空间是气化产生的焦油和轻油进行裂解的主要场所,因而粗煤气实际上不含这两种物质,这有利于热量的回收和气体的净化。气化产生的煤气夹带大量的煤粉,含碳量较大,一般采用的方法是用两级旋风除尘器分离,一级分离下来的较大颗粒的煤粉返回气化炉的流化区进一步气化,二级分离的细小粉尘进入熔聚区气化。一种方法是一级旋风除尘器置于气化炉内,另一种方法是一级旋风除尘器和二级旋风除尘器一样置于气化炉外。

U—Gas 气化工艺的突出优点是它气化的煤种范围较宽,碳的转化率高。气化炉的适应性广,对于一些黏结性不太大或者灰分含量较高的煤也可以作为气化原料。

中国上海焦化厂引进的 U—Gas 气化炉下部反应区内径 $\phi2\ 600\ mm$,上部扩大段直径为 $\phi3\ 600\ mm$,总高 18.5 m,内衬由耐火耐磨材料浇注的硬质层和保温隔热层组成。气化炉下部有一漏斗状多孔分布器,通过的蒸汽空气混合气使床层的煤粒流化。分布器中心有一个同心圆套管,其中心管通空气形成高温反应区。环隙通蒸汽和空气混合气,控制灰渣的排放量。气化剂分布器是 U—Gas 气化炉设计的关键所在。分布器上部为进煤口,每台气化炉有两套加煤系统。气化炉煤气出口串联三级旋风除尘器,一、二级除尘器收集的煤粉尘经直接插入炉内的回料管返回气化炉下部反应区,再次进行气化反应,三级除尘器收集的细粉尘直接排放。气化炉底部排渣斗收集的灰渣,经内冷却螺旋排渣机排出。

4. U—Gas 气化工艺的优点

① 碳转化率高,灰渣含碳量(质量分数)低于 10%,煤气化效率达 70% 以上,气化强度为一般固定床气化炉的 3~10 倍。

② 煤种适应性强,可处理包括黏结煤、高灰煤在内的各种等级的煤。

③ 可处理小于 6 mm 的碎煤。

④ 装置结构简单,操作安全可靠。

⑤ 操作控制方便,能经受各种波动。

⑥ 产品煤气中几乎不含焦油和烃类。

⑦ 煤中硫全部转化为 H_2S,容易回收,也可用石灰石在炉内脱硫,环保问题易于解决。

⑧ 操作温度比熔渣炉低,耐火材料使用寿命长。

三、中国 ICC 灰熔聚流化床煤气化技术

中国科学院山西煤炭化学研究所从 20 世纪 80 年代开始,研究开发了 ICC 灰熔聚流化床粉煤气化技术。相应建立了日处理能力分别为 1 t/d 煤的小型试验装置和 24 t/d 煤的中间试验装置,以及冷态试验模型。在 1991 年和 1996 年分别完成了(压力为 0.03~0.3

MPa)空气/蒸汽鼓风制工业燃料气、氧气/蒸汽鼓风制合成气的试验工作,并获得中国发明专利和实用新型专利。为配合发电、化工合成的需要,已完成了加压气化(1.0～1.5 MPa)小试验,取得一定的经验和成果。2001 年在陕西省城化股份有限公司与陕西秦晋煤气工程设备公司、中西部煤气化工程技术中心等单位共同进行了 100 t/d 煤灰熔聚流化床粉煤气化制合成气的工业示范装置试验。2002 年 3 月至 2003 年 6 月累计运行达 8 000 h 以上,所产煤气送入原生产系统,满足合成氨生产的需要。该技术已具备了工业化推广应用条件。示范装置由中国华陆工程公司设计。

1. ICC 气化炉

ICC 灰熔聚流化床粉煤气化炉简图见图 4-8。它以空气或氧气和蒸汽为气化剂,在适当的煤粒度和气速下,使床层中粉煤沸腾,气固两相充分混合接触,在部分燃烧产生的高温下进行煤的气化。流化床反应器的混合特性有利于传热、传质及粉状原料的使用,但混合也造成了排灰和飞灰中的碳损失较高。该工艺根据射流原理,在流化床底部设计了灰团聚分离装置,形成炉床内局部高温区,使灰渣团聚成小球,借助重量的差异达到灰团与半焦的分离,提高了碳利用率,降低了灰渣的含碳量,这是灰熔聚流化床气化不同于一般流化床气化的技术关键。在灰熔聚流化床中试试验装置上已进行过冶金焦、太原东山瘦煤、太原西山焦煤、太原王封贫瘦煤、陕西神木弱黏结性长焰烟煤、焦煤洗中煤、陕西彬县烟煤及埃塞俄比亚褐煤等 8 个煤种的试验,累积试验时间达 4 000 多小时。

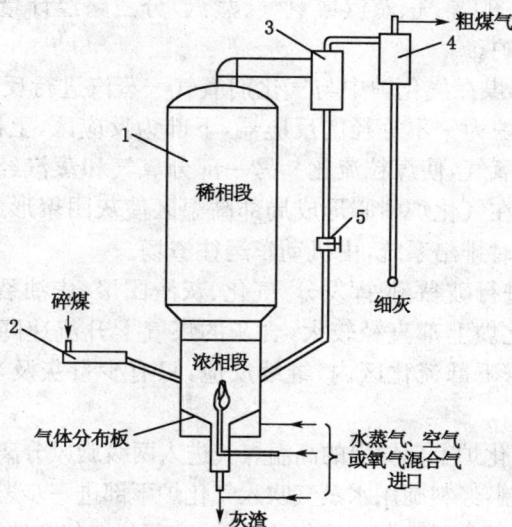

图 4-8　ICC 灰熔聚流化床粉煤气化炉
1——气化炉;2——螺旋给煤机;3——第一旋风分离器;
4——第二旋风分离器;5——温球阀

2. ICC 煤气化工艺流程

ICC 煤气化工业示范装置工艺流程见图 4-9。包括备煤、进料、供气、气化、除尘、余热回收、煤气冷却等系统。

(1) 备煤系统。粒径为 0～30 mm 的原料煤(焦),经过皮带输送机、除铁器,进入破碎机,破碎到 0～8 mm,而后由输送机送入回转式烘干机,烘干所需的热源由室式加热炉烟道

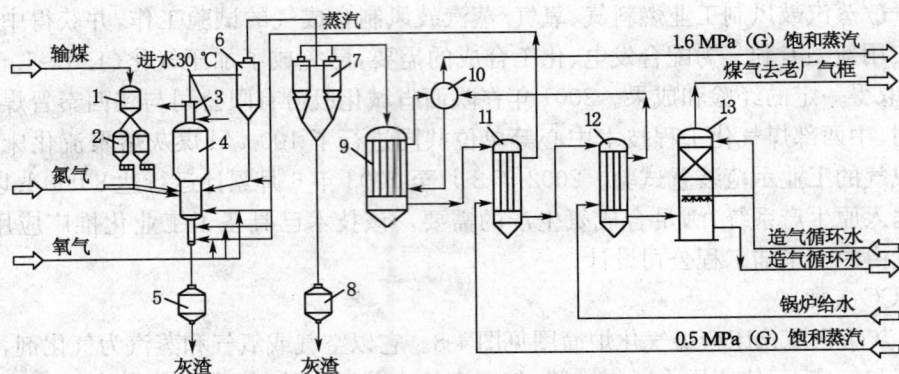

图 4-9　灰熔聚流化床粉煤气化工艺流程简图

1——煤锁；2——中间料仓；3——气体冷却器；4——气化炉；5——灰锁；
6——一级旋风除尘器；7——二级旋风除尘器；8——二旋下灰头；9——废热回收器；
10——气包；11——蒸汽过热器；12——脱氧水预热器；13——洗气塔

气供给，被烘干的原料，其含水量控制在 5% 以下，由斗提机送入煤仓储存待用。

（2）进料系统。储存在煤仓的原料煤经电磁振动给料器、斗式提升机依次进入进煤系统，由螺旋给料器控制，气力输送原料煤进入气化炉下部。

（3）供气系统。气化剂（空气、蒸汽或氧气、蒸汽）分三路经计量后由分布板、环形射流管、中心射流管进入气化炉。

（4）气化系统。干碎煤在气化炉中与气化剂氧气—蒸汽进行反应，生成 CO、H_2、CH_4、CO_2、H_2S 等气体。气化炉为一不等径的反应器，下部为反应区，上部为分离区。在反应区中，由分布板进入蒸汽和氧气，使煤粒流化。另一部分氧气和蒸汽经计量后从环形射流管、中心射流管进入气化炉，在气化炉中心形成局部高温区使灰团聚形成团粒。生成的灰渣经环形射流管、上下灰斗定时排出系统，由机动车运往渣场。

原料煤在气化区内进行破黏、脱挥发分、气化、灰渣团聚、焦油裂解等过程，生成的煤气从气化炉上部引出。气化炉上部直径较大，含灰的煤气上升流速降低，大部分灰及未反应完全的半焦回落至气化炉下部流化区内，继续反应，只有少量灰及半焦随煤气带出气化炉进入下一工序。

（5）除尘系统。从气化炉上部导出的高温煤气进入两级旋风分离器。从第一级分离器分离出的热飞灰，由料阀控制，经料腿用水蒸气吹入气化炉下部进一步燃烧、气化，以提高碳转化率。从第二级分离器分出的少量飞灰排出气化系统，这部分细灰含碳量较高（60%～70%），可作为锅炉燃料再利用。

（6）废热回收系统及煤气净化系统。通过旋风除尘的热煤气依次进入废热锅炉、蒸汽过热器和脱氧水预热器，最后进入洗涤冷却系统，所得煤气送至用户。

（7）操作控制系统。气化系统设有流量、压力和温度检测及调节控制系统，由小型集散系统集中到控制室进行操作。

四、KRW 灰团聚流化床煤气化技术

1. KRW 气化炉

此工艺原为美国西屋（Westinghouse）电力公司开发的 Westinghouse 气化技术，后由于该公司大部分股权出让给凯洛格(M・W・Kellogg)公司,易名为KRW法。其主要变化是在Westinghouse法基础上加入脱硫工艺:在原煤中加入碳酸钙,用铁酸锌浴除去残余的硫。图4-10为KRW气化炉图。炉内按作用不同,自上而下可分为分离段、气化段、燃烧段和灰分离段。炉外径为1.2 m,高15 m,内衬绝热层和耐火砖,中试气化炉的操作压力为1.6 MPa,设计最高操作压力为2.1 MPa。温度740~900 ℃,处理煤能力15 t/d(吹空气)~35 t/d(吹氧气);蒸汽煤比0.2(吹空气)~0.6(吹氧);氧煤比0.9,空气煤比3.6;碳转化率>90%。1975年以来,KRW炉对包括烟煤、次烟煤、褐煤、冶金焦和半焦在内的多种原料进行了气化试验,就煤性质来说包括弱黏煤、强黏煤、低硫煤、高硫煤、低灰煤、高灰煤、低活性煤和高活性煤。此法适应多种煤种,但最适合气化年轻的高活性褐煤。到1985年累计试验运转时间达到11 500 h。为商业需要,1980年建立了内径3 m,高9.14 m的冷模试验装置。KRW工艺的主要优点是原煤适应性广,碳转化率高,污染少,炉内无运转部件,操作简单稳定,操作弹性大,允许变化范围50%~150%。主要缺点是循环煤气消耗量大。

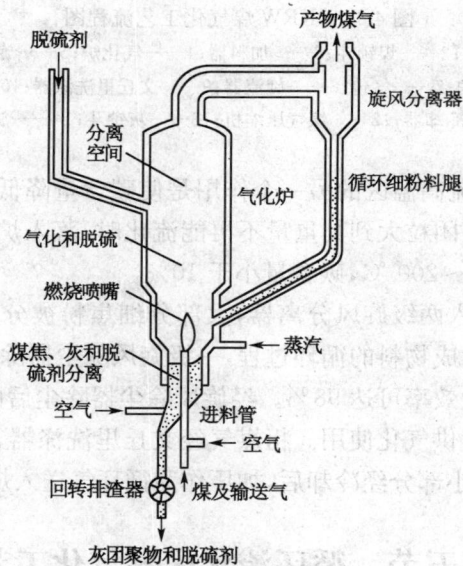

图4-10　KRW气化炉

2. KRW煤气化工艺流程

KRW气化工艺过程主体是一加压流化床系统。其工艺流程见图4-11。

原料煤由撞击式碾磨机破碎到6 mm,并干燥到含水分5%左右。经预处理的煤由输送机输入常压储煤仓中,借助重力间歇向下面两个煤斗送煤。煤由回转给煤机从煤斗输出,用循环煤气或空气进行气流输送,由中央进料喷嘴送入气化炉燃烧段。这是与U—Gas法最大的不同之处。煤粉在喷射区附近快速脱除挥发分形成半焦,同时喷入的气化剂在喷口附近形成射流高温燃烧区,使煤和半焦发生燃烧和气化反应。高速气流喷嘴的射流作用有助于气化炉内固体颗粒循环,有助于煤粒急速脱挥发分后的分散,因此黏结性的煤同样能操作。射流燃烧段的高温提供了气化反应所需的热量,也确保了脱挥发分过程中生成的焦

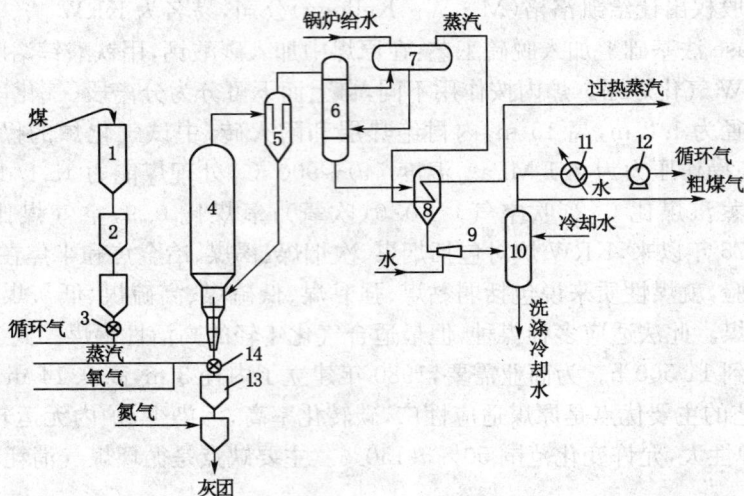

图 4-11　KRW 煤气化工艺流程图

1——煤储斗;2——煤锁斗;3——加料器;4——气化炉;5——旋流分离器;
6——废热锅炉;7——气包;8——旋流器;9——文丘里洗涤器;10——激冷器;
11——煤气冷却器;12——煤气压缩机;13——灰锁斗;14——旋转下料器

油和轻油的充分热解。射流高温区的另一个作用是使碳含量降低了的颗粒变得越来越软,碰撞后黏结形成大团粒,当团粒大到其重量不再能流化时,落入炉底倾斜段,并被循环煤气冷却,排出的团灰温度 150~200 ℃,碳含量小于 10%。

气化炉出来的煤气进入两级旋风分离器,大部分细焦粉被分离下来,通过气动 L 阀返回气化炉下部再次气化,形成物料的循环过程,一级旋风除尘器除尘效率为 95%,串联使用二级旋风除尘器时,总除尘效率可达 98%。经旋风除尘器除尘后的煤气进入废热锅炉副产蒸汽,蒸汽经旋流器过热后供气化使用。粗煤气经文丘里洗涤器、激冷器、冷却洗涤除尘后送往用气工序。粗煤气一小部分经冷却后,加压作为循环气送入煤气炉。

第五节　循环流化床煤气化工艺

一、循环流化床(CFB)工艺特点

　　CFB 为 Circulating Fluidized Bed 的缩写,意为循环流化床。在垂直气固流动系统中,随着通过床层气速的提高,系统相继出现散式流态化、鼓泡流态化、快速流态化及稀相输送等流动状态。当通过气速由湍动流态化进一步提高时,床层界面渐趋弥散。当气速达到输送速度时,颗粒夹带率达到气体饱和携带能力,在没有物料补入的情况下,床层将很快被吹空。若物料补入速率足够高,并将带出的颗粒回收返回床层底部,则可在高气速下形成一种不同于传统密相流化床的密相状态,即快速流态化。以这种方式运转的流化床称为循环流化床。典型的循环流化床主要由上升管(即反应器)、气固分离器、回粒立管和返料机构等几大部分组成。循环流化床一般在数倍甚至数十倍于颗粒终端速率(又称颗粒沉降速度)的表观气速下操作,颗粒循环量为进料量的十几倍到几十倍,可通过调节颗粒的循环速率保持适宜的固相浓度和良好的气固接触状态。CFB 应用于煤气化过程,可克服鼓泡流化床中存在大量气泡造成气固接触不良的缺点,同时可避免气流床所需过高的气化温度,克服大量煤转化为热能而不是化学能的缺点,综合了气流床和鼓泡床的优点。CFB 的操作气速介于鼓泡床和气流床之间,煤颗粒与气体之间有很高的滑移速度,使气固两相之间具有更高的传热传质速率。整个反应器系统和产品气的温度均一,不会出现鼓泡床中局部高温造成结渣。CFB 可在高温(接近灰熔点温度)下操作,使整个床层都具有很高的反应能力。CFB 除外循环还存在内部循环,床中心区颗粒向上运动,而靠近炉壁的物料向下运动,形成内循环。新加入的物料和气化剂能与高温循环颗粒迅速而完全混合,加上良好的传质传热,可使新加入的低温原料迅速升温,并在反应器底部就开始气化反应,使整个反应器生产强度增加。另外由于循环比率高达几十倍,颗粒在床内停留时间增加,碳转化率也得到提高。

二、德国鲁奇(Lurgi)CFB 煤气化技术

德国鲁奇公司在 1.7 MW 规模中试电厂开发了 CFB 气化过程,中试装置气化炉内径 $\phi 0.7$ m,高 11 m,内衬耐火材料,处理能力 12 t/d 煤。旋风分离器内径 $\phi 0.7$ m,中心立管直径 $\phi 0.4$ m。以树皮、城市垃圾、煤和焦为原料进行了 4 000 h 以上试验。气化炉简图见图4-12。

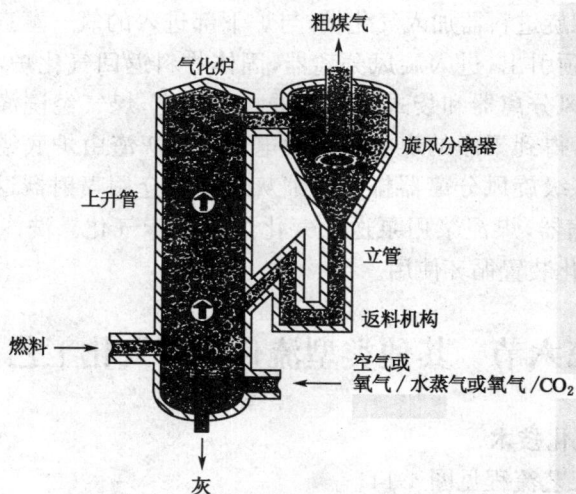

图 4-12　CFB气化炉简图

1. 工艺技术

进煤粒度为 0~6 mm,也可用 4 mm 以下,气化压力 0.16 MPa,气化温度 960 ℃。主要特点包括:① 碳转化率达 98%,灰中含碳小于 2%;② 煤气中不含焦油、酚,粗煤气中甲烷含量约 2%;④ 氧耗相对气流床低,煤气生产成本低;④ 常压操作,固体排渣,设备易于制造,操作易控制。鲁奇公司已能设计 10~150 MW 规模的 CFB 气化炉。

鲁奇 CFB 气化炉的流化速度范围大于传统流化床速度而小于气动提升管速度,根据气化原料的种类,在两者之间选择,以气、固速度差异最大为特征。物料循环量比传统流化床高,可以达 40 倍以上。

2. 工艺流程简述

CFB 煤气化工艺流程见图 4-13。

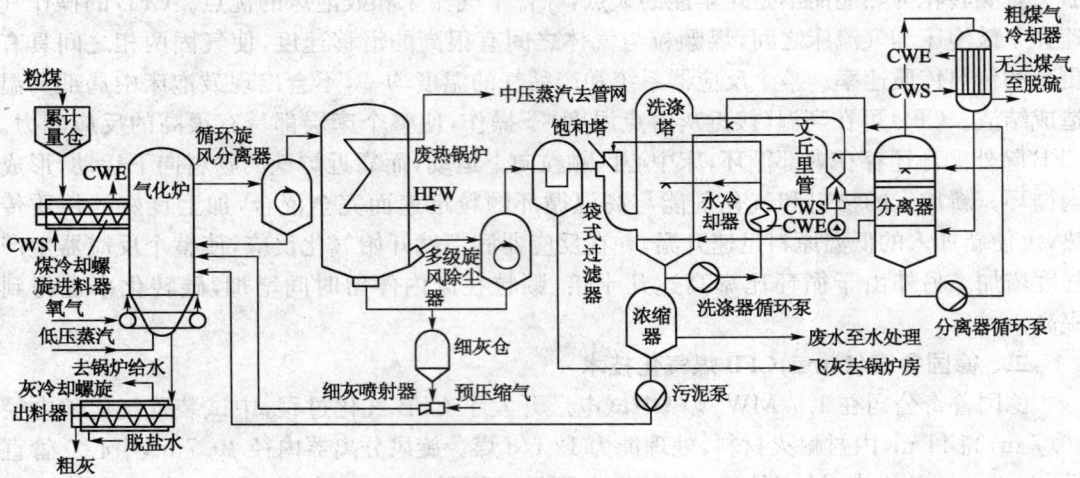

图 4-13　CFB 循环流化床粉煤气化工艺流程

干燥后的粉煤经螺旋进料器加入气化炉,与炉下部进入的氧—蒸汽混合气进行气化反应,煤气夹带物料由炉顶引出,进入旋风分离器,固体物料返回气化炉,煤气经废热锅炉回收余热,依次经多级旋风分离器和袋式过滤器进一步除尘,煤气经洗涤塔、文丘里管、分离器、冷却器洗涤冷却后,得到干净的煤气送往发电系统。灰渣由炉底经带冷却的螺旋出灰口排出。废热锅炉和多级旋风分离器排出的细灰经细灰仓用喷射器返回气化炉。洗涤器排出的含尘污水经浓缩器,煤泥浆用泵送入气化炉进一步气化。洗涤废水送污水处理系统,处理后的水返回气化装置循环使用。

第六节　其他类型流化床煤气化工艺

一、恩德炉粉煤气化技术

恩德炉粉煤气化工艺流程见图 4-14。

小于 10 mm 合格原料煤经螺旋加煤机由气化炉底部送入炉内,空气或氧气和过热蒸汽混合后,分两路由一次喷嘴和二次喷嘴进入气化炉,使粉煤在炉内沸腾流化气化。气化炉下部为密相段,上部为稀相段,二次喷嘴进入的气化剂与稀相段细煤粒进一步发生气化反应。生产的粗煤气由炉顶引出,温度为 900～950 ℃,进入旋风分离器除尘后再进入废热锅炉回收余热并副产蒸汽,出废热锅炉的煤气(约 240 ℃)进入洗涤冷却塔冷却即得产品煤气。旋风分离器分离下来的细煤粒及飞灰通过回流管返回气化炉底部再次气化,从而使灰中含碳量降低。灰渣下落到气化炉底部,由水内冷的螺旋出渣机排入密闭灰渣斗,定期排到渣车运走。

恩德粉煤气化技术是在德国温克勒气化炉基础上经过改进形成的实用新技术。恩德炉具有技术成熟可靠,运行安全稳定,煤种适应性较宽,气化效率较高,操作弹性大,建设投

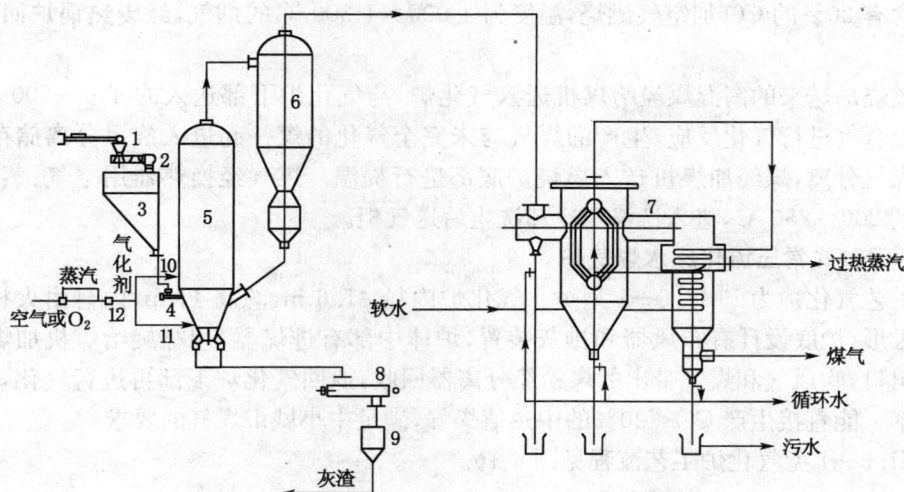

图 4-14　恩德炉煤气化工艺流程简图

1——受煤斗；2——螺旋送煤机；3——煤仓；4——螺旋给煤机；5——气化炉；6——旋风除尘器；
7——煤气冷却器；8——螺旋除灰机；9——灰斗；10——上层喷嘴；11——下层喷嘴；12——混合器

资较少，生产成本低，环境影响小等特点。但也存在设备体积大，灰渣含碳量较高，煤气有效成分（CO+H₂）较低，气化压力低等缺点。

二、载热体常压循环流化床粉煤气化技术

其工艺流程见图 4-15。

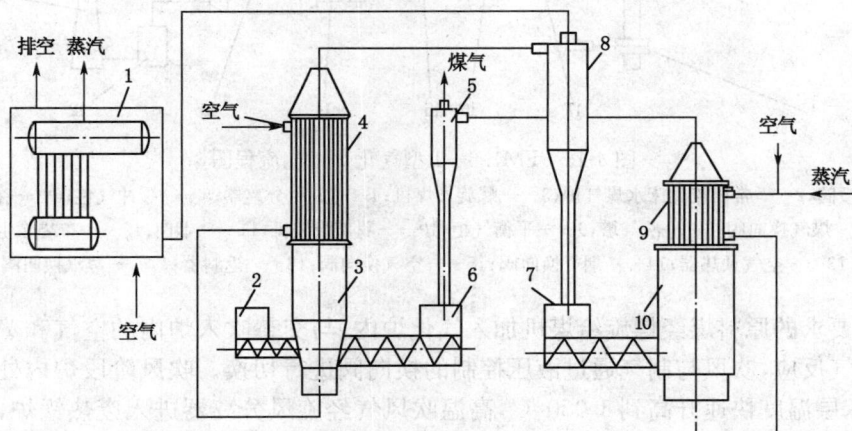

图 4-15　载热体循环流化床粉煤气化工艺流程简图

1——废热锅炉；2——原煤给煤机；3——燃烧炉；4——空气预热器；
5——中温旋风分离器；6——中温给煤机；7——高温给煤机；
8——高温旋风分离器；9——混合气预热器；10——煤气发生炉

原煤经螺旋给煤机加入燃烧炉中，同时送入由气化炉返回的中温煤，在燃烧炉下部通入 500～700 ℃的过热空气，使得燃烧提温到 950～1 000 ℃，烟气携带着高温煤经旋风分离器将煤分离下来，存入分离器下部储存器中，烟气则经换热器管内将管间流动的空气加热，烟气中含有 20％的 CO 加空气燃烧，温度为 1 000～1 300 ℃的烟气，经废热锅炉回收余热后排空。

由燃烧炉送来的高温煤经给煤机送入气化炉，与气化炉下部送入的 450～500 ℃的空气蒸汽混合气进行气化反应，生产的煤气与未完全气化的煤一起进入旋风分离储存器，在此煤与煤气分离，煤经加煤机送入燃烧炉底部进行提温。煤气经换热器用空气、蒸汽混合气冷却到 200～250 ℃，进入洗涤塔冷却洗尘后送气柜。

三、间歇式常压流化床水煤气炉

该工艺气化炉为 FM1.6—1 型炉。气化炉内径 $\phi 1.6$ m，总高 11 m，内衬耐火材料，下部为倒锥形，炉底设计有布风器和排灰装置，炉体中部有进煤器，用螺旋给煤机加煤，炉顶有煤气出口，吹风气和煤气带出的煤粉经分离器回收，返回气化炉下部再进行气化，以提高碳转化率。能直接生产 CO＜20％的中热值煤气，满足中小城市煤气的要求。

FM1.6—1 型气化炉工艺流程见图 4-16。

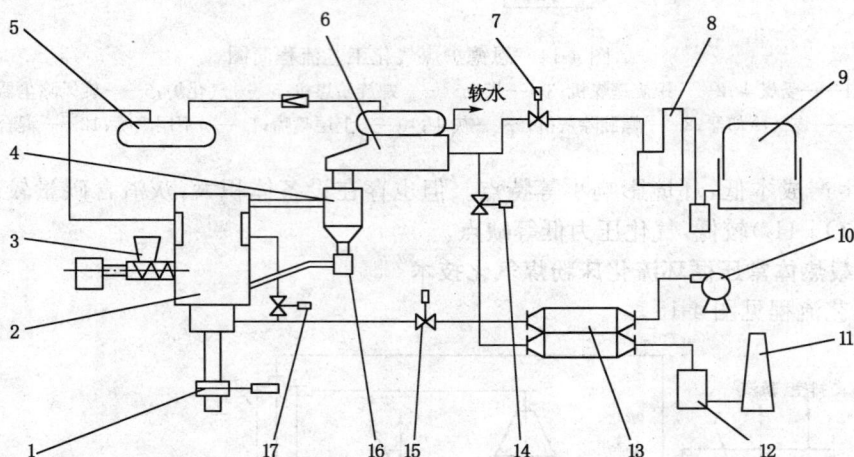

图 4-16　FM1.6—1 型气化炉工艺流程图

1——插板阀；2——常压流化床水煤气炉；3——螺旋加煤机；4——旋风分离器；5——缓冲气包；6——余热锅炉；7——煤气换向阀；8——洗气塔；9——平衡气柜；10——罗茨鼓风机；11——烟囱；12——布袋除尘器；13——空气预热器；14——烟气换向阀；15——空气换向阀；16——返料器；17——蒸汽换向阀

符合要求的原料煤经螺旋给煤机加入气化炉内，与交替吹入炉内的空气和蒸汽进行燃烧或水煤气反应，吹风与制气通过液压控制的换向阀进行切换。吹风阶段炉内处于流化燃烧状态，床层温度快速升高到 1 050 ℃，高温吹风气经旋风分离器进入废热锅炉，再经空气预热器和布袋过滤器降温除尘后由烟囱放空。制气阶段蒸汽经过热夹套由风室进入气化炉进行水煤气反应，产生的粗煤气经旋风分离器、余热锅炉进入洗涤塔冷却除尘后，产品煤气送入气柜。吹风和制气在 850～1 050 ℃之间交替工作。

本 章 小 结

（1）流化床煤气化技术是气化碎煤的主要方法。其过程是将气化剂（氧气或空气与水蒸气）从气化炉底部鼓入炉内，炉内煤的细颗粒被气化剂流化起来，在一定温度下发生燃烧和气化反应。

目前常见的流化床气化工艺有温克勒常压流化床气化工艺、恩德常压流化床气化工艺、高温温克勒(HTW)气化工艺、灰熔聚粉煤循环流化床气化工艺等,本书仅就部分工艺进行介绍。

(2)温克勒气化工艺是流化床技术发展过程中最早应用于工业生产的。温克勒气化工艺过程包括煤的预处理、气化、气化产物显热的利用、煤气的除尘和冷却等。流化床煤气化装置由以下4部分设备组成:原料煤处理和进煤部分,气化炉部分,煤气余热回收部分和煤气冷却净化部分。

(3)高温温克勒(HTW)气化法的基础是低温温克勒气化法。它是采用比低温温克勒气化法高的压力和温度条件的一项汽化技术。其原理与温克勒气化法相同,除了保持常压温克勒气化炉的简单可靠、运行灵活、氧耗量低和不产生液态烃等优点外,主要采用了带出煤粒再循环回床层的做法,从而提高了碳的利用率。

(4)灰团聚气化法也属于加压流化床气化工艺,亦称灰熔聚气化法。所谓的灰团聚是指在一定的工艺条件下煤被气化后,含碳量很少的灰分颗粒表面软化而未熔融的状态下,团聚成球形颗粒,当颗粒足够大时即向下沉降并从床层中分离出来。目前采用灰熔聚排渣技术的有美国的U—Gas气化炉、KRW气化炉以及中国科学院山西煤炭化学研究所的ICC煤气化炉。

(5)CFB为循环流化床。CFB应用于煤气化过程,可克服鼓泡流化床中存在大量气泡造成气固接触不良的缺点,同时可避免气流床所需过高的气化温度,克服大量煤转化为热能而不是化学能的缺点,综合了气流床和鼓泡床的优点。

自 测 题

一、填空题

1. 和固定床相比较,流化床的特点是_____。

2. 温克勒气化工艺流程包括_____、_____、_____、_____。

3. 温克勒气化炉是一个高大的圆筒形容器。它在结构上大致分成两个部分:下部的圆锥部分为_____;上部的圆筒部分为_____,其高度约为下部圆锥部分高度的6~10倍。

4. 为提高气化效率和适应气化活性较低的煤,在温克勒气化炉中部适当的高度引入_____,在接近于灰熔点的温度下操作,使气流中所带的炭粒得到充分气化。

5. 温克勒气化工艺的缺点,主要是由于_____和_____偏低造成的。

6. 灰团聚气化法典型的工艺有_____气化工艺和_____气化工艺。

7. U—Gas气化工艺的特点是_____、_____的适应性。

二、选择题

1. 下列关于常压温克勒(winkler)气化炉及工艺说法正确的是_____。

A. 气化剂分两次从炉算投入,分一、二次气化剂

B. 粗煤气出炉温度接近炉温,需要回收其显热

C. 二次气化剂用量越多,则气化一定越有利

D. 二次气化剂用量越少,则气化一定越有利

2. 下列关于常压温克勒气化炉及其气化工艺说法不正确的是_____。

A. 结构上分两大部分:下部为悬浮床,上部为流化床

B. 粗煤气出炉温度接近炉温

C. 二次气化剂用量过多,则产品将会被烧得

D. 高温温克勒(HTW)气化法在提高生产能力同时,可减少原料的带出损失

3. 灰熔点是煤灰的_____的温度。

A. 软化　　　B. 熔融　　　C. 燃烧　　　D. 流动

三、简答题

1. 温克勒气化炉为什么使用二次气化剂?

2. 高温温克勒气化工艺有什么优点?

3. 什么是灰熔聚气化法?属于哪一种气化类型?

4. 熔融床对煤的粒度有没有特殊要求?

5. 简述流化床气化炉操作特点。

6. 温克勒气化对煤质的要求是什么?

7. 简述常压温克勒气化工艺的优缺点。

8. 简述 HTW 煤气化工艺流程。

第五章　气流床气化工艺

【本章重点】　K—T 气化、Shell 气化、Dexaco 气化及 GSP 气化技术气化炉结构特点、工艺流程。

【本章难点】　K—T 气化、Shell 气化、Dexaco 气化及 GSP 气化工艺流程。

【学习目标】　掌握 K—T 气化、Shell 气化、Dexaco 气化及 GSP 气化技术气化炉结构特点、工艺流程；掌握 Dexaco 关键设备作用；了解 K—T 气化、Shell 气化、Dexaco 气化、GSP 气化技术异同点。

第一节　概　　述

一、基本原理

气流床气化是将气化剂（氧气和水蒸气）夹带着煤粉或煤浆，通过特殊喷嘴送入炉膛内。在高温辐射下，氧煤混合物瞬间着火、迅速燃烧，产生大量热量。火焰中心调度可高达 2 000 ℃左右，所有干馏产物均迅速分解，煤焦同时进行气化，生成含一氧化碳和氢气的煤气及熔渣（液态排渣）。

在气化炉内，煤炭细粉粒经特殊喷嘴进入反应室，会在瞬间着火，直接发生火焰反应，同时处于不充分的氧化条件下，因此，其热解、燃烧以及吸热的气化反应，几乎是同时发生的。随气流的运动，未反应的气化剂、热解挥发物及燃烧产物裹挟着煤焦粒子高速运动，运动过程中进行着煤焦颗粒的气化反应。这种运动状态，相当于流化技术领域里对固体颗粒的"气流输送"，习惯上称为气流床气化。

气流床气化是一种并流式气化，从原料形态分有水煤浆、干煤粉两类，其中 Texaco、Shell 最具代表性，前者是先将煤粉制成煤浆，用泵送入气化炉，气化温度 1 350～1 500 ℃；后者是气化剂将煤粉夹带入气化炉，在 1 500～1 900 ℃高温下气化，残渣以熔渣形式排出。

在气化炉内，煤粒之间被气流隔开，单独进行膨胀、软化、燃尽及形成熔渣等过程，煤粒相互之间的影响较小。因此，原料煤的黏结性、机械强度、热稳定性对气化过程基本不起作用，气流床对煤种（烟煤、褐煤）、粒度、含硫、含灰都具有较大的兼容性，除对熔渣的黏度—温度特性有一定要求外，原则上可适用于所有煤种。国际上已有多家单系列、大容量、加压厂在运作，其清洁、高效代表着当今技术发展潮流。

二、主要特点

1. 气化温度高、强度大

气流床气化炉中由于煤粒和气流的并流运动，煤料与气流接触时间很短（气流在反应器中的短暂停留），故要求气化过程在瞬间完成。

为此，必须保持很高的反应温度（达 2 000 ℃左右）和使用煤粉（<200 目）作为原料，以

纯氧和水蒸气为气化剂,所以气化强度很大。

2. 煤种适应性强

基本上可适用所有煤种。气化时要注意原料煤除熔渣的黏度—温度特性。

挥发分含量较高、活性好的煤较易气化,完成反应所需要的空间小,反之,为完成气化反应所需的空间较大。但褐煤不适于制水煤浆加料。

3. 煤气中不含焦油

由于反应温度很高,炉床温度均一,煤中挥发分在高温下逸出后,迅速分解和燃烧生成二氧化碳和水蒸气并放出热量。二氧化碳和水蒸气在高温下与脱挥发分后的残余炭反应生成一氧化碳和氢,因而制得的煤气中不含焦油,甲烷含量亦极少。

4. 磨粉、余热回收、除尘等辅助装置庞大

气流床气化时需用粉煤,要求粗度为70%～80%通过200目筛,故需较庞大的制粉设备,耗电量大。

气流床为并流操作,制得的煤气与入炉的燃料之间不能产生热交换,故出口煤气温度很高;气速很高,带走的飞灰很多,因此为回收煤气中的显热和除去煤气中的灰尘需设置庞大的余热回收和除尘装置。

三、代表技术

目前国内正在使用的有六种气流床气化工艺:Shell工艺、GSP工艺、两段式工艺、Texaco工艺、多喷嘴对置式工艺和多元料浆工艺。

综合煤种和后续产品的适应性,并结合各工艺的特点,工艺选择的基本原则为:气化煤种为高灰分、高灰熔点煤或褐煤,优先选用GSP工艺,其次选用Shell工艺和两段式工艺;气化后煤气用于煤气化联合循环发电(IGCC),优先选用Texaco工艺,其次选用Shell和两段式工艺;气化后煤气用于合成氨或合成甲醇,优先选用多元料浆工艺和多喷嘴对置式工艺,其次选用GSP工艺和Texaco工艺。

第二节 K—T气化工艺

K—T(Koppers-Totzek)气化法是气流床气化工艺中一种常压粉煤气化制合成气的方法,采用气—固相并流接触,煤和气化剂在炉内停留时间仅几秒钟,压力为常压,温度大于1 300 ℃。K—T煤气化炉用一般煤为原料时,生成气的组成(体积)大致为:氢31%、一氧化碳58%、二氧化碳10%、甲烷0.1%,不含焦油等干馏产物,适宜作为合成氨和甲醇等的原料气和其他还原过程用的气体。目前世界上最大的K—T炉在印度,容积为56 m³,有四个炉头,采用喷涂耐火衬里,以渣抗渣的冷壁结构,可副产高压蒸汽。

一、K—T气化炉

(一)结构

K—T煤气化炉炉身为内衬有耐火材料的卧式圆筒体。其上部有废热锅炉(辐射传热的和对流传热的),利用余热副产蒸汽。两侧为两个炉头,也有的四个炉头(原料侧入,煤气上行),壳体由钢板制成。见图5-1。

(二)炉内情况

(1)反应速度快。粉煤(85%通过200目)与氧气和水蒸气混合物由气化室相对二侧的

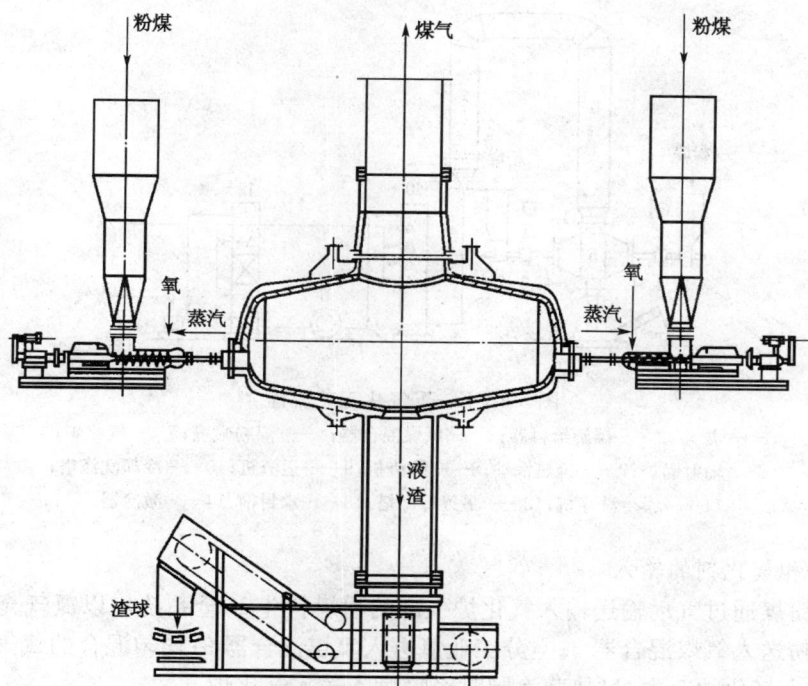

图 5-1　K—T 煤气化炉结构

炉头并流送入,瞬间着火形成火焰,进行反应,两股相对气流使气化区内形成高度湍流,反应加快。反应基本上在炉头内完成,即在喷嘴出口 0.5 m 处或在 0.1 s 内完成,气体在炉内的停留时间约为 1 s 左右。在火焰末端即气化炉中部,粉煤几乎完全被气化。

(2) 灰渣呈液态。灰渣熔融呈液态,60%～70%自气化炉底排出,其余的熔融细粒及未燃尽的炭被粗煤气夹带出炉。为了防止炉衬受结渣侵蚀和高温的影响,炉内设有水蒸气保护幕,保护幕呈圆锥形,包围着粉煤燃烧与气化所形成的火焰。

(3) 耐火衬里。原采用硅砖砌筑,经常发生故障,后改用捣实的含铬耐火混凝土。近年改用加压喷涂含铬耐火喷涂材料,涂层厚 70 mm,使用寿命可达 3～5 年。采用以氧化铝为主体的塑性捣实材料,其效果也较好。

二、K—T 气化工艺

(一) K—T 气化工艺流程

K—T 气化工艺流程见图 5-2。

1. 煤粉制备

小于 25 mm 的原料煤送至球磨机中进行粉碎,从燃烧炉来的热风与循环风、冷风混合成 200 ℃左右(视煤种而定)的温风亦进入球磨机。

原煤在球磨机内磨细、干燥,煤粉随 70 ℃左右的气流进入粗粉分离器进行分选。粗煤粒返回球磨机,合格煤粉加入充氮的粉煤储仓。

煤粉粒度 70%～80%通过 200 目筛(0.1 mm),并干燥到烟煤水分控制在 1%;褐煤水分控制在 8%～10%。

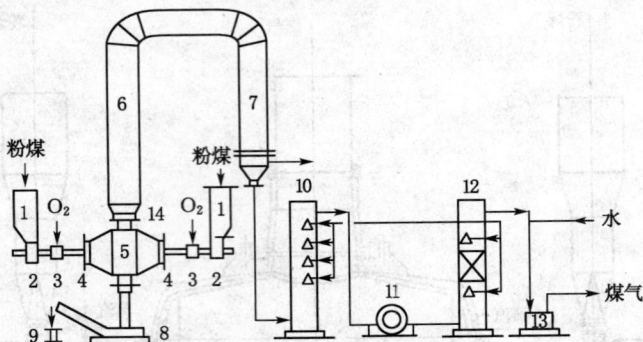

图 5-2　K—T 气化工艺流程

1——煤斗；2——螺旋给料器；3——氧煤混合器；4——煤粉喷嘴；5——气化炉；
6——辐射锅炉；7——废热锅炉；8——除渣机；9——运渣机；10——冷却洗涤塔；
11——泰生洗涤机；12——最终冷却塔；13——水封槽；14——激冷器

2. 煤粉和气化剂的输入

煤仓中粉煤通过气动输送输入气化炉上部的粉煤料斗 1，全系统均以氮气充压；螺旋给料器 2 将煤粉送入氧煤混合器 3；空分工业氧进入氧煤混合器 3；均匀混合的氧气和煤粉，进入喷嘴 4，喷入气化炉 5 内；过热蒸汽同时经喷嘴 4 送入气化炉 5。

煤粉喷射速度必须大于火焰的扩散速度，防止回火，每个炉头内的两个喷嘴组成一组，与对面炉头内的喷嘴处于同一直线上，为双喷嘴相邻对称设置。见图 5-3。

双喷嘴相邻对称设置的优点为：

（1）当其中一个喷嘴堵塞时，仍可保证继续操作；

（2）喷出的煤粉在自己的火焰区中未燃尽时，可进入对面喷嘴的火焰中气化；

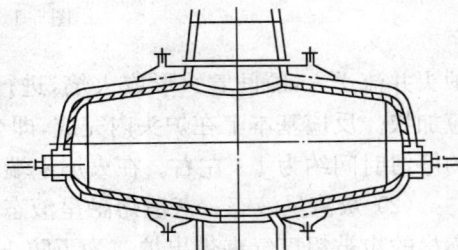

图 5-3　双喷嘴相邻对称设置示意图

（3）火焰相对喷射的，一端的火焰喷不到对面炉壁，因此炉壁耐火材料承受瞬间高温的程度可以减轻；

（4）改善湍流状态。

3. 制气和排渣

由喷嘴进入的煤、氧和水蒸气在气化炉内迅速反应，产生温度约为 1 400～1 500 ℃的粗煤气。粗煤气在炉出口处用饱和蒸汽急冷，气体温度降至 900 ℃以下，气体中夹带的液态灰渣快速固化，以免粘在炉壁上，堵塞气体通道而影响正常生产。

在高温炉膛内生成的液态渣，经排渣口排入水封槽淬冷，灰渣用捞渣机排出。

4. 废热回收

生成气的显热用辐射锅炉或对流火管锅炉加以回收，并副产高压蒸汽，废热锅炉出口煤气温度在 300 ℃以下。

辐射式废热锅炉约可回收热量的 70%，由于炉内空腔大，故结渣、结灰等问题均不严重,对流式废热锅炉存在飞灰对炉管较严重磨损问题。

5. 洗涤冷却

该流程中,气化炉逸出的粗煤气经废热锅炉回收显热后,进入冷却洗涤塔,直接用水洗涤冷却,再由机械除尘器(泰生洗涤机)和最终冷却塔除尘和冷却,用鼓风机将煤气送入气柜。泰生洗涤和终冷塔后,含尘量可降至 30~50 $\mu g/m^3$。

传统的考伯斯除尘流程,不考虑飞灰回收利用,飞灰经洗涤后集中堆存处理,因多数煤种气化时产生的飞灰含碳量并不高,所以不值得回收利用。

(二)操作条件与气化指标

(1)原料煤。可应用各种煤,特别是褐煤和年青烟煤更适用;要求煤的粒度小于 0.1 mm,即 70%~80%通过 200 目筛。

(2)温度。火焰中心温度为 2 000 ℃;粗煤气炉出口处未经淬冷前温度约为 1 400~1 500 ℃。

(3)压力。微正压。

(4)氧煤比。烟煤 0.85~0.9。

(5)蒸气煤比。0.3~0.34。

(6)气化效率。69%~75%(冷煤气效率)。

(7)碳转化率。30%~98%。

(8)生成气性质。有效成分($CO+H_2$)可达 85%~90%,甲烷含量很少(约 0.2%),煤气中不含焦油,见表 5-1。

表 5-1　　　　　　　　　　　K—T 气化炉生产的生成气的性质

项　目		烟　煤	褐　煤	燃料煤
原料组成	$W/\%$	1.0	8.0	0.05
	$A/\%$	16.2	18.4	—
	$w(C)/\%$	68.8	49.5	85.0
	$w(H)/\%$	4.2	3.3	11.4
	$w(O)/\%$	8.6	16.1	0.40
	$w(N)/\%$	1.1	1.8	0.15
	$w(S)/\%$	0.1	2.9	3.0
生成气组成	$\varphi(H_2)$	33.3	27.2	47.0
	$\varphi(CO)$	53.0	57.1	46.6
	$\varphi(CH_4)$	0.2	0.2	0.1
	$\varphi(CO_2)$	12.0	11.8	4.4
	$\varphi(O_2)$	痕迹	痕迹	痕迹
	$\varphi(N_2+Ar)$	1.5	2.2	1.2
	$\varphi(H_2S)$	<0.1	1.5	0.7
生成气热值/MJ·m^{-3}		10.36	10.22	10.99
产气率/m^3·kg^{-1}		1.87	1.27	2.89

(三)主要优缺点

1. 优点

K—T 气化法的技术成熟,有多年运行经验;气化炉结构简单,维护方便,单炉生产能力大;煤种适应性广,更换喷嘴还可气化液体燃料和气体燃料;煤气中不含焦油和烟尘,甲烷含量很少(约0.2%),有效成分($CO+H_2$)可达85%~90%;蒸汽用量低;不产生含酚废水,大大简化了煤气冷化工艺;生产灵活性大,开、停车容易,负荷调节方便;碳转化率高于流化床。

2. 缺点

庞大的制粉设备,耗电量高;在制煤粉过程中,为防止粉尘污染环境,也需设置高效除尘装置,故操作能耗大,建厂投资高。气化过程中耗氧量较大,需设空分装置和大量电力;为将煤气中含尘量降至0.1 mg/m³以下,需有高效除尘设备。

为进一步提高气化强度和生产能力,在K—T的基础上,现发展了谢尔—考伯斯(Shell-Koppers)炉,即由原来的常压操作改进为加压下气化,使生产能力大为提高。

第三节 Shell 气化工艺

Shell煤气化工艺(Shell Coal Gasfication Process)简称SCGP,是由荷兰Shell国际石油公司开发的一种加压气流床粉煤气化技术。

1993年采用Shell煤气化工艺的第一套大型工业化生产装置在荷兰布根伦市建成,用于整体煤气化燃气—蒸汽联合蒸汽发电。设计采用单台气化炉和单台废热锅炉,气化规模为2 000 t/d煤。煤电转化总(净)效率>43%(低位发热量)。1998年该装置正式投入商业化运行。

目前Shell气化技术的最大用户在中国。Shell煤气化技术自1996年开始引进到中国,在不到十年时间内取得了很大进展,尤其是近几年,随着石油资源的供应紧张和环保要求的日益提高,先进的Shell煤气化技术在各个领域和行业受到越来越多的关注。

一、Shell 加压气化关键设备

1. 气化炉

气化炉Shell煤气化装置的核心设备是气化炉。气化炉结构简图见图5-4。

Shell煤气化炉采用膜式水冷壁形式。它主要由内筒和外筒两部分构成,包括膜式水冷壁、环形空间和高压容器外壳。膜式水冷壁向火侧敷有一层比较薄的耐火材料,一方面为了减少热损失;另一方面更主要的是为了挂渣,充分利用渣层的隔热功能,以渣抗渣,以渣护炉壁,可以使气化炉热损失减少到最低,以提高气化炉的可操作性和气化效率。环形空间位于压力容器外壳和膜式水冷壁之间。设计环形空间的目的是为了容纳水/蒸汽的输入/输出管和集气管,另外,环形空间还有利于检查和维修。

气化炉内件本身是一台膜式水冷壁及水管型冷却器,安装在整个气化炉外壳中。在这种内件中,保持一种强制的冷却水循环而吸收热量,产生中压蒸汽。内件分三段:气化段、渣池段和激冷段。

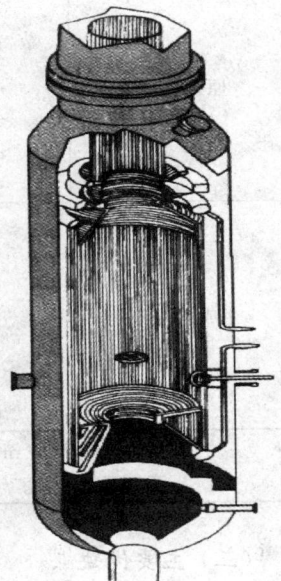

图 5-4 Shell 气化炉结构简图

（1）激冷段

主要由激冷段外壳体、激冷区和激冷管组成。激冷区由两个功能区组成：一个是由湿洗单元经过冷却过滤后的合成气（约 200 ℃）被送入反应段顶部流出的高温合成气中（约 1 500 ℃），比例大约为 1∶1，混合后的合成气温度骤降到 900 ℃左右；第二个是激冷底部清洁区，将高压氮气送入该区，由 192 根喷管进行喷吹，以便减少或清除气化段出口区域积聚的灰渣。激冷管则是（膜式壁）结构，合成气通过激冷管进一步冷却。

（2）气化段

气化炉外壳为压力容器，一般小直径的气化炉用钨合金钢制造。对于日产 1 000 t 合成氨的生产装置，气化炉壁设计温度一般为 350 ℃，设计压力为 3.3 MPa（气）。

气化炉内筒上部为燃烧室（气化区），下部为熔渣激冷室。煤粉及氧气在燃烧室反应，温度为 1 700 ℃左右。Shell 气化炉由于采用了膜式水冷壁结构，内壁衬里设有水冷管，副产部分蒸汽，正常操作时壁内形成渣保护层，用以渣抗渣的方式保护气化炉衬里不受侵蚀，避免了由于高温、熔渣腐蚀及开停车产生应力对耐火材料的破坏而导致气化炉无法长周期运行。由于不需要耐火砖绝热层，运行周期长，可单炉运行，不需备用炉，可靠性高。

（3）膜式水冷壁

水冷壁是由液体熔渣、固体熔渣、膜式壁、碳化硅耐火填充料、加压冷却水管、抓钉组成的。图 5-5 为 Shell 气化炉水冷壁示意图。

水冷壁以渣抗渣指的是：生产中，高温熔融下的流态熔渣，顺水冷壁重力方向下流，当渣层较薄时，由于耐火衬里和金属销钉具有很好的热传导作用，渣外表层冷却至灰熔点固化附着，当渣层增厚到一定程度时，热阻增大，传热减慢，外表渣层温度升高到灰熔点以上时，熔渣流淌减薄；当渣层减薄到一定厚度时，热阻减

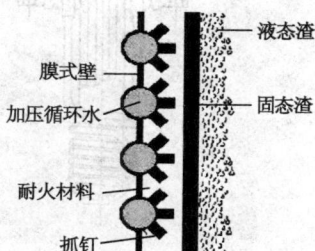

图 5-5　Shell 气化炉水冷壁示意图

小，传热量增大，渣层温度降低到灰熔点以下时熔渣聚积增厚，这样不断地进行动态平衡。在气化过程，固态渣层可以自动调节，始终保持在稳定的厚度，此即为以渣抗渣原理。由于固态渣层的自行修复功能，使得水冷壁的期望使用寿命在 25 年以上。

2. 喷嘴

采用侧壁喷嘴，在气化高温区对称布置，并且可根据气化炉能力由 4～8 个喷嘴中心对称分布，由于采用多喷嘴结构，气化炉操作负荷具有很强的可调幅能力。

目前气化喷嘴连续操作的可靠性和寿命不低于 1 年。

由于煤喷嘴采用径向小角度（约 4.5°）安装方式，从而在反应器中，能够使得气流的分布产生一种涡流运动，这种运动使得渣、灰与合成气的分离效果更好，避免大量的飞灰夹带。

图 5-6 为喷嘴实物及结构图。

3. 输气管段

输气管段主要由输气管外壳和输气管组成，其作用是把气化炉和合成气冷却器有机地连接起来，从而使设备布置紧凑，煤气粉尘不堵塞。

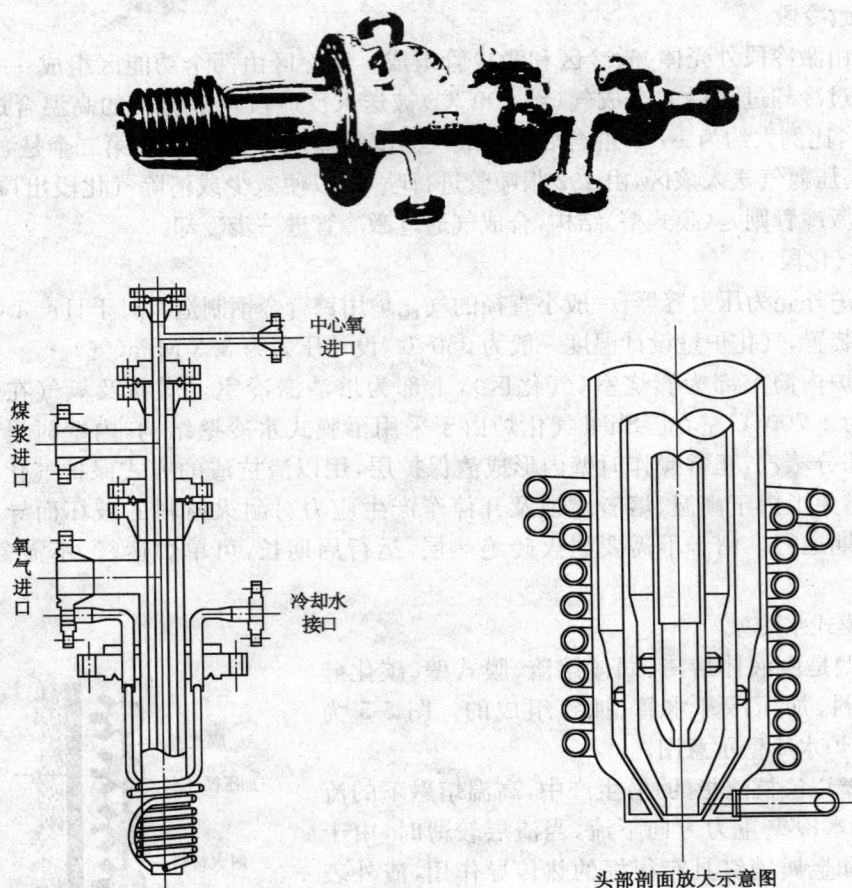

图 5-6 喷嘴

输气管通过现场焊接的方法与气化炉和合成气冷却器的气体返回室相连,内件的主体结构则由圆筒形水冷膜式壁传热面构成。

4. 气体返混室

主要由气体返回段外壳和内件组成,内件是由膜式壁结构。

5. 废热锅炉(气体冷却段)

Shell 气化反应热的回收是通过合成气冷却器(废热锅炉)来完成的。

气体冷却段主要由外壳、中压蒸汽过热器、二段蒸发器、一段蒸发器组成。其中一段蒸发器又分成 2 个管束。该回收器的所有传热器回路,都用水进行强制循环,蒸发器副产高(中)压蒸汽。废热锅炉采用水管式结构。

6. 破渣机

Shell 煤气化原设计没有破渣机,在生产操作过程中曾发生过大渣堵塞锁斗阀的现象,影响正常生产操作。后来设计增加了破渣机,防止了类似现象的发生。

7. 渣罐、捞渣机

渣罐是一个空壳压力容器,气化排渣由锁渣系统通过渣罐间断自动排渣。

捞渣机主要是接受渣水,并将固体渣粒从渣水中捞出,再由输送带或汽车运至渣场。

8. 敲击装置

为消除水冷壁上的积灰,废锅可根据需要设置若干数量的气动敲击除灰装置,定期或不定期进行振动除灰。

由于内件各换热面附有煤灰,当水冷壁经过敲击装置的突然加速撞击,受传热器和灰尘具有不同惯量的影响,从而除去煤灰。

二、气化炉安装、操作维修注意事项

1. 炉内各测温点

气化炉内各测温点是了解气化炉是否正常运行的"晴雨表",如有异常,要立即查找,分析原因,并及时处理,否则将会对气化炉造成重大损坏。

2. 水回路流量测试

气化炉膜式壁及蒸发器循环锅炉水共有 748 条循环水回路。为平衡各个水路的流量,不致发生偏流,导致膜式壁及蒸发器的烧损,在各水路入口管都装有一个孔板,内径为 5～15 mm,在气化炉投用前,必须对各回路进行流量测试,保证水路畅通。如有堵塞,要及时进行处理,否则将导致气化炉损坏。

3. 打渣灰装置

为了防止受热面管束内壁积灰,降低冷却效果,在气化炉共设计了 58 套振打渣灰装置,所有脉冲力传递的零部件都必须紧密接触,否则将导致严重磨损。

4. 锅炉循环水泵

锅炉循环水流量有一个最低值,低于设定值时,将对气化炉造成损坏。因此,循环泵必须有 1 台备泵,在流量低于设定值时,备用泵必须能自动启动。

5. 喷嘴的安装

气化炉喷嘴的安装必须按要求进行,保证喷嘴的伸出位置和径向角度,否则将对气流状态及渣气分离产生重大影响。

6. 顶部膨胀

气化炉在正常运行状态下,将产生膨胀,其顶部膨胀量最大,约为 150 mm。因此,与气化炉连接的所有设备、管线、仪表等必须能够保持自由膨胀,否则将对设备、管线、仪表等造成损坏或附加应力破坏。

7. 内件上下膨胀

气化炉内件在运行时,也将产生上下膨胀。因此,在内件与客体之间的滑道必须保持自由,不能有卡死、焊死等现象,否则将导致内件的严重损坏变形。

8. "炉渣"外观、蒸汽产量检查

在运行期间,要对"炉渣"外观、蒸汽产量等进行定期检查,从而判断原料配比是否合适及气化炉运行状况是否良好。

三、Shell 气化工艺

(一)Shell 气化工艺流程

Shell 煤气化工艺流程见图 5-7,从示范装置到大型工业化装置均采用废锅流程。

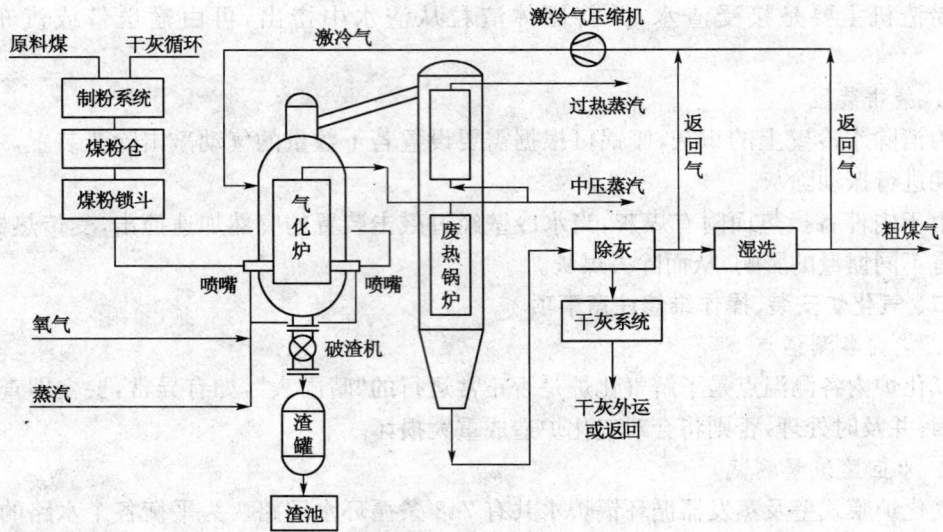

图 5-7 Shell 气化工艺流程

1. 煤粉制备及气化剂的输送

煤经预破碎后进入干燥系统,使其中的水分小于 2%,然后进入磨煤机中被制成煤粉。磨煤机在常压下运行,制成粉后用氮气送入煤粉仓中,然后进入加压锁斗系统,再经由加压氮气或二氧化碳加压将细煤粒由锁斗送入相对布置的气化喷嘴。

气化所需氧气和水蒸气也送入喷嘴,煤粉在喷嘴里与氧气(95%纯度)混合并与蒸汽一起进入气化炉反应。

2. 气化及排渣

通过控制加煤量,调节氧量和蒸汽量,使气化炉在 1 400～1 700 ℃范围内发生反应,从而分别生成合成气和灰渣、飞灰。气化炉操作压力为 2～4 MPa。

在气化炉内煤中的灰分以熔渣的形式排出,绝大多数熔渣从炉底离开气化炉,用水激冷,并分散成玻璃状的小颗粒,平均粒度大约为 1 mm,再经破渣机进入渣锁系统,最终泄压排出系统。少量熔渣以飞灰形式存在,通过激冷段、输送段、合成气冷却段后,随合成气一并排出气化炉,并且被收集在下游的飞灰脱除系统中。

3. 粗煤气激冷、废热回收、除尘

粗气夹带飞散的熔渣粒子被激冷气冷却,使熔渣固化而不致粘在冷却器壁上,然后再从煤气中脱除。合成气从气化段顶部流出,利用来自湿洗段的"冷态"合成气进行激冷,将温度降低到 900 ℃左右,随后在合成气输送段、气体返回段、合成气冷却段中,进一步将温度降低到 350 ℃左右,从合成冷却器底部流出。

煤气冷却器采用废热锅炉,用来生产中压饱和蒸汽或过热蒸汽。粗煤气经陶瓷过滤器除去细粉尘($<20 \text{ mg/m}^3$)。部分煤气加压循环作为循环冷却煤气用于出炉煤气的激冷。

4. 脱硫脱氯

粗煤气经脱除氯化物、氨、氰化物和硫(H_2S、COS),HCN 转化为 N_2 或 NH_3,硫化物转化为单质硫。

工艺过程中大部分水循环使用,废水在排放前需经生化处理。

（二）工艺技术特点

1．优点

（1）煤种适应广

采用干法粉煤进料及气流床气化，可使任何煤种完全转化，对煤种适应广。它能气化无烟煤、烟煤及褐煤等各种煤，能成功地处理高灰分和高硫煤种。对煤的性质诸如活性、结焦性、水、硫、氧及灰分不敏感。

（2）能源利用率高

由于采用高温加压气化，因此其热效率很高。能实现高温（大约 1 500 ℃）下的"结渣"气化，碳转化率较高。在典型的操作条件下，Shell 气化工艺的碳转化率高达 99％。

采用了加压制气，大大降低了后续工序的压缩能耗。还由于采用干法供料，也避免了湿法进料消耗在水气化加热方面的能量损失。因此，Shell 炉能源利用率也相对提高。

（3）设备单位产气能力高

在加压下（3 MPa 以上），气化装置单位容积处理煤量大，产气能力高。在同样的生产能力下，设备尺寸较小，结构紧凑，占地面积小，相对的建设投资也比较低。

（4）环境效益好

气化在高温下进行，且原料粒度很小，气化反应进行得极为充分，影响环境的副产物很少，因此干粉煤加压气流床工艺属于"洁净煤"工艺。

Shell 煤气化工艺脱硫率可达 95％以上，并产生出纯净的硫黄副产品，产品气的含尘量低于 2 mg/m³；气化产生的熔渣和飞灰是非活性的，不会对环境造成危害；工艺废水易于净化处理和循环使用，通过简单处理可实现达标排放；生产的洁净煤气能更好地满足合成气、工业锅炉和燃气透平的要求及环保要求。

表 5-2 列出了 Shell 煤气化工艺在德国汉堡中试装置的设计条件和不同煤种的试验结果。$CO+H_2 \approx 96.2\%$；$CO/H_2 \approx 2.2/1$；$CO+H_2 \approx 90.7\%$；$CO/H_2 \approx 2.51$。

表 5-2　　　　　　　　　　中试装置的设计条件和试验结果

项　　目	数　　据	
设计条件		
处理煤量/t·h⁻¹	150	
操作压力/MPa	3.0	
最高气化温度/℃	1 700~2 000	
单炉生产能力/m³·h⁻¹	8 500~9 000	
主要试验结果		
煤种	Wyodak 褐煤	烟煤
气体组成/％		
CO	66.1	65.1
H_2	30.1	25.6
CO_2	2.5	0.8
CH_4	0.4	
H_2S+COS	0.2	0.47
N_2	0.7	8.03
氧/煤/kg·kg⁻¹	1.0	1.0
产气率/m³·kg⁻¹		2.1
碳转化率/％	＞98	99.0

2. 缺点

(1) 因气化炉把气化段、气体冷却器通过输气管连接为一个整体,使得设备结构复杂,重量加大,从而造成设备制造、安装周期较长,难度增加。

(2) 因提高气化温度,使得设备制造选材级别提高,制造难度加大,投资提高。

(3) 因气化炉结构过于复杂,控制点多,操作难度大,对操作、维修人员的技术水平要求较高,需多消化吸收引进技术。

(4) 还没有用于合成气生产的工业应用业绩,即没有与生产甲醇或合成氨装置串联的运行经验可以借鉴。

(5) 投资远远高于水煤浆气化,大约是德士古水煤浆气化的 2 倍左右。

(6) 入炉煤采用气流输送,限制了气化压力的进一步提高,压力限制在 2~4 MPa。

第四节 GSP 气化工艺

GSP 气化炉是由原东德的德国燃料研究所开发的,始于 20 世纪 70 年代末。1991 年 Preussag-Noell 公司取得技术专利权,其后为瑞士未来能源公司继承,现为德国西门子(Siemens)所有。西门子拥有完整的 GSP 技术知识产权、气化技术研发团队和中试基地。GSP 气化炉是一种下喷式加压气流床液态排渣气化炉,其煤炭加入方式类似于 Shell,炉子结构类似于德士古气化炉。

GSP 气化炉目前应用很少,我国宁煤集团引进此技术用于煤化工项目。神华宁夏煤业集团煤化工公司烯烃项目 GSP 干粉气化炉与 2010 年 10 月 4 日投料成功,神华宁夏煤业集团公司的甲醇制丙烯(MTP)装置投料试车,并成功产出纯度为 99.69%丙烯产品。2010 年 12 月 31 日产出合格的优等精甲醇,标志着烯烃项目全厂装置工艺流程打通,GSP 气化技术在我国的首次运用。

一、GSP 气化技术关键设备

(一) GSP 气化炉

GSP 气化炉采用单喷嘴顶喷式进料、粗煤气激冷流程,底部液态排渣,由气化喷嘴、水冷壁气化室和激冷室组成。整个气化炉主体为圆筒形结构,气化炉外壁带水夹套。图 5-8 为气化炉主体及水冷壁结构示意图。

1. 反应室

反应室为一由水冷壁围成的圆柱形空间,其上部为喷嘴,下部为排渣口,气化反应就在此进行。

2. 水冷壁

水冷壁减少了向火接触面积,能以渣抗渣,具有自我保护和修复的功能,如图 5-9 所示。

水冷壁由以碳化硅为屏蔽的冷却盘管所组成。由于所形成的渣层保护,水冷壁的表面温度会小于 500 ℃。水冷壁仅在气化室的底部加以固定,由气化室和顶部安装喷嘴的导轨来支撑,因此顶部产生热膨胀不会产生热应力。冷却盘管的数量取决于气化炉的大小和负荷。出于安全考虑,水冷壁盘管的压力要比炉内操作压力高,以防盘管泄漏或损坏。气化炉外壳设有水夹套,用冷却水进行循环,故外壳温度低于 60 ℃。

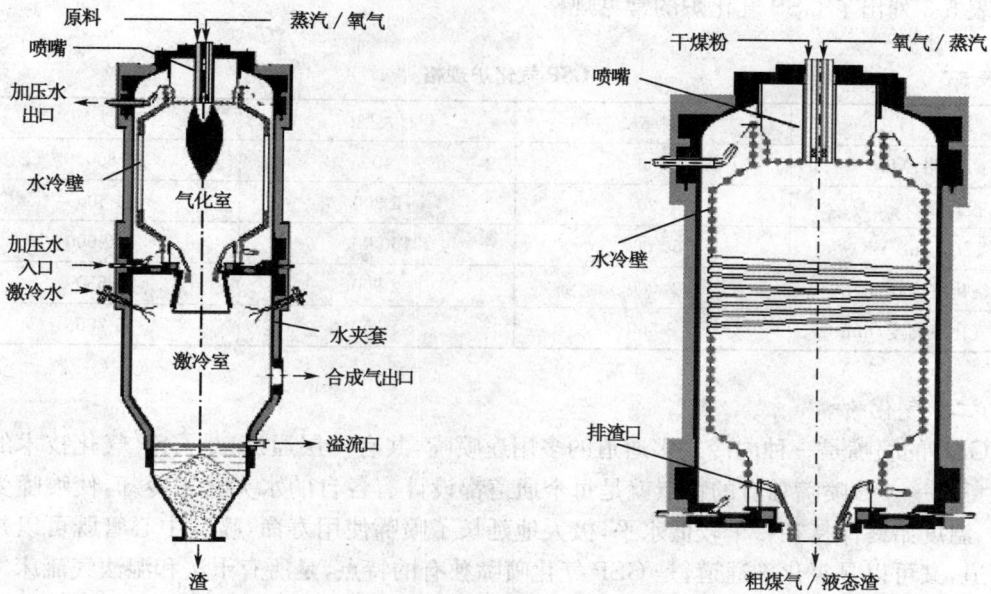

图 5-8　气化炉主体及水冷壁结构示意图

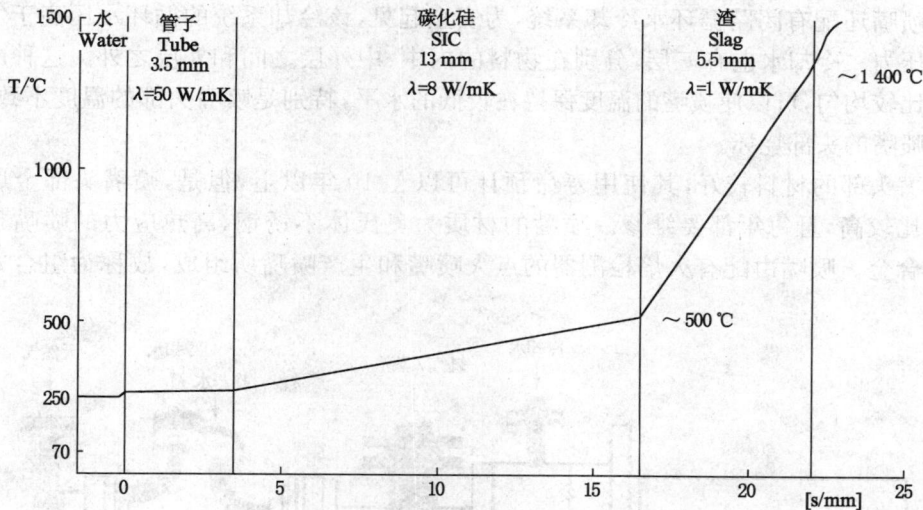

图 5-9　150 kW/m² 煤气化装置中水冷壁各层温度分布

3. 激冷室

激冷室是一个上部为圆形筒体和下部缩小的空腔。喇叭口为排渣口,喇叭口的下端是一个环行水管,激冷水由此喷出。洗涤后的粗煤气被冷却至接近饱和 3 MPa,211 ℃,热粗煤气与液态熔渣从反应室经排渣口向下流入激冷室,且二者在此直接与喷入的激冷水接触,粗煤气被冷却至接近饱和温度,熔渣被冷却后固化成玻璃状的渣粒。向激冷室内喷入的激冷水是过量的,以保证粗煤气的均匀冷却,并能在激冷室底部形成水浴。

表 5-3 列出了 GSP 气化炉的常见规格。

表 5-3   GSP 气化炉规格

项目	中型	大型	特大型
规格/MW	130	400	800
投煤量/t·d⁻¹	720	2 200	4 400
煤气量/m³·h⁻¹	50 000	160 000	320 000
气化室内径/mm	2 000	2 900	3 650
气化室高度/mm	3 500	5 250	6 700

(二)气化喷嘴

GSP 的喷嘴是一种内冷式多通道的多用途喷嘴,共有 6 层通道,是 GSP 气化技术的关键设备之一。该喷嘴独有的特点就是每个通道都设计有各自的水夹套来冷却,使喷嘴受热均匀,温度始终保持在一个较低水平,极大地延长了喷嘴使用寿命,喷嘴中心管既可以是干粉通道,又可以是氧化剂通道,是 GSP 气化喷嘴独有的特点,是所有干法和湿法气流床气化喷嘴所不具有的,见图 5-10、图 5-11。

进料气体和原进料气体和原料物料共分内中外三层:喷嘴外层是主燃料(3 个进口),例如煤粉;中层是氧气和高压蒸汽;内层进料为燃料气,作为持续点火用。

该喷嘴还配有闭路循环水冷却系统,为安全起见,该冷却系统的循环水压高于气化炉的操作压力。冷却水也有三层,分别在物料的内中、中外层之间和外层之外。这种冷却方式传热比较均匀,可以使喷嘴的温度保持在较低的水平,特别是喷嘴头部的温度不致太高,以免将喷嘴的头部烧坏。

喷嘴头部的材料较好,其使用寿命预计可以在 10 年以上,但是,喷嘴头部金属材料的要求比较高,且每年都要维修。喷嘴的材质为奥氏体不锈钢,高热应力的喷嘴顶端材质为镍合金。喷嘴由配有火焰检测器的点火喷嘴和生产喷嘴所组成,故称为组合式气化喷嘴。

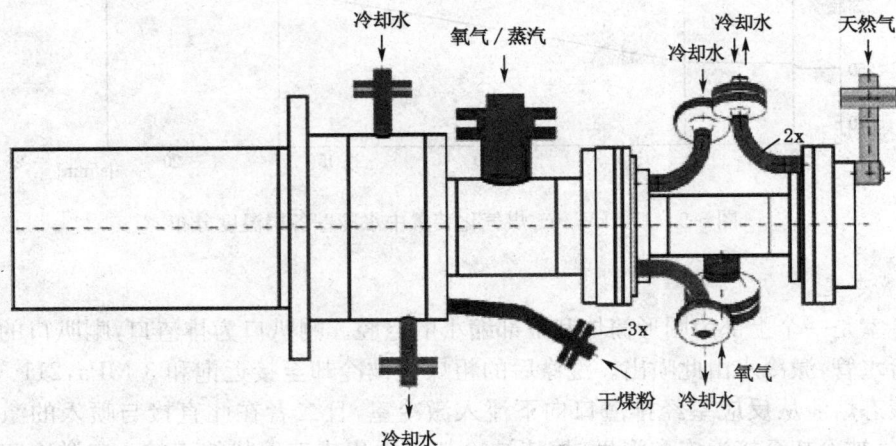

图 5-10 组合式喷嘴外观示意图

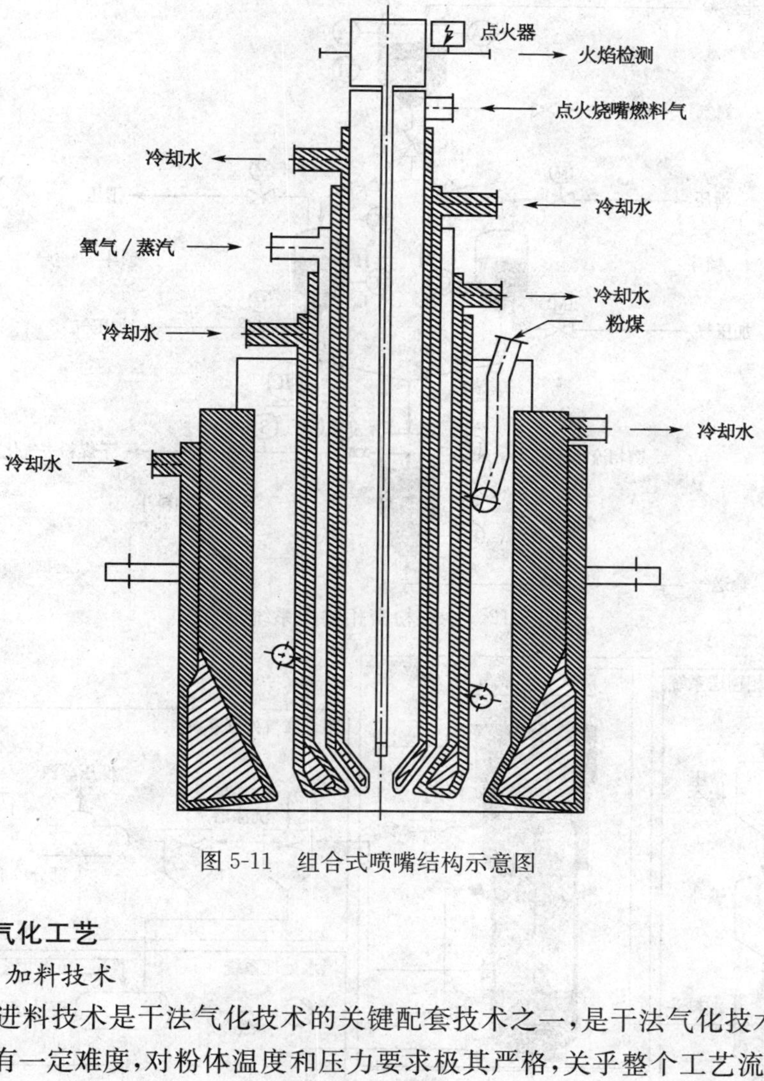

图 5-11　组合式喷嘴结构示意图

二、GSP 气化工艺

(一) GSP 加料技术

干法气化进料技术是干法气化技术的关键配套技术之一,是干法气化技术的喉颈,输送和称重计量有一定难度,对粉体温度和压力要求极其严格,关乎整个工艺流程的通畅平稳运行。

GSP 进料技术采用多级组合进料技术,粉体密相气体输送,由常压、加压、变压、加料器和称重计量几个单元组成,各单元间均由球形阀连接,并配有压力、温度和料位等指示仪器,如图 5-12 所示。

该组合进料技术要求原料破碎至 0.2 mm 以下的粒级含量达 80% 以上,粉体由载气通过输送管送入储仓,载气经除尘过滤后排出系统,两个加压锁斗交替充入粉体并使气体增压至 4.0 MPa,而且在后续过程形成加压连续输送,粉体经过加压、料位检测进入加料器,并经过秤重计量送入气化炉燃烧气化。

该过程属于干法进料较先进的技术,但是过程繁琐,制约因素多,投资较大。

(二) GSP 气化技术工艺流程

图 5-13 为 GSP 气化技术工艺流程。

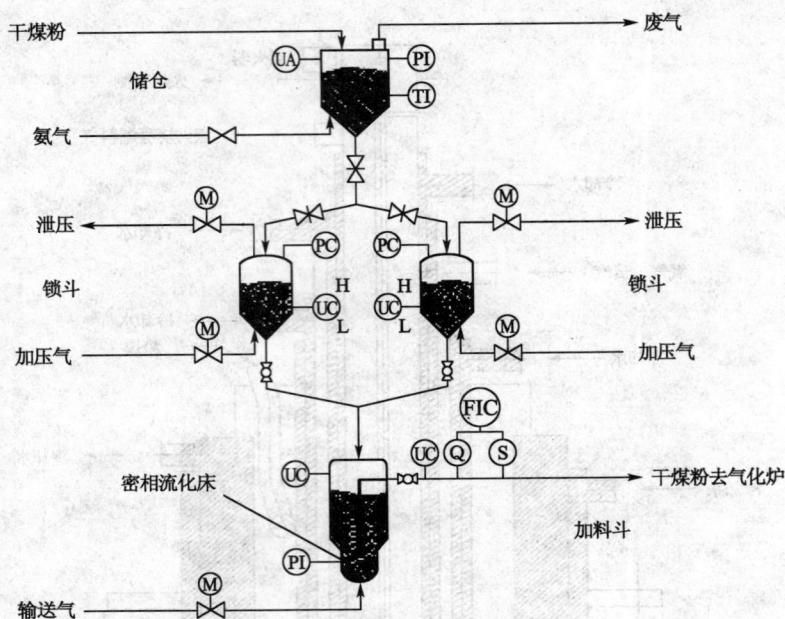

图 5-12　干煤粉密相输送系统示意图

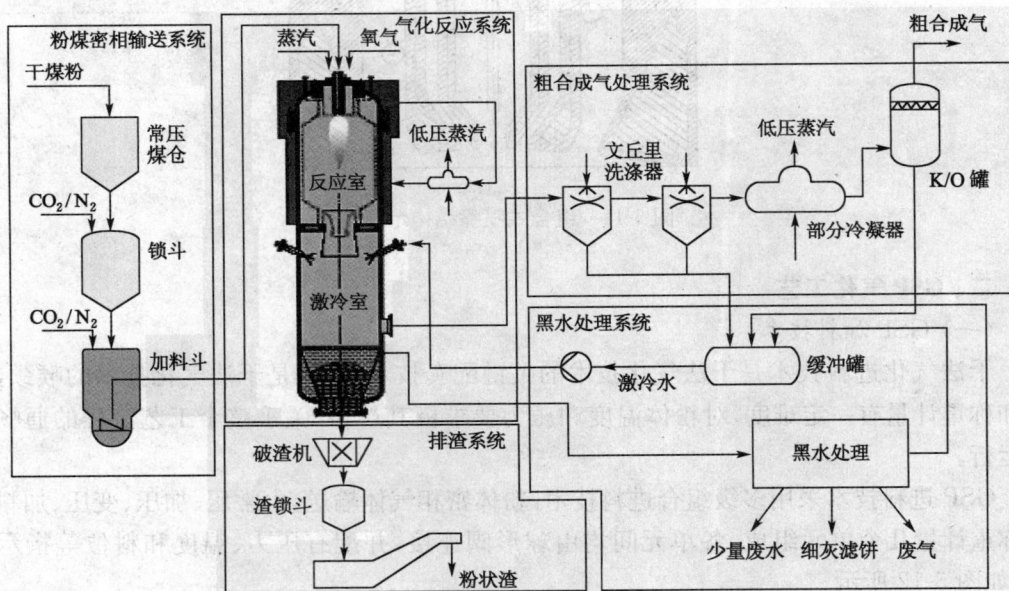

图 5-13　GSP 气化工艺流程

1. 干煤粉的加压计量输送系统

经研磨的干燥煤粉由低压氮气送到煤的加压和投料系统。此系统包括储仓、锁斗和密相流化床加料斗。依据下游产品的不同,系统用的加压气与载气可以选用氮气或二氧化碳。粉煤流量通过入炉煤粉管线上的流量计测量。

2. 气化与激冷系统

载气输送过来的加压干煤粉,氧气及少量蒸汽(对不同的煤种有不同的要求)通过组合喷嘴进入到气化炉中。气化炉包括耐热低合金钢制成的水冷壁的气化室和激冷室。西门子(GSP)气化炉的操作压力为 2.5~4.0 MPa。

根据煤粉的灰熔特性,气化操作温度控制在 1 350~1 750 ℃之间。高温气体与液态渣一起离开气化室向下流动直接进入激冷室,被喷射的高压激冷水冷却,液态渣在激冷室底部水浴中成为颗粒状,定期从排渣锁斗中排入渣池,并通过捞渣机装车运出。从激冷室出来的达到饱和的粗合成气输送到下游的合成气净化单元。

3. 气体除尘冷却系统

气体除尘冷却系统包括两级文丘里洗涤器(洗去携带的颗粒物)、一级部分冷凝器和洗涤塔。净化后的合成气含尘量设计值小于 1 mg/Nm³,输送到下游。文丘里洗涤器的工作原理见图 5-14。

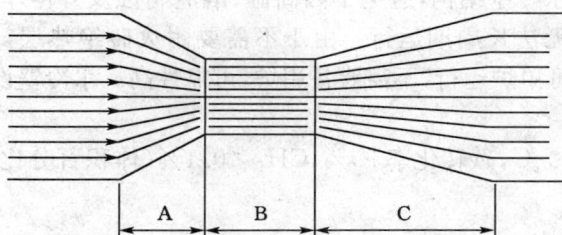

图 5-14　文丘里洗涤器的工作原理图

文丘里洗涤器的工作原理是靠高速运动的气流及流经的管道截面发生变化,使气体与洗涤液液在高速气流中发生相对运动,从而达到洗涤气体的目的。

文丘里除尘器的除尘过程,可分为雾化、凝聚和脱水三个过程。文丘里管实际上是整个装置的预处理部分,它使微粒凝聚而使其有效尺寸增大,易于捕集,而真正将颗粒物与夹带微粒的水滴分离的过程是在除雾器中进行的。

在 A 段以前气体与气体及洗涤液以同等的速度流动,进入收缩管 A 后流速增大,粗合成气产生较大的加速度,由于洗涤水质量较大,产生的加速度较小。此时洗涤水与气体即产生相对运动,因而两者就有了碰撞、接触的机会,同时洗涤水被雾化。

在喉管 B,气体流速达到最大值,由于管道截面较小,气体及洗涤液均被压缩,运动速度达到 50~100 m/s,此时 B 段成为高密度的混合区。从喷嘴喷射出来的水滴,在高速气流冲击下进一步雾化成更细小的液沫(雾滴),气体湿度达到饱和,同时尘粒表面附着的气膜被冲破,使尘粒被水湿润,压力降低,尘粒与水滴,或尘粒与尘粒之间发生激烈的碰撞、凝聚。

通过 B 段以后,气体与洗涤水的混合体,以高密度、高速度的形态进入扩散管 C,由于截面增大,所以气流速度减小,压力回升,在气、液、固三相之间由于惯性力的不同,产生了相对运动,于是固体颗粒大小颗粒间、液体和固体间以及液体不同直径水滴间发生了相互碰撞、凝并。即洗涤液对气体又进行了一次捕集。气流速度的减小和压力的回升使凝聚作用发生得更快,有利于颗粒的有效尺寸增大。粒径较大的含尘水滴进入脱水器后,在重力、离心力等作用下,尘粒与水分离,达到除尘的目的。

4. 黑水处理系统

系统产生的黑水经减压后送入两级闪蒸罐去除黑水中的气体成分,闪蒸罐内的黑水则送入沉降槽,加入少量絮凝剂以加速灰水中细渣的絮凝沉降。沉降槽下部沉降物经压滤机滤出并压制成渣饼装车外送。沉降槽上部的灰水与滤液一起送回激冷室作激冷水使用。为控制水中总盐的含量,需将少量污水送界区外的全厂污水处理系统,并在系统中补充新鲜的软化水。

（三）GSP 煤气化技术的优越性

1. 原料煤适应范围宽

GSP 气化对煤质要求不苛刻,固体原料中的褐煤、烟煤、无烟煤和石油焦均可气化,对煤的活性没有要求,对煤的灰熔点适应范围比其他气化工艺可以更宽。对于高灰分、高水分、含硫量高的煤种也同样适应。

2. 设备寿命长

GSP 气化炉采用水冷壁结构,避免了因高温、溶渣腐蚀及开停车产生应力对耐火材料的破坏而导致气化炉无法长周期运行。由于不需要耐火砖绝热层,而且炉内没有转动设备,所以运转周期长,可单炉运行,不需要备用炉,可靠性高。水冷壁设计寿命 25 年。

3. 技术指标优越

温度 1 350～1 750 ℃,碳转化率 99%,$CH_4 < 0.1\%$（体积百分比）,$CO + H_2 > 90\%$,不含重烃。

4. 喷嘴使用寿命长

气化炉喷嘴及控制系统安全可靠,启动时间短只需约 1 h,设计寿命至少为 10 年,其间仅需要对喷嘴出口处进行维护。气化操作采用先进的控制系统,设有必要的安全联锁,使气化操作处于最佳状态下运行。只有一个联合喷嘴（开工喷嘴与生产喷嘴合二为一）,喷嘴使用寿命长,为气化装置长周期运行提供了可靠保障。

5. 工艺技术简单

采用激冷流程,高温煤气在激冷室上部用若干水喷头将煤气激冷至 200 ℃左右,然后用文丘里除尘器将煤气含尘量降低到 1 mg/m^3 以下。这种工艺技术简单,设备及运行费用较低。除喷嘴和水冷壁、部分阀门、特殊仪表外绝大部分设备可国产化。

6. 投资降低

干法进料,与水煤浆气化工艺相比,氧耗降低 15%～25%,因而配套之空分装置规模可减少,投资降低。

7. 对环境影响小

无有害气体排放,污水排放量小,炉渣不含有害物质,可做建筑原料。

GSP 工艺已经经过多年大型装置的运行,证明可以气化高硫、高灰分和高盐煤。煤气中 CH_4 含量很低,可做合成气,气化过程简单,气化炉能力大。中试的试验表明,这一方法也可以气化硬煤和焦粉。此法具有谢尔法和德士古法的优点,又避开了它们的缺点,目前受到中国有关企业的广泛重视。

第五节　德士古(Texaco)气化工艺

Texaco 气化是第二代气流床水煤浆气化技术的代表,以水煤浆单喷嘴顶喷进料,耐火砖热壁炉,激冷流程为主。

德士古(Texaco)气化工艺最早开发于 20 世纪 40 年代后期,国外已于 20 世纪 80 年代成功用于商业运行,1983 年美国 EASTMAN 生产甲醇、醋酐,1984 年日本 UBE 生产氨,我国鲁南化肥厂于 1993 年建成首套 Texaco 气化装置用于生产氨。兖矿鲁南化肥厂的德士古气化装置,是我国从国外引进的第一套德士古煤炭气化装置,采用水煤浆加压生产合成氨的原料气体。目前 Texaco 气化装置在第二代气流床技术中,建设装置最多、商业运行时间最长、用于化工生产技术最成熟、可靠。

一、Texaco 水煤浆气化工艺原理

Texaco 水煤浆气化属气流床气化工艺技术,即水煤浆与气化剂(纯氧)在气化炉内特殊喷嘴中混合,高速进入气化炉反应室,遇灼热的耐火砖瞬间燃烧,直接发生火焰反应。微小的煤粒与气化剂在火焰中作并流流动,煤粒在火焰中来不及相互熔结而急剧发生部分氧化反应,反应在数秒内完成。在上述反应时间内,放热反应和吸热反应几乎是同时进行的,因此产生的煤气在离开气化炉之前,碳几乎全部参与了反应。在高温下所有干馏产物都迅速分解转变为均相水煤气的组分,因而生成的煤气中只含有极少量的 CH_4。

Texaco 水煤浆气化炉所得煤气中含有 CO、H_2、CO_2 和 H_2O 四种主要组分,它们存在平衡关系:$CO+H_2O=CO_2+H_2$。在气化炉的高温条件下,上述反应很快达到平衡,因此气化炉出口的煤气组成相当于该温度下 CO 水蒸气转化反应的平衡组成。

二、Texaco 水煤浆气化工艺核心设备

(一)Texaco 气化炉

气化炉为一直立圆筒形钢制耐压容器,内壁衬以高质量的耐火材料,可以防止热渣和粗煤气的侵蚀。其结构见图 5-15。

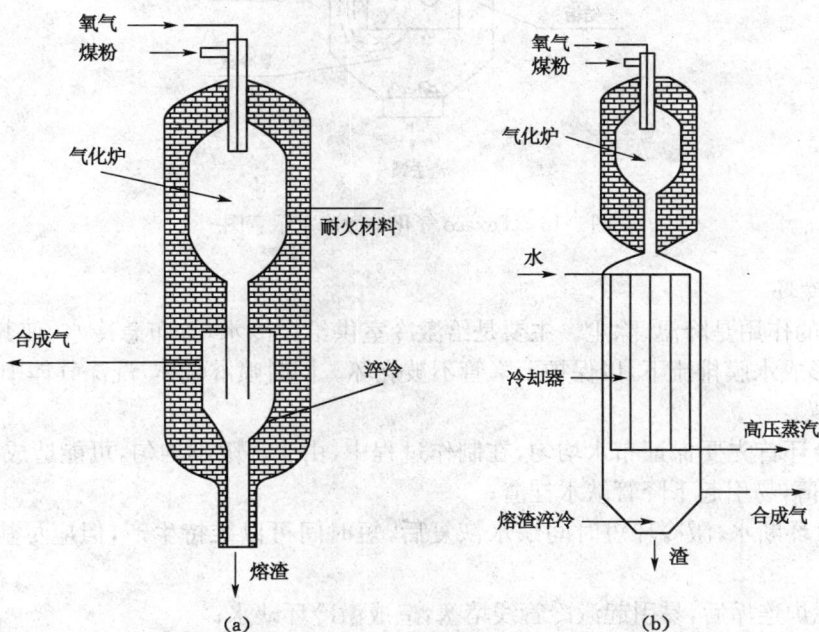

图 5-15　Texaco 气化炉激冷型和废锅型示意图

Texaco气化炉有两种炉型:淬冷型、全热回收型。两种炉型下部合成气的冷却方式不同,但炉子上部气化段的气化工艺是相同的。目前大多数德士古气化炉采用淬冷型,优势在于它更廉价,可靠性更高,劣势是热效率较全热回收型的低。

1. 淬冷炉

粗合成气体经过淬冷管离开气化段底部,淬冷管底端浸没在一水池中。粗气体经过激冷到水的饱和温度,并将煤气中的灰渣分离下来,灰熔渣被淬冷后截留在水中,落入渣罐,经过排渣系统定时排放。之后冷却了的煤气经过侧壁上的出口离开气化炉的淬冷段。然后按照用途和所用原料,粗合成气在使用前进一步冷却或净化。

淬冷(激冷)炉分为燃烧室和激冷室两部分,上部为燃烧室是气化反应的场所,内衬三层作用不同的耐火砖及耐火材料,下部为激冷室。见图5-16。

Texaco气化炉激冷室由激冷环、下降管、导气管、液池等组成。

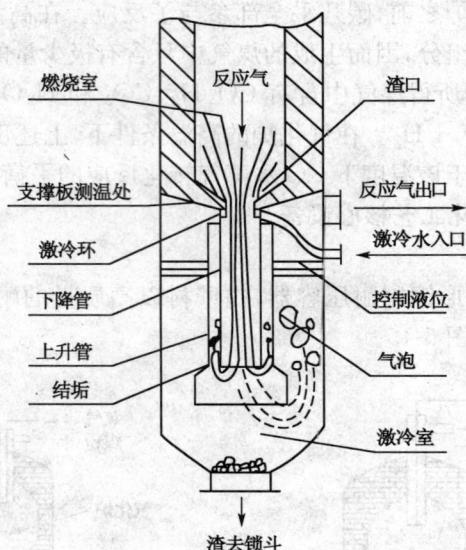

图5-16 Texaco气化炉激冷室示意图

(1) 激冷环

激冷环的作用是降温、除尘。主要是给激冷室供给激冷水,分布急冷水,使其按圆周方式均匀布,形成水膜排流下,以保护下降管不被烧坏。同时喷淋气体,洗涤气体中的灰尘。

注意问题:

① 激冷环首先要保证布水均匀,在制作过程中,由于环隙不均匀,可能造成布水不均,造成水膜太薄,易引起下降管缺水挂渣;

② 激冷环断水,激冷环短时间缺水恢复后,短时间可以维持生产,但应尽快安排停车处理;

③ 气化炉连垢后,易引起激冷管线堵塞,造成激冷环缺水;

④ 气化炉正常生产时一般不会因结垢堵塞激冷环进水孔;

⑤ 气化炉停车检修时要对激冷环进行彻底冲洗;

⑥ 激冷环长期使用后,激冷环内环会出现磨薄现象和因热应力而出现裂纹,应及时更

换和修补。

(2) 下降管

下降管结构见图 5-17。其作用是将气化炉燃烧室出来的粗合成气经激冷环流水冷却后,由下降管将合成气导入激冷室水域当中降温、除灰,使粗合成气得到净化,同时气化激冷室中的水变为水蒸气达到饱和状态,然后通过上升管折流达到气液分离的目的,防止合成气带水。

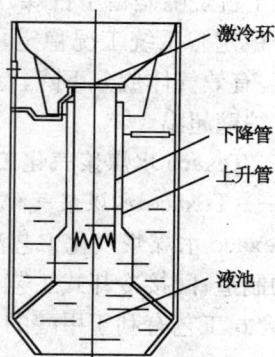

图 5-17 Texaco 气化炉激冷室
下降管示意图

激冷水由激冷环流出,沿下降管内壁下降形成水膜并流入液池,高温合成气和熔融态灰渣从气化室出来后,与下降管内壁水膜直接接触发生热质交换。激冷过程中,液态熔渣发生凝固并聚并,部分激冷水剧烈气化,高温合成气急剧降温并增湿。合成气沿下降管穿越液池后沿上升管与下降管构成的环隙上升,凝渣留在液池黑水中,形成气固分离。

2. 全热回收炉

粗合成气离开气化段后,在合成气冷却器中从 1 400 ℃ 被冷却到 700 ℃,回收的热量用来生产高压蒸汽。熔渣向下流到冷却器被淬冷,再经过排渣系统排出。合成气由淬冷段底部送下一工序。

(二) 烧嘴

国内引进的 Texaco 水煤浆气化技术烧嘴和国内自行开发的烧嘴以三通道为主,其结构见图 5-18。中心管和外环隙走氧气,内环隙走煤浆。中心管:15% 氧气;外环系:85% 氧气;内环系:水煤浆。

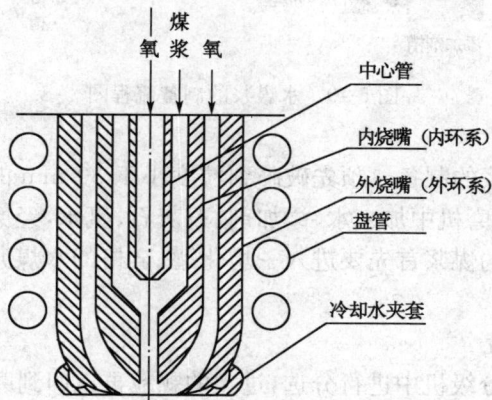

图 5-18 三通道截面示意图

由于德士古烧嘴插入气化炉燃烧室中,承受 1 400 ℃ 左右的高温,为了防止烧嘴损坏,在烧嘴外侧设置了冷却盘管,在烧嘴头部设置了水夹套,并有一套单独的系统向烧嘴供应冷却水,该系统设置了复杂的安全联锁。

烧嘴头部采用耐磨蚀材质,并喷涂有耐磨陶瓷。负荷和气液比不同,中心氧最佳值不一样,这样可使烧嘴在最佳状态之下工作。

德士古烧嘴是德士古煤气化工艺的核心设备,一般情况下运行初期,雾化效果好。气体成分稳定。系统工况稳定,运行到后期,喷嘴头部变形,雾化效果不好,这时气体成分变化较大,有效气体成分下降,特别是发生偏喷时,使局部温度过高,烧坏热偶,严重时发生窜气导致炉壁超温。

三、Texaco 水煤浆气化工艺

(一) Texaco 水煤浆气化工艺流程

Texaco 水煤浆气化工艺流程按粗煤气的三种冷却方法分为三种:直接冷却式适合以合成氨的制造;间接冷却式工艺产生了大量的高压蒸汽,适用于煤气化循环发电或作为燃料气;混合式工艺有利于甲醇的生产。其工艺流程如图 5-19 所示。

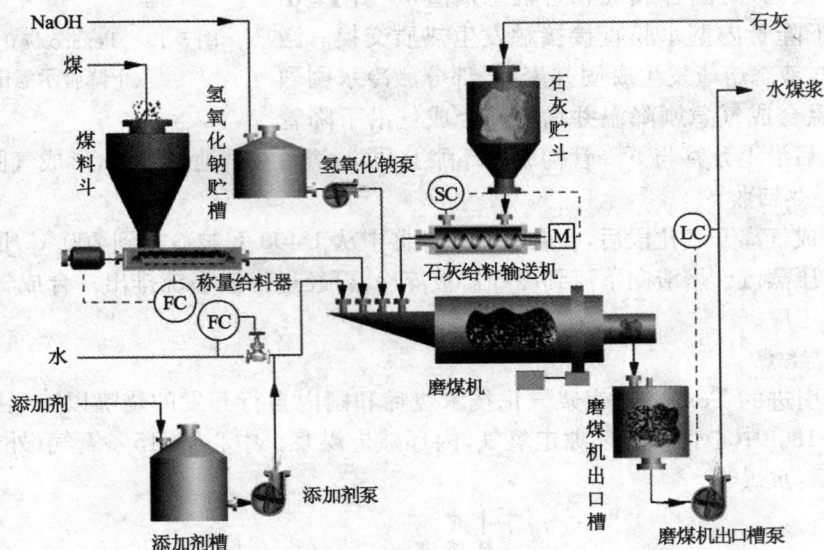

图 5-19　水煤浆的制备流程图

1. 制浆系统

制浆系统用于水煤浆的制备。预先破碎到粒度小于 30 mm 的原料煤经煤称重给料机计量后送入磨机,同时在磨机中加入水、添加剂、石灰石、氨水,经磨机研磨成具有适当粒度分布的水煤浆。研磨好的煤浆首先要进入一均化罐,合格的水煤浆由低压煤浆泵送入煤浆槽中。

(1) 封闭式湿磨系统

煤经过研磨后送到分级机中进行分选,过大的颗粒再返回到磨机中进一步研磨。

这种方法的优点是得到的煤浆粒度范围较窄,对磨机无特殊要求;缺点是需要分级设备。为了达到适当的分级,煤浆的黏度就不能太大,这就意味着煤浆中的固含量不能太大,而水分含量相应就高,后系统需要增设稠化的专用设备,以达到该法的煤浆浓度要求。

图 5-20 为其流程图。

(2) 非封闭式湿磨系统

煤一次通过磨机,所制取的煤浆同时能够满足粒度和浓度的要求。煤在磨机中的停留时间相对长一些,这样可以保证较大的颗粒尽可能不太多。

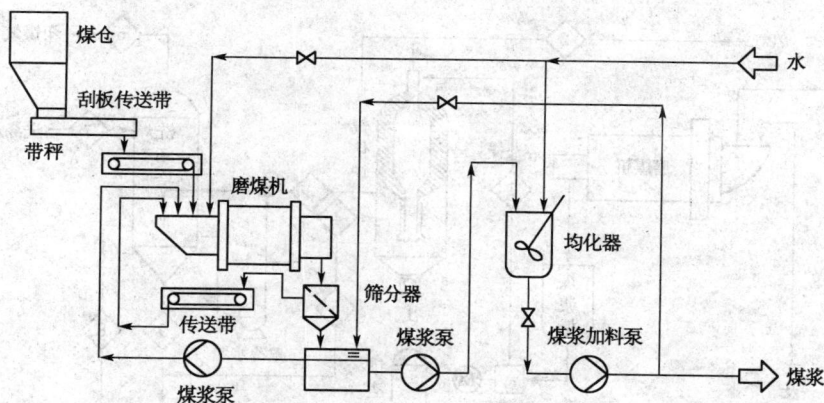

图 5-20　封闭式湿磨流程图

非封闭式湿磨系统的流程见图 5-21。

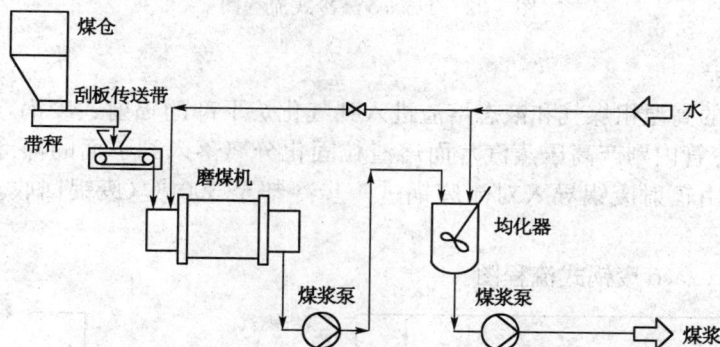

图 5-21　非封闭式湿磨流程图

2. 合成气系统

(1) 激冷流程

加压的水煤浆和氧气经过特制的工艺烧嘴喷入气化炉以后,水煤浆被高效雾化成细小的煤粒,与氧气在气化炉内 1 300～1 400 ℃的高温下发生复杂的氧化还原反应,产生煤气,同时生成少量的熔渣。

图 5-22 为 Texaco 激冷式流程图。

合成气与熔渣出气化炉燃烧室以后,在下降管的引导下进入到激冷室的液面以下。为了保护下降管,在下降管的上端设置了一个激冷环用来分布供应到气化炉激冷室的激冷水,使激冷水以液膜的形式分布在激冷环的内表面,合成气和熔渣在沿下降管下降的过程中,合成气和熔渣与激冷环内壁上的水膜发生传热传质过程,熔渣被冷却固化后沉降到气化炉激冷室的底部,经锁斗收集后排出。合成气被冷却降低温度,部分激冷水被蒸发并以饱和水蒸气的形式进入到合成气气相主体中。吸收了饱和水蒸气以后的合成气出下降管以后,在浮力和气流的推动力作用下沿下降管与上升管之间的环隙鼓泡上升,离开上升管后被激冷室上部的折流板折流后从气化炉激冷室的合成气出口排出,经文丘里洗涤器进一步增湿后进入洗涤塔洗涤掉合成气中包含的少量灰分后送变换工序。

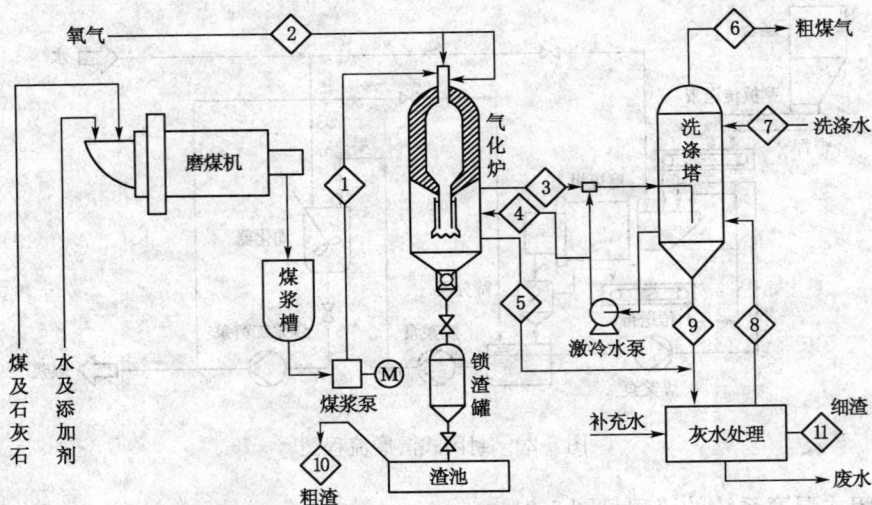

图 5-22　Texaco 激冷式流程图

（2）废锅流程

气化炉产生的高温粗煤气和液态熔渣进入到气化炉下部的辐射式废锅,由水冷壁管冷却至 700 ℃（水冷管内副产高压蒸汽）,而熔渣粒固化分离落入到下面的淬冷水池,经灰锁斗排出。粗煤气由辐射废锅导入对流废锅进一步冷却至 300 ℃（废锅回收显热并副产蒸汽）。

图 5-23 为 Texaco 废锅式流程图。

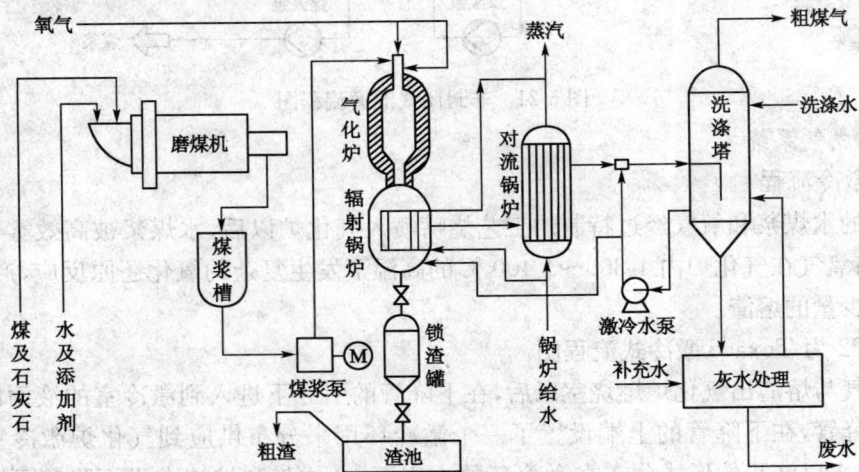

图 5-23　Texaco 废锅式流程图

3. 烧嘴冷却系统

德士古工艺烧嘴是气化装置的关键设备,一般为三流道外混式设计,在烧嘴中煤浆被高速氧气流充分雾化,以利于气化反应。由于德士古烧嘴插入气化炉燃烧室中,承受 1 400 ℃左右的高温,为了防止烧嘴损坏,在烧嘴外侧设置了冷却盘管,在烧嘴头部设置了水夹套,并由一套单独的系统向烧嘴供应冷却水,该系统设置了复杂的安全联锁。

4. 锁斗系统

落入激冷室底部的固态熔渣,经破渣机破碎后进入锁斗系统(锁渣系统),锁斗系统设置了一套复杂的自动循环控制系统,用于定期收集炉渣。在排渣时锁斗和气化炉隔离锁斗循环分为减压、清洗、排渣、充压四部分,每个循环约 30 分钟,保证在不中断气化炉运行的情况下定期排渣。

锁渣系统主要由渣罐、锁渣阀、排渣阀、渣罐和冲洗水罐组成。锁渣阀一般有两个,排渣阀一个,在集渣时需给渣罐充压,渣罐压力与气化炉接近时打开锁渣阀,集渣结束后关闭锁渣阀门,对渣罐卸压,排到常压后打开排渣阀门,排渣结束并冲洗完渣罐后,关闭排渣阀,对渣罐充压,重复循环。

5. 闪蒸及水处理系统

闪蒸及水处理系统主要用于水的回收处理。气化炉和洗涤塔排出的含固量较高黑水,送往水处理系统处理后循环使用。首先黑水送入高压、真空闪蒸系统,进行减压闪蒸,以降低黑水温度,释放溶性气体及浓缩黑水,经闪蒸后的黑水含固量进一步提高,送往沉降槽澄清,澄清后的水循环使用。

(二) Texaco 气化工艺条件

影响德士古炉操作和气化的主要工艺指标有水煤浆浓度、粉煤粒度、氧煤比及气化炉操作压力等。

1. 水煤浆浓度

所谓水煤浆的浓度是指煤浆中煤的质量分数,该浓度与煤炭的质量、制浆的技术密切相关。水煤浆中的水分含量是指全水分,包括煤的内在水分。通常使用的煤也并不是完全干的,一般含有 5%～8%甚至更多的水分在内。

随着水煤浆浓度的提高,煤气中的有效成分增加,气化效率提高,氧气耗量下降。

(1) 水煤浆制备技术

煤浆的可泵送性和稳定性等对于维持正常的气化生产很重要。研究水煤浆的成浆特性和制备工艺,寻求提高水煤浆质量的途径是十分必要的。

选择合适的煤种(活性好、灰分和灰熔点都较低),调配最佳粒度和粒度分布是制备具有良好流动性和较为稳定的高浓度水煤浆的关键。

适宜的添加剂也能改变煤浆的流变特性,且煤粉的粒度越细,添加剂的影响越明显。

(2) 褐煤成浆性差

褐煤的内在水分含量较高,其内孔表面大,吸水能力强,在成浆时,煤粒上能吸附的水量多。因而,在水煤浆浓度相同的条件下,自由流动的水相对减少,以致流动性较差;若使其具有相同的流动性,则煤浆浓度必然下降。故褐煤在目前尚不宜作为水煤浆的原料。

2. 粉煤粒度

煤粒在炉内的停留时间及气固反应的接触面积与颗粒大小的关系非常密切:较大的颗粒离开喷嘴后,在反应区中的停留时间比小颗粒短;比表面积又与颗粒大小呈反比。这双重影响的结果必然使小颗粒的转化率高于大颗粒。

就单纯的气化过程而言,似乎永煤浆的浓度越高、煤粉的粒度越小,越有利于气化转化率提高。考虑实际生产过程,当煤粉中细粉含量过高时,水煤浆表现为黏度上升,不利于泵送和雾化。为了便于使用,水煤浆应具有较好的流动性,黏度不能太大,故对反应性较好的煤种,可适当放宽煤粉的细度。

3. 氧煤比

氧煤比是气流床气化的重要指标。当其他条件不变时,气化炉温度主要取决于氧煤比。提高氧煤比可使碳的转化率明显上升。氧煤比与气化温度和碳转化率关系见图 5-24。

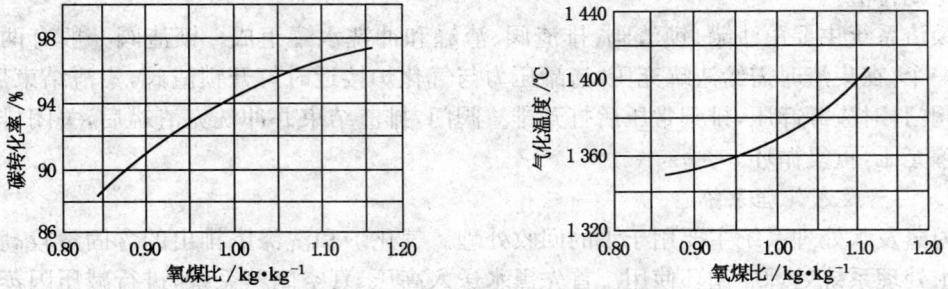

图 5-24 氧煤比气化温度和碳转化率关系

氧气比例增大可以提高气化温度,有利于碳的转化,降低灰渣含碳量。但是当氧气用量过大时,部分碳将完全燃烧,生成二氧化碳;或不完全燃烧而生成的一氧化碳,一氧化碳又进一步氧化成二氧化碳,从而使煤气中的有效组分减少,气化效率下降。随氧煤比的增加,氧耗明显上升,煤耗下降。

适当提高氧气的消耗量,可以相应提高炉温,降低生产成本,但提高炉温还要考虑耐火砖和喷嘴等的寿命。

故操作过程中应确定合适的氧煤比。

4. 气化压力

流床气化操作压力的增加,不仅增加了反应物浓度,加快了反应速率,同时延长了反应物在炉内的停留时间,使碳的转化率提高。气化压力的提高,既可提高气化炉单位容积的生产能力,又可节省压缩煤气的动力。

故德士古工艺的最高气化压力可达 8.0 MPa,一般根据煤气的最终用途,经过经济核算,选择适宜的气化压力。

5. 气化指标

表 5-4 为国内外德士古气化炉的主要气化操作指标。

表 5-4 国内外德士古气化炉的主要气化操作指标

项 目		国外中试	国外中试	中国中试
① 煤中		伊利诺伊 6 号煤	澳洲煤	铜川煤
② 元素分析	$w(C)/\%$	65.64	66.80	69.34
	$w(H)/\%$	4.72	5.00	3.92
	$w(N)/\%$	1.32	1.70	0.60
	$w(S)/\%$	3.41	4.20	1.54
	$w(A)/\%$	13.01	15.00	15.17
	$w(O)/\%$	11.90	7.30	9.40

项　　目		国外中试	国外中试	中国中试
③ 煤样高热值/kJ・kg⁻¹		26 796	28 931	28 361
④ 投煤量/t・h⁻¹		0.635	约 20	1.2
⑤ 气化压力/MPa(绝压)		2.58	3.49	2.56
⑥ 气体组成	$\varphi(CO)/\%$	42.2	41.8	36.1~43.1
	$\varphi(H_2)/\%$	34.4	35.7	32.3~42.4
	$\varphi(CO_2)/\%$	21.7	20.6	22.1~27.6
⑦ 碳转化率/%		99.0	98.5	95~97
⑧ 冷煤气效率/%		68.0	—	65.0~68.0

（三）Texaco 气化技术特点

1. 技术优越性

（1）气化炉结构简单。该技术关键设备气化炉属于加压气流床湿法加料液态排渣设备,结构简单,无机械传动装置。

（2）开停车方便,加减负荷较快。

（3）煤种适应较广。可以利用粉煤、烟煤、次烟煤、石油焦、煤加氢液化残渣等。

（4）合成气质量好。CO+H₂≥80％且 H₂ 与 CO 量之比约为 0.77,可以对 CO 全部或部分进行变换以调整其比例用来制作合成氨、甲醇等,且后系统气体的净化处理方便。

（5）合成气价格低。在相同条件下,天然气、渣油、煤制合成气相比较,煤制合成气的综合价格最低。

（6）碳转化率高。该工艺的碳转化率在 97％~98％之间。

（7）单炉产气能力大。由于德士古水煤浆气化炉操作压力较高(一般为 4.0~6.7 MPa),又无机械传动装置,在运输条件许可下设备大型化较为容易,目前气化煤量为 2 000 t/d。

（8）三废排放中有害物质少。

2. 气化装置发展瓶颈

德士古煤浆气化有很多先进的方面,但在工业化生产实践中仍暴露出一些急待解决的问题。

（1）水煤浆气化氧耗高

比氧耗一般都在 400 Nm³/1 000 Nm³(CO+H₂)以上,而 Shell 粉煤气化一般在 330 Nm³/1 000 Nm³(CO+H₂)左右。

（2）需热备用炉

气化炉一般开二个月左右就要单炉停车检修,或出现故障需停车,而备用炉必须在 1 000 ℃以上才可投料,若临时把冷备用炉升温至 1 000 ℃以上,势必影响全系统生产,所以备用炉应处于热备用状态。而维持热备用炉耗能较大,需煤气 150~1 500 Nm³/h,空气 150~1 500 Nm³/h 及部分抽引蒸汽、冷却水。

（3）气化炉耐火材料寿命短

耐火材料中的向火面砖是气化炉能否长期运转、降低生产成本的关键材料之一。我国多选用法国砖(沙佛埃耐火材料公司),其寿命为 1~1.5 年。其中渭河化肥厂开车一年三台气化炉向火面砖全改换过,一炉砖需 75 万美元,而且换一炉砖周期长,影响生产二个月。

目前,我们国内正研制价廉、耐高温侵蚀,而且使用寿命长的耐火材料。

(4)气化炉炉膛热电偶寿命短

由于气化炉外壳与耐火砖的受热后膨胀系数不同,而发生相互剪切,进而损坏热电偶。

(5)工艺烧嘴寿命短

烧嘴的稳定运行是操作好气化炉的另一个重要因素。烧嘴的寿命短(1.5 个月左右)而且昂贵。实际上对水煤浆气化而言,烧嘴的寿命确实较短。目前一般运行周期在两个月左右,主要是由于煤浆的磨蚀和高温环境的烧蚀,气化压力越高,磨蚀越厉害;气化温度越高,烧蚀越厉害。而高压高温又是气化所必需的,因此要延长烧嘴寿命,首先应该在材料上想办法,找出耐磨耐高温、易于制作的材料,还有就是烧嘴的夹角要合理,这样既能雾化好又可以减少磨蚀。

(6)激冷环寿命短

激冷环使用寿命往往只有 1 年左右。

德士古气化法虽然也存在一些缺点,但其优点是显著的,而且与其他许多有希望且优点突出的气化方法相比较,它最先实现工业化规模生产,已为许多国家所采用。在中国,山东鲁南化肥厂、上海焦化厂、渭河煤化工集团和安徽淮南化工厂都已引进该煤气化工艺,并都已投入生产。所以,德士古气化法是煤气化领域中的一个成功的范例。

四、多喷嘴对置式水煤浆气化技术

多喷嘴对置式水煤浆气化技术为环境友好型绿色技术,是华东理工大学的科研工作者长期跟踪国外渣油气化和煤气化技术的发展,经过对国外技术的分析总结,提出的一种创新的煤气化技术。图 5-25 为多喷嘴对置式水煤浆气化流程示意图。

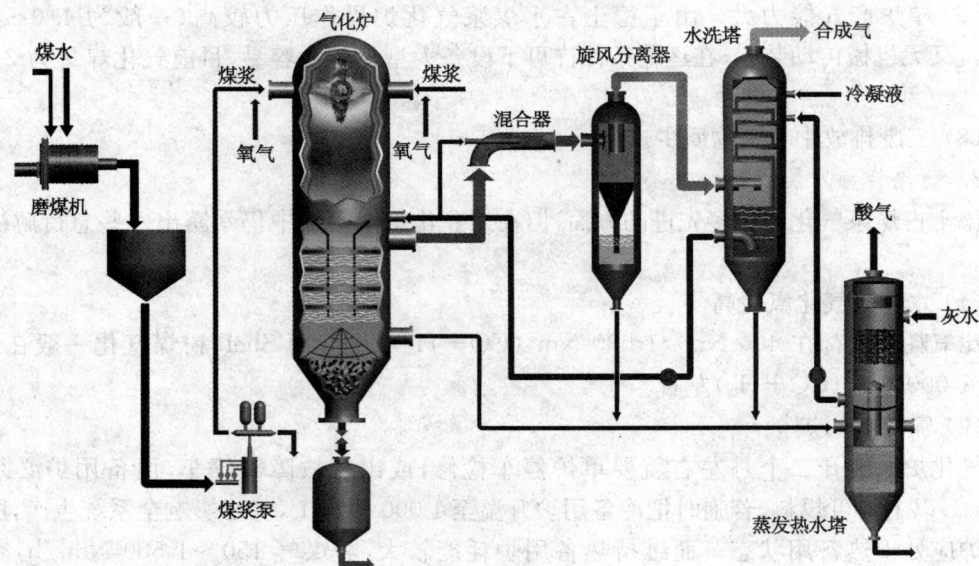

图 5-25 多喷嘴对置式水煤浆气化流程示意图

多喷嘴对置式水煤浆气化技术技术特点和优势为:

(1)四个对置预膜式喷嘴高效雾化＋撞击三相混合好,无短路物流,平推流段长,比氧耗和比煤耗低,气化反应完全,转化率高。

(2)多喷嘴使气化炉负荷调节范围大,适应能力强,有利于装置的大型化。

(3)激冷室为喷淋＋鼓泡复合床,没有黑水腾涌现场,液位平稳,避免了带水带灰,合成气和黑水温差小,提高了热能传递效果。

(4)粗煤气混合＋旋风分离＋水洗塔分级净化,压降小,节能,分离洗涤效果好。

(5)渣水直接换热,热回收效率高,没有结垢和堵灰现场。

(6)在充分研究剖析国外水煤浆气化的不足之处的基础上,全过程完全自主创新,整套技术均具有自主知识产权,技术转让费大大低于国外技术。

本 章 小 结

(1)气流床气化是一种并流式气化,从原料形态分有水煤浆、干煤粉两类,其中 Texaco、Shell 最具代表性。其主要特点有气化温度高、强度大,煤种适应性强,煤气中不含焦油,磨粉、余热回收、除尘等辅助装置庞大。

(2)K—T 气化法是气流床气化工艺中一种常压粉煤气化制合成气的方法,采用气—固相并流接触。K—T 气化工艺包括煤粉制备、煤粉和气化剂的输入、制气和排渣、废热回收及洗涤冷却等过程。K—T 气化法的技术成熟,有多年运行经验;气化炉结构简单,维护方便,单炉生产能力大;煤种适应性广,更换烧嘴还可气化液体燃料和气体燃料;煤气中不含焦油利烟尘,蒸汽用量低;不产生含酚废水,大大简化了煤气冷化工艺;生产灵活性大,开、停车容易,负荷调节方便;碳转化率高于流化床。

(3)Shell 煤气化装置的核心设备是气化炉。Shell 煤气化炉采用膜式水冷壁形式。它主要由内筒和外筒两部分构成,包括膜式水冷壁、环形空间和高压容器外壳。气化炉内件分三段:气化段、渣池段和激冷段。Shell 煤气化工艺包括煤粉制备及气化剂的输送,气化及排渣,粗煤气激冷,废热回收,除尘及脱硫脱氯等过程,工艺过程中大部分水循环使用,废水在排放前需经生化处理。

(4)GSP 气化炉采用单喷嘴顶喷式进料,粗煤气激冷流程,底部液态排渣。由气化喷嘴、水冷壁气化室和激冷室组成。整个气化炉主体为圆筒型结构,气化炉外壁带水夹套。GSP 进料技术采用多级组合进料技术,粉体密相气体输送,由常压、加压、变压、加料器和称重计量几个单元组成,各单元间均由球形阀连接,并配有压力、温度和料位等指示仪器。GSP 气化工艺中包括干煤粉的加压计量输送系统、气化与激冷系统、气体除尘冷却系统及黑水处理系统。

(5)Texaco 气化是第二代气流床水煤浆气化技术的代表,以水煤浆单烧嘴顶喷进料,耐火砖热壁炉,激冷流程为主。Texaco 气化炉有两种炉型:淬冷型和全热回收型。Texaco 水煤浆气化工艺流程按粗煤气的三种冷却方法分为三种:直接冷却式适合合成氨的制造;间接冷却式工艺产生了大量的高压蒸汽,适用于煤气化循环发电或作为燃料气;混合式工艺有利于甲醇的生产。

自 测 题

一、判断题

1. 气流床气化炉一般使用小于 0.1 mm 粒径的煤。（   ）

2. 德士古气化喷嘴的使用寿命一般可达 5 年。（   ）

3. 褐煤不适于气流床气化。（   ）

二、填空题

1. 德士古气化炉是一种以＿＿＿＿＿＿＿＿进料的加压气流床气化装置,该炉有两种不同的炉型,根据粗煤气采用的冷却方法不同可分为＿＿＿＿＿＿、＿＿＿＿＿＿。

2. GSP 气化炉为水冷壁炉,采用＿＿＿＿＿＿式进料,粗煤气＿＿＿＿＿＿流程,底部＿＿＿＿＿＿排渣。

3. 组合式喷嘴由配有火焰检测器的＿＿＿＿＿＿和＿＿＿＿＿＿组成,故称为组合式气化喷嘴。

4. Shell 气化炉内件：＿＿＿＿＿＿、＿＿＿＿＿＿、＿＿＿＿＿＿。

5. 壳牌气化反应热的回收是通过合成气冷却器＿＿＿＿＿＿来完成的。

三、选择题

1. 有关壳牌煤气化工艺工业化规模的陈述哪些是正确的？＿＿＿＿＿＿

(1) 烧嘴数量 1 个

(2) 烧嘴数量 4 个,6 个或者 8 个

(3) 气流床气化

(4) 无渣气化

(5) 气化炉使用耐火砖作为衬里

(6) 使用膜式壁型气化炉

(7) 使用干煤或湿煤进料系统和 O_2 气化

A. (1),(3),(7)   B. (2),(3),(6)   C. (2),(3),(4)   D. (2),(3),(7)

2. 壳牌煤气化工艺装置正常运行时,降低 O_2/C 比的结果是＿＿＿＿＿＿。

(1) CO_2 含量增加

(2) CH_4 含量增加

(3) 气化炉蒸汽产量减少

(4) 合成气冷却器出口温度有些降低

A. (1),(2),(3)   B. 全部   C. (2),(3),(4)   D. (1),(2),(4)

3. 正常生产中,若气化炉炉温比正常炉温高,煤气中的 CO_2 含量会比正常的＿＿＿＿＿＿。

A. 低   B. 高   C. 无变化   D. 不一定

4. 下列关于德士古(Texaco)气化工艺说法不正确的是＿＿＿＿＿＿。

A. 褐煤不是适宜制水煤浆的原料

B. 可用三套管式喷嘴,中心管导入 15％氧气,内环隙导入水煤浆,外环隙导入 85％氧气

C. 干法进料，加压气化

D. 气化工艺可分为煤浆的制备和输送、气化和废热回收、煤气冷却净化等部分

5. 德士古气化炉的排渣为_____。

A. 固态排渣　　　　B. 液态排渣　　　　C. 固液两相排渣

四、简答题

1. 德士古气化装置需要改进和解决的问题有哪些？

2. 德士古三套管式烧嘴结构特点有当哪些？德士古烧嘴中心氧的作用是什么？

3. 激冷环是怎样工作的？

4. Shell 气化炉以渣抗渣原理是什么？

第六章 熔融床气化工艺

> 【本章重点】 熔融床气化工艺原理、特点、工艺流程。
> 【本章难点】 熔融床气化工艺原理、工艺流程。
> 【学习目标】 掌握熔融床气化工艺原理、特点及其分类,熟悉熔融盐和熔铁浴气化法工艺的特点及工艺流程,了解熔渣浴气化法的类型及工艺流程。

熔融床气化是指固体碳燃料在熔融的渣、金属或盐浴中直接接触气化剂而气化的方法。熔融床气化反应是一种气固液三相反应,燃料和气化剂并流地导入气化炉中,炉中熔化物可以是熔盐、熔融金属或液态熔灰,气化剂可以是蒸汽、空气或氧气。

熔融床的反应的特点是煤种适应性广、热效率较高、气化强度高、操作相对简单、气化剂需要量较小、产物环境污染小等。

熔融床的缺点是气化反应原理复杂,反应对设备要求严格,投资较大,热损失严重,熔融物对环境的污染严重,高温熔融物对设备的腐蚀严重等,这些缺点限制了熔融床工艺的发展。

目前熔融床的气化工艺主要有熔融盐气化法、熔铁浴气化法和熔渣床气化法。

第一节 熔盐气化法

熔融盐是盐的熔融态液体,一般的熔融盐是指无机盐的熔融体,形成熔融态的无机盐其固态大部分为离子晶体,在高温下熔化后形成离子熔体。熔融盐处理技术是在 1965 年由 Rockwell International Corporation 提出的。熔融盐处理技术可分为高温熔盐法、中温熔盐法以及低温熔盐法。其中熔融盐气化技术是高温熔盐法的一种。

熔融盐气化技术是将高温热稳定的熔融盐作为催化介质和热载体,并利用熔融盐的高热传导率,使固体燃料在熔盐中得到裂解和部分氧化。熔融盐煤气化将煤转变成低热值可燃气,其组分为 CO、H_2、CO_2、N_2 和少量 CH_4,煤中的硫和灰分不用脱除,直接转移到熔盐中,省去了煤气的脱硫和除尘设备。

熔融盐气化具有以下特点:

(1) 熔融盐作为一种良好的蓄热介质,具有高的热容量、高热传导率和高温稳定性,以及较宽范围内的低压蒸汽以及低黏度等,能够保证气化反应连续稳定进行。

(2) 熔融盐能够吸收煤在高温热解时释放出来的 H_2S、HCl 等有害气体。

(3) 反应中生成的 Na_2S 等中间产物可以催化熔融盐中的气化反应。

(4) 与固定床、流化床和气流床相比,熔融盐浴气化反应操作温度较低。

由 M. W. Kellogg 公司开发的熔盐法和由 Rockwell International Corporation 开发的
AI 熔盐法均采用熔融的 Na_2CO_3。碳酸钠熔盐在气化反应中的作用是：

（1）分散剂。使气化原料的煤和气化剂的空气充分混合接触。

（2）热库。吸收热量和分配气化热，促使煤中挥发物质热解和干馏。

（3）催化剂。熔融的 Na_2CO_3 对煤与蒸汽的反应具有强烈的催化作用，在较低温度下
就可获得很快的反应速度。

（4）脱除剂。熔融的 Na_2CO_3 能与煤中的硫起化学反应而吸收硫，同时煤中存在的灰
分也转移到熔盐中。

一、Kellogg 熔盐法

M. W. Kellogg 进行实验室基础研究的气化炉有单筒气化炉和双筒气化炉两种，分别
如图 6-1 和图 6-2 所示。

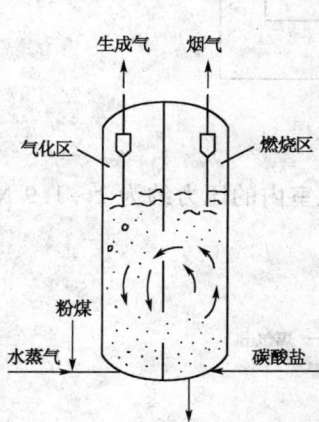

图 6-1　单筒气化炉　　　　　　　　　　图 6-2　双筒气化炉

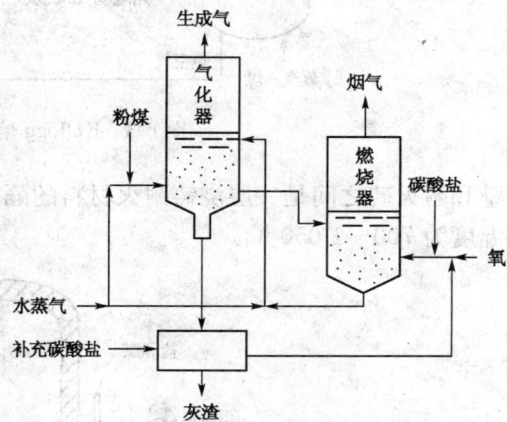

单筒气化炉上部分为气化区和燃烧区两部分，两区下部通过熔盐池连通。气化压力
约 2.79 MPa，熔盐池的温度为 950～1 000 ℃。粉煤和水蒸气混合后均由液面以下进入
气化区进行气化反应。未气化完的碳随熔盐在气化炉内环流至燃烧区，与燃烧区内的空
气（或氧气）进行燃烧反应并放出热量，熔盐吸收放出的热量供煤中挥发物质的热解和
干馏。

双筒气化炉将气化和燃烧两个区域置于两个反应器中，通过水蒸气使熔盐在气化器间
循环流动。但是由于气化过程过程对热量需求大且分设两个室的操作费用高，最后取消了
分开的燃烧室。

图 6-3 为 M. W. Kellogg 公司的熔盐法工艺流程图。将粉煤、蒸汽和氧加到熔盐气化炉
内气化，含有液态煤灰的熔盐液流由炉底部排出，其中的 Na_2CO_3 与水接触后溶解，灰渣经
过滤滤出。Na_2CO_3 溶液再进行碳化，沉淀出碳酸氢盐。将碳酸盐过滤后进行焙烧回收为
碳酸盐，于气化炉中循环使用。

二、AI 熔盐法

由 Rockwell International Corporation 开发的 AI 熔盐气化炉是一个立式的圆筒形压
力容器，如图 6-4 所示。AI 熔盐气化炉内衬以熔铸的 α—刚玉耐火砖以抵抗熔盐的侵蚀，在

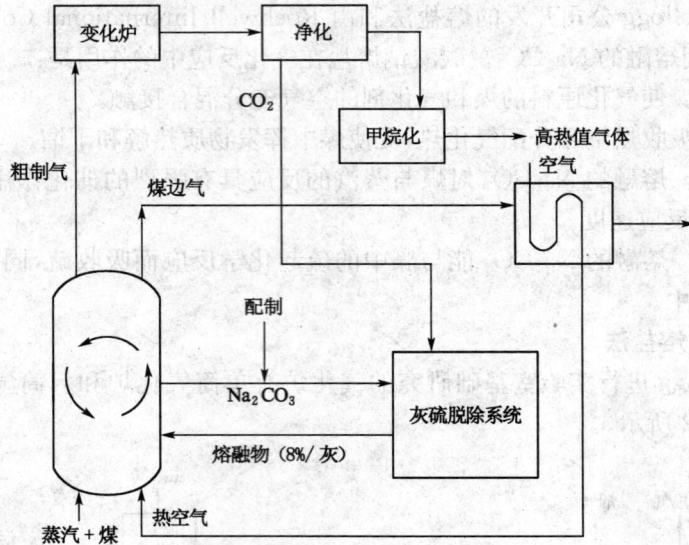

图 6-3　Kellogg 熔盐法工艺流程

容器壁和耐火砖之间是一层浇铸耐火材料的隔热层,气化室内的压力约为 $1\sim1.9$ MPa,盐浴的温度为 $700\sim1\,050$ ℃。

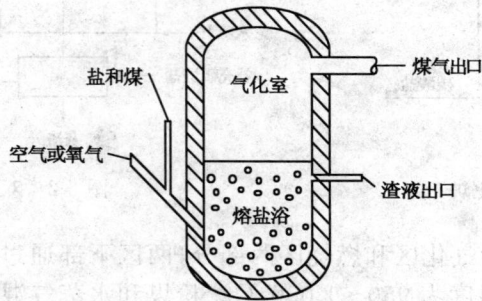

图 6-4　AI 熔盐气化炉

　　煤和碳酸钠盐通过空气或氧气输送进入盐浴池内,煤在熔盐中部分氧化和热解,产生的气体经煤气出口排出,进行冷却、净化。AI 熔盐气化法如图 6-5 所示,煤中的灰分和硫分等熔渣和部分熔盐一起从渣夜出口排出流进骤冷缶中,熔盐溶解于循环水中,煤灰等不溶物生成泥浆。泥浆通过澄清过滤与盐溶液分离进入灰处理系统除去,盐溶液进入回收系统脱除硫,以 H_2S 形式通过克劳斯装置回收硫元素,处理后的盐溶液循环进入气化炉内。

　　这一方法可适用于所有煤种,不需磨成粉,而仅需粗碎到便于气体输送;生成的煤气中无硫化物、灰等杂质。但该法只在实验室和中试规模装置上得到验证,并未得到工业生产规模验证,同时气化过程中的各种设备的耐腐蚀、耐高温性能并为得到证实。因此 AI 熔盐气化法还有待工业上进一步证实其发展的潜力。

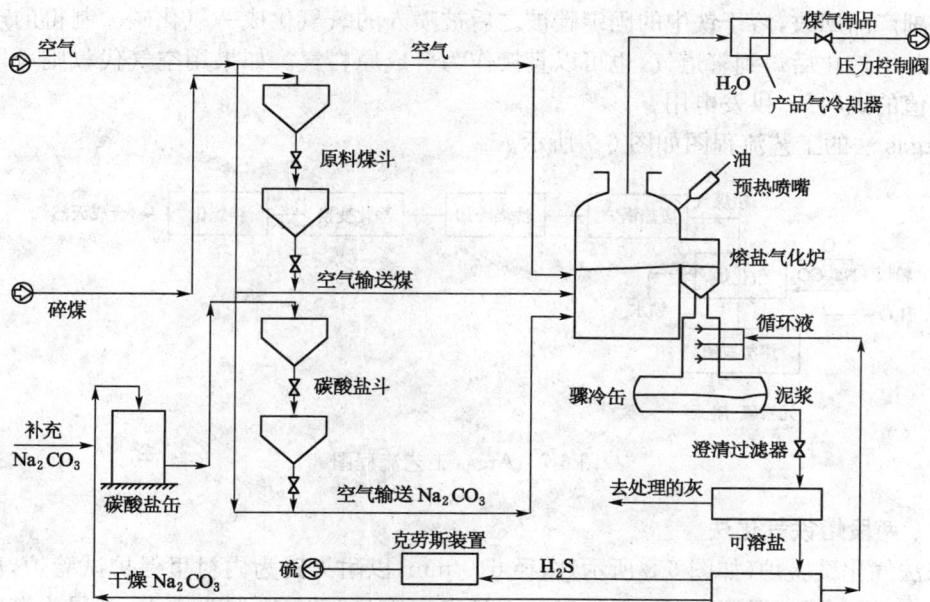

图 6-5　AI 熔盐煤气化流程

第二节　熔铁浴气化法

1978 年,西德 Humboldt-Wedag AG 取得熔铁浴气化技术的专利权。熔铁浴气化法的原理是将气化用的煤连续喷入高温的熔铁浴内,同时将气化剂按一定配比鼓入熔铁浴中,制得主要成分为 CO 和 H_2 的低硫可燃气体。

熔铁浴气化工艺特点为:

(1) 气化效率高。在稳定的高温反应下,可生产主要含 CO 和 H_2 的可燃气体。

(2) 熔铁浴有溶碳能力和熔解硫的能力。

(3) 煤种适用范围广泛。

(4) 炉渣控制、煤灰的处理较容易。

(5) 熔铁与熔盐一样,具有传热介质的作用——吸热和供热,使煤发生分解和热解。

本章主要介绍 Atgas 法、两段熔铁气化法和日本住友公司的熔铁浴气化法三种气化法。

一、Atgas 法

Atgas 法气化炉如图 6-6 所示,该气化炉的内衬为一种耐火材料,炉内熔融铁的温度为 1 370～1 425 ℃,表压为 0.34 MPa。Atgas 法的实质是用蒸汽作为载体,将煤和石灰石喷入熔铁床中,蒸汽解离,煤进行气化,由固定碳中逸出的挥发分进行裂解产生氢、一氧化碳、二氧化碳和甲烷。煤中硫转化到灰渣中与石灰石反

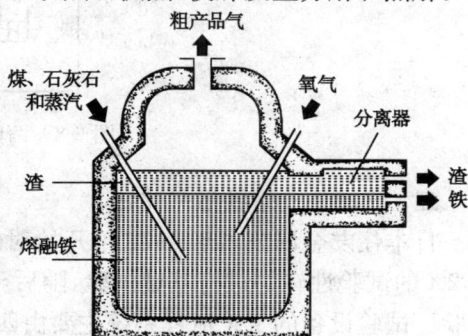

图 6-6　Atgas 法熔铁气化炉

应作为副产品回收,溶于铁中的固定碳被之后被喷入的氧氧化成一氧化碳。制得的产品气经变换和甲烷化后得到管道气,也可以直接作为合成原料气。如果用空气代氧则可用于生产低热值的燃料气,供发电用。

Atgas 法的工艺流程图如图 6-7 所示。

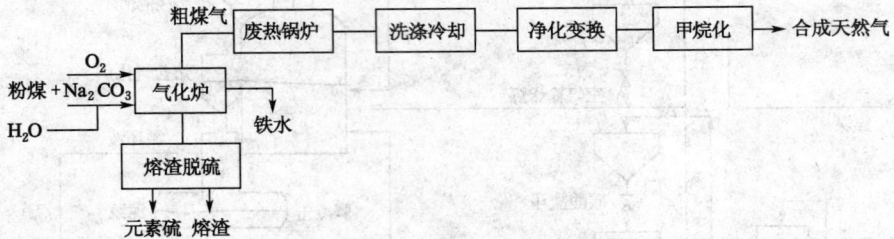

图 6-7　Atgas 工艺流程图

二、两段熔铁气化法

该法气化试验炉(如图 6-8 所示)内径 610 mm,以耐火砖为内衬里保护试验炉,反应在 13.73～34.32 kPa,温度 1 370 ℃下进行。炉内物质分两层,下层为铁水,上层为燃料和灰渣。两段熔铁气化法进行操作时,将预热到 600 ℃左右的压缩空气、碳酸钙和粉煤一起输入铁浴的内部,粉煤迅速溶解并气化,碳酸钙成为铁水的一部分。加入碳酸钙的目的是起助熔剂的作用,同时还可脱除煤中部分硫。

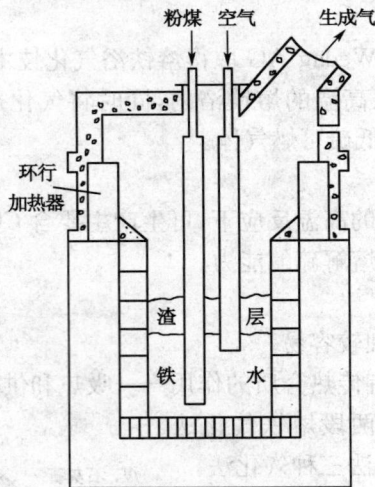

图 6-8　两段熔铁法气化试验炉

三、日本住友熔铁浴气化法

日本住友金属公司于 1978 年开始对煤炭铁浴气化进行可行性研究。首先利用 60 kg 和 2 t 的试验性转炉进行基础试验,随后于 1980 年建造了中间试验厂。Kashima 钢厂中间试验厂试验设备的工艺流程系统主要由四部分组成:煤炭粉碎干燥系统、喷煤系统、气化炉和煤气处理系统。

图 6-9 为中间试验厂流程图。煤经煤仓进入粉碎机中被破碎成煤粉颗粒,煤粉被热气干燥到一定程度后进入旋风分离器和袋滤器,经分离和过滤后通过贮煤仓和闭锁煤斗进入加料仓内,从加料仓出来的煤粉在惰性气体的作用下被输送到气化炉内,并与氧气和蒸汽等气化剂发生气化反应,气化产生的煤气经煤气处理系统冷却除尘后贮存起来。其中蒸汽在加入气化炉时先进行预热处理,目的是为了保证炉内温度稳定,利于气化反应的进行。

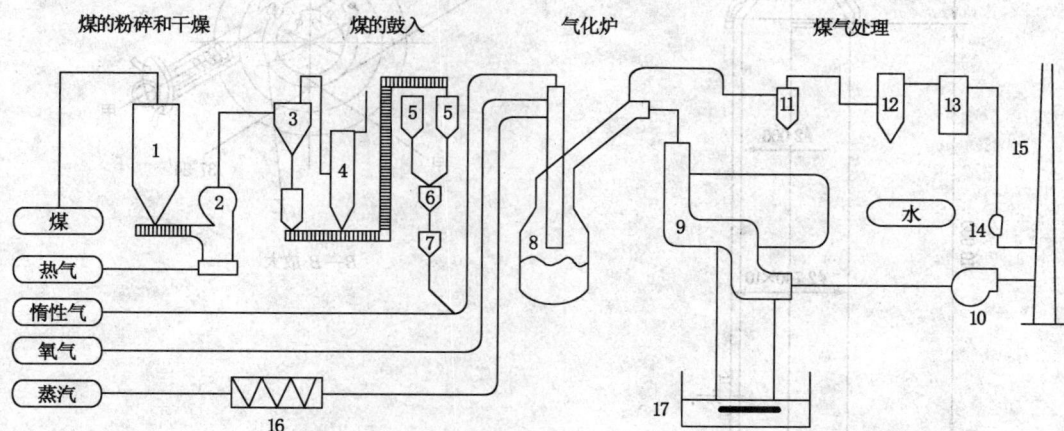

图 6-9　中间试验厂流程图

1——煤仓;2——粉碎机;3——旋风分离器;4——袋滤器;5——贮煤仓;6——闭锁煤斗;
7——加料仓;8——气化炉;9——文丘里洗涤器;10——排风机;11——旋风分离器;
12——袋滤器;13——吸收器;14——排风机;15——烟囱;16——过热器;17——水处理

第三节　熔渣床气化法

熔渣床气化法,是以熔融灰渣作为热载体并使熔渣保持湍动,以空气、蒸汽为气化剂,与原料煤进行气化反应的一种方法。它的操作温度范围为 1 000～1 700 ℃。熔渣床气化法本书主要介绍 Rummel 气化法和 Saarberg-Otto 气化法两种气化法。

影响熔渣床气化过程的因素有:

(1) 煤中的灰分含量。由于灰分的熔化要消耗热量,因此煤中的灰分含量不能太高。当熔渣灰分含量在 10% 以下时,损失热量可以忽略;但当灰分超过 20% 时,气化炉内热量损失显著,将影响气化效率。

(2) 熔渣的黏度。由于熔渣在气化过程中起着混合、输送和传递热量的作用,因此在操作温度下熔渣的黏度须控制在一定的范围内。熔渣黏度小,熔渣内流动性好,此时进入渣床内的反应物容易形成气泡,使反应表面积增加,从而加快了气化反应速度。相反,黏度太大,将会影响气化反应速度,使煤气的产量和质量降低。黏度太小会使渣床流速过快,导致煤粒在熔渣床内停留时间变短,气化反应不完全。当熔渣黏度在 10 P 以下时对气化过程最有利;当黏度超过 100 P 时,在熔渣浴中加入助熔剂降低黏度。

一、Rummel 气化法

Rummel 气化法有单筒式气化炉和双筒式气化炉两种。1950 年,西德 Wesseling 建立了炉内径为 814 mm 第一台中试装置。随后又建立了炉膛内径为 1.8 m,总高约为 20 m 的单筒式气化炉,每天能够气化粉煤 250 t。图 6-10 为单筒熔渣气化炉的示意图。

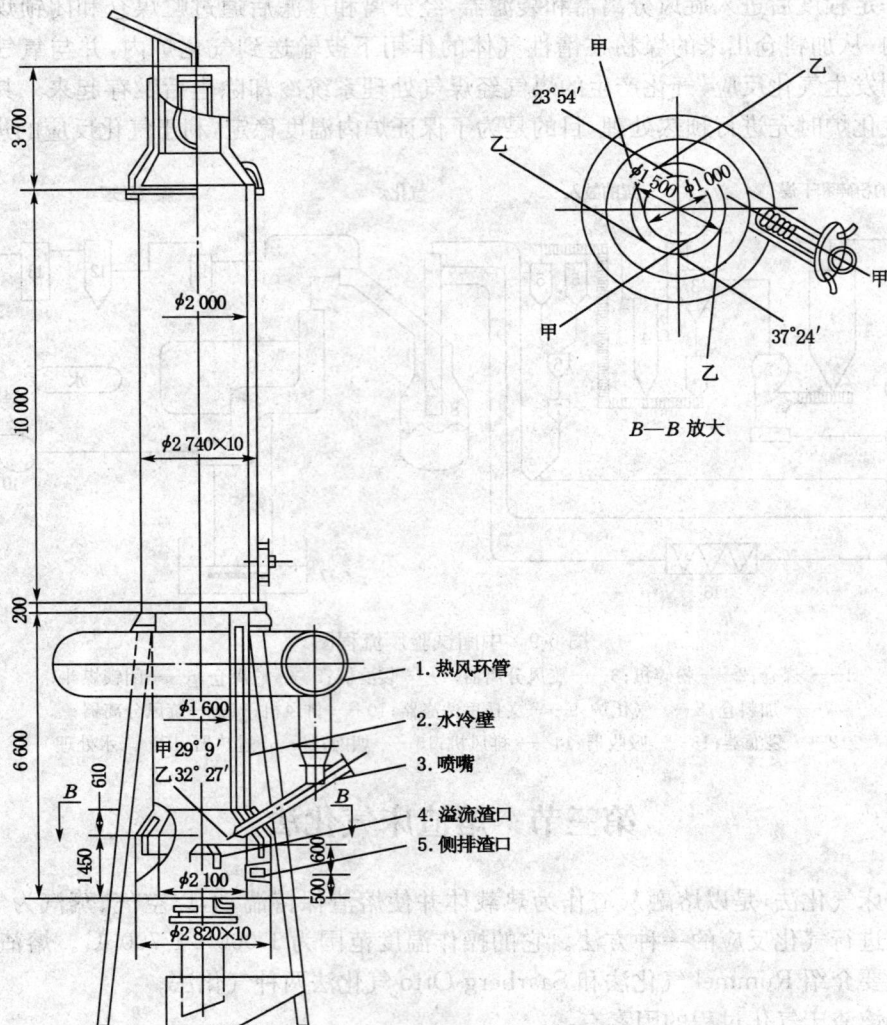

图 6-10　单筒式气化炉

1. 热风环管
2. 水冷壁
3. 喷嘴
4. 溢流渣口
5. 侧排渣口

在进行单筒式气化炉试验的同时也进行了小型双筒式气化炉的试验。双筒式气化炉如图 6-11 所示。我国熔渣床试验先后在北京锅炉厂、北京特殊钢厂等进行单筒、双筒粉煤熔渣池气化中间试验和工业性试验。图 6-12 为内径 2.0 m 双筒式熔渣池气化炉气化炉的结构上半部炉身由中间隔墙分为燃烧室和气化室,下部为设有搅拌的熔渣池,燃烧室和气化室侧设有浸没在渣下的预燃喷嘴,炉内高温煅内衬采用水冷壁、壁管与炉顶气泡相连副产蒸汽。

双筒炉的气化过程主要是通过熔渣床来完成的。煤粉和气化剂通过喷嘴在液态熔渣下面沿切线方向喷入,带动熔渣做旋转运动,煤粒借离心力的作用保持旋转运动,每个颗粒都有一个平衡圆周,小颗粒保持悬浮状态在其平衡圆周上旋转,较大的煤粒或灰粒撞击在气化室壁上,由于高速旋转气固两相即煤粒和气体之间的相对运动很强,因此煤气化反应

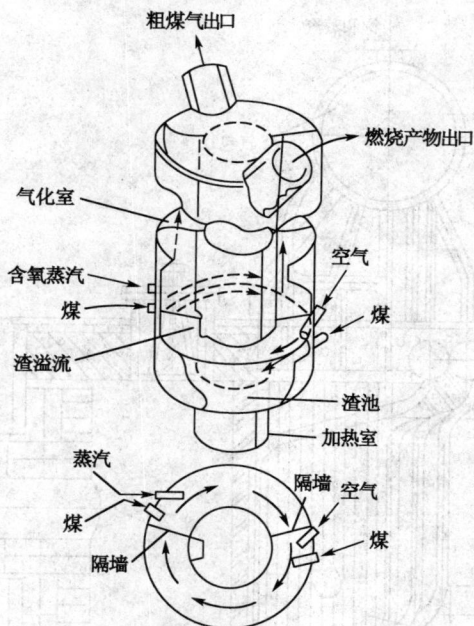

图 6-11　双筒式气化炉

速度很快;同时由于气化炉内温度高,气化剂和碳粒的接触时间相对增长,因此碳的气化趋于完全。同时,熔渣也参与了气化反应,如渣中铁的氧化物等组分可被部分还原,其反应式为:

$$Fe_2O_3 + C \longrightarrow 2FeO + CO$$

而氧化亚铁又会被气化剂中的氧氧化,其反应式为:

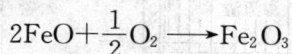

$$2FeO + \frac{1}{2}O_2 \longrightarrow Fe_2O_3$$

其影响气化反应的进行。

Rummel 法的特点为:① 对煤种适应性较广,可气化煤质较差的褐煤、烟煤。② 对煤的性质有选择。对煤粒度、黏结性、热稳定性、结渣性以及机械强度无限制,但要求煤有较好的化学活性和较低的灰渣黏度,煤中灰分也不能太高。③ 气化反应温度较高。④ 气化强度和碳转化率较高。

Rummel 法存在的问题如下。

(1) 析铁

煤灰中的铁多是以 FeO 或 $FeO \cdot SiO_2$ 形式存在的,当渣池内存在高温、碳浓度高、CaO 的存在及停留时间长等条件时,就会发生析铁反应,反应如下:

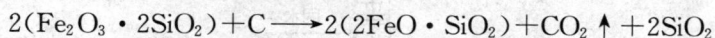

$$2(Fe_2O_3 \cdot 2SiO_2) + C \longrightarrow 2(2FeO \cdot SiO_2) + CO_2 \uparrow + 2SiO_2$$

$$Fe_2O_3 + C \longrightarrow 2FeO + CO$$

$$2FeO + C \longrightarrow 2Fe + CO_2 \uparrow$$

当炉内氧气含量充分时,低价态的氧化物变为高价态的氧化物,从而防止铁的析出,反应方程式如下:

饱和蒸汽

气包

燃烧室出口

气化室出口

水冷壁

炉体

隔墙

A

A

气化口喷嘴

溢流渣

煤粉

煤粉进口

窥视孔

过热
蒸汽

燃烧喷嘴

二次风进口

搅棒

回水

冷却水

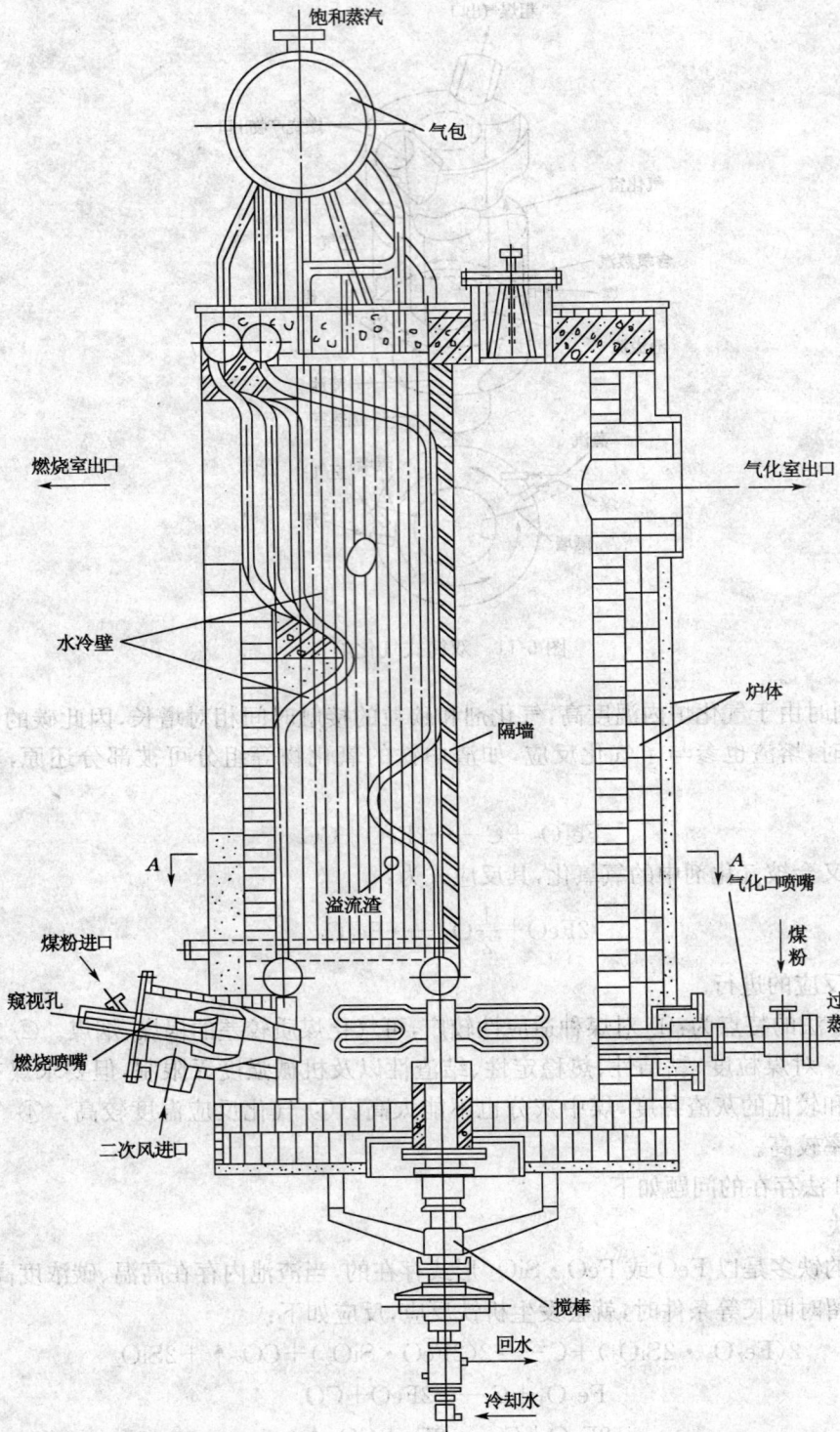

图 6-12　我国试验采用的双筒熔渣气化炉

$$2FeO + \frac{1}{2}O_2 \longrightarrow Fe_2O_3$$

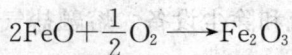

因此，在试验中适当增加炉内氧的含量，同时加快炉内熔渣的循环速度，可以解决析铁问题。

（2）耐火材料易被侵蚀

耐火衬里被烧蚀主要原因有：① 炉内温度高，尤其是火焰中心温度估计达到 1 800～1 900 ℃；② 煤粉、气化剂喷入速度在 100 m/s 以上，形成的高温气流对炉壁冲刷较大；③ 炉内存在氧化气氛、还原气氛，气化反应类型较复杂，熔渣对炉衬侵蚀，产生低熔点的共熔物。因此，适合的耐火材料在 Rummel 气化法中显得尤为关键。

二、Saarberg-Otto 法（简称 S—O 法）

Saarberg-Otto 公司研制的煤炭渣浴气化法，是在 Rummel 常压熔渣气化炉工艺的基础上开发的加压熔渣气化法。S—O 气化炉采用的是三段式气化炉，如图 6-13 所示，是一个立式圆筒容器，内径为 1.4 m，高约 15 m。可分为三段，底部的第一段是熔渣涡流室，中部的第二段是反应区，顶部的第三段是煤气冷却区。第一、二段为水冷壁管，第三段以耐火保温砖为衬里。干燥的煤粉用惰性气体气力输送至煤仓，经锁斗系统加入料斗。然后依靠循环煤气气力输送，使煤粒通过喷嘴切向喷入气化炉内的第一段即熔渣浴表面，同时氧气和蒸汽也由喷嘴进入，喷入的气固混合物冲击渣池，使之缓慢旋转，从而使反应得以顺利进行。第一段反应产生的气体夹带渣滴和半焦颗粒进入第二段中进一步气化，气体随即进入第三段冷却后由上部排出。

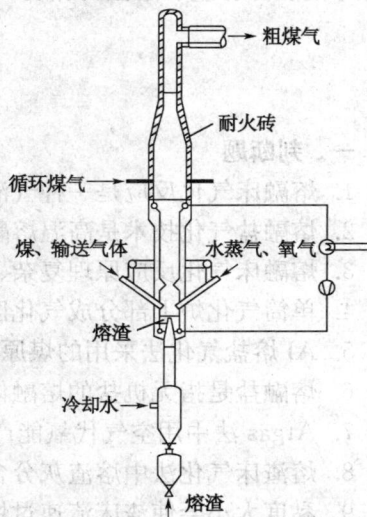

图 6-13 Saarberg-Otto 法气化炉

Saarberg-Otto 法的主要特点为：可气化含较粗颗粒的碎煤，对煤粒度限制小；生产强度大，操作简单，碳转化率可达 99.5%，气化过程中产生的灰都可回炉气化；高温中粗煤气几乎不含酚、焦油等有害物质，废水处理简单。

该法的明显缺点是渣浴的充分混合受气化炉直径的限制，渣浴能够充分混合的气化炉最大直径只有 2.5 m。

本章小结

（1）熔融床气化是指固体碳燃料在熔融的渣、金属或盐浴中直接接触气化剂而气化的方法。熔融床气化反应是一种气固液三相反应，燃料和气化剂并流地导入气化炉中，炉中熔化物可以是熔盐、熔融金属或液态熔灰，气化剂可以是蒸汽、空气或氧气。熔融床的气化工艺主要有熔融盐气化法、熔铁浴气化法和熔渣床气化法。

（2）熔融盐气化技术是将高温热稳定的熔融盐作为催化介质和热载体，并利用熔融盐的高热传导率，使固体燃料在熔盐中得到裂解和部分氧化。熔融盐煤气化技术是将煤转变成低热值可燃气，其组分为 CO、H_2、CO_2、N_2 和少量 CH_4，煤中的硫和灰分不用脱除，直接

转移到熔盐中,省去了煤气的脱硫和除尘设备。熔融盐气化技术有 Kellogg 熔盐法、AI 熔盐法

(3) 熔铁浴气化法的原理是将气化用的煤连续喷入高温的熔铁浴内,同时将气化剂按一定配比鼓入熔铁浴中,制得主要成分为 CO 和 H_2 的低硫可燃气体。熔铁浴气化法有 Atgas法、两段熔铁气化法和日本住友公司的熔铁浴气化法三种气化法。

(4) 熔渣床气化法,是以熔融灰渣作为热载体并使熔渣保持湍动,以空气、蒸汽为气化剂,与原料煤进行气化反应的一种方法。它的操作温度范围为 1 000~1 700 ℃。熔渣床气化法有 Rummel 气化法和 Saarberg-Otto 气化法两种气化法。影响熔渣床气化过程的因素有煤中的灰分含量和熔渣的黏度。Rummel 气化法存在的问题:析铁和耐火材料易被侵蚀。

自 测 题

一、判断题

1. 熔融床气化反应是一种气液两相反应。( )

2. 熔融盐气化技术是高温熔融盐的一种。( )

3. 熔融床气化反应原理复杂、反应对设备要求严。( )

4. 单筒气化炉上部分成气化区和燃烧区两部分,两区下部通过熔盐池连通。( )

5. AI 熔盐气化法采用的煤原料必须磨成粉煤,对煤的粒度有严格的限制。( )

6. 熔融盐是指无机盐的熔融体。( )

7. Atgas 法中用空气代氧能产出低热值的燃料气。( )

8. 熔渣床气化法中熔渣灰分含量在 10% 以下时,损失热量可以忽略。( )

9. 黏度太小会使渣床流速过快,导致煤粒在熔渣床内气化反应不完全。( )

10. Rummel 法存在的问题分析铁。( )

二、填空题

1. 熔融盐处理技术可分为_____、_____、_____。

2. 熔融床的气化工艺主要有_____、_____、_____。

3. 煤炭铁浴气化试验设备的工艺流程系统主要由四部分组成_____、_____、_____、_____。

三、选择题

1. Atgas 法采用的碳酸盐是( )。

A. 碳酸钠   B. 碳酸钾   C. 碳酸钙   D. 碳酸镁

2. AI 熔盐法采用的碳酸盐是( )。

A. 碳酸钠   B. 碳酸钾   C. 碳酸钙   D. 碳酸镁

3. 下列气化法属于熔融床气化法的是( )。

A. 灰团聚气化法   B. 温克勒气化法   C. K—T 气化法   D. AI 熔盐法

4. 下列气化法不属于熔铁床气化法的是( )。

A. Atgas 法   B. 德士古气化法

C. 两段熔铁气化法   D. 日本住友公司熔铁浴气化法

5. 下列气化法属于熔渣床气化法的是( )。

A．Saarberg-Otto 法　　B．德士古气化法

C．温克勒气化法　　D．灰团聚气化法

四、简答题

1．S—O 气化炉结构是什么？每一段具体指什么？

2．与固定床、流化床和气流床相比，熔融盐浴气化法的特点是什么？

五、综合题

画出 Atgas 法熔铁气化炉示意图。

第七章 地下煤气化工艺

第一节 概 述

地下煤气化技术(under ground coal gasification,简称 UCG)也称为煤炭地下气化,是将处于地下的煤炭进行有控制的燃烧,通过对煤的热作用及化学作用而产生可燃气体,多学科开发清洁能源与化工原料的新技术。地下煤气化技术实质是只提取煤中含能组分,将灰渣等污染物留在井下。该技术集建井、采煤、转化工艺为一体,大大减少了煤炭生产和使用过程中所造成的环境破坏,可开采难以开采的急倾斜煤层、薄煤层、深部煤层等,大大提高了煤炭资源的利用率,深受世界各国的重视,被誉为第二代采煤方法。

1888 年著名化学家门捷列夫提出了煤炭地下气化的设想,苏联于 1932 年在顿巴斯建立了世界上第一座有井式气化站。其后经过 60 多年的研究和工业生产,工艺已基本过关,利用产出的煤气发电,生产正常稳定,达到工业生产水平,取得了很好的经济效益和社会效益。

各主要工业国家也都非常重视煤炭地下气化工作,经过几十年的试验和研究,建立了工业化煤炭地下气化站,取得了显著的成果。研究内容包括地下气化基本概念、反应机理、模型计算、工艺过程、现场试验等,从理论到实践,为实现煤炭地下气化这种新型采煤方式提供了广阔的前景。

1979 年联合国世界煤炭远景会议明确指出,发展煤炭地下气化是世界煤炭开采的研究方向之一,是从根本上解决传统开采方法存在的一系列技术和环境问题的重要途径

1958 年到 1962 年,我国先后在大同、皖南、沈北、鹤岗等许多矿区进行过煤炭地下气化试验,生产出可燃煤气。目前在有井式煤炭地下气化技术上,我国处于世界领先地位。

1984 至 1987 年完成了江苏省"七五"攻关项目,通过了省级鉴定,达到了国内领先水平,建立了"长通道大断面气化方式"。1994 年 3 月进行了煤炭地下气化半工业性试验,通过了原煤炭部技术成果鉴定。1996 年开始,唐山刘庄矿五年多的生产实践表明可实现长期生产燃料气。目前在山东、山西的矿区中,有 7 座采用这一技术的地下气化炉在生产燃料煤气供给民用。美、英、法、德、荷兰、波兰等国专家,曾多次到现场考察,给予了充分肯定和高

度评价。

　　"管式注气点周期后退气化方式"实现了对气化工作面的就近控制,使一些以前国外煤炭地下气化难于解决的技术、经济问题得到解决。从1997年到2002年在黑龙江伊兰煤矿、河南鹤壁三矿、新密下庄河煤矿等地进行了6次矿井式气化方式的试验研究,取得了满意结果。欧盟专家多次到现场考察,认为"技术独特,很有商业开发价值"。

　　地下煤气化技术在技术工艺方面,最早采用的是一种地下UCG工艺。它按一定距离向煤层打垂直钻孔,再使孔间煤层形成气化通道。然后通过一个钻孔把煤层点燃,注入空气或氧/蒸汽,煤炭发生热解、还原和氧化等气化反应。蒸汽提供反应所需的氢,并降低反应温度,产生的煤气从另一个钻孔引出。煤气的主要成分是氢气、二氧化碳、一氧化碳、甲烷和蒸汽。

　　通用的煤炭地下气化技术虽已被证实技术和工程上具有可行性,但技术尚不成熟,主要是气化过程很难控制;冒顶可能严重干扰气化过程,地下水进入气化带;烟煤加热膨胀产生塑性变形,会阻塞气化通道,煤气中的固体颗粒和焦炭会堵塞和腐蚀管道。我国陆续开展了相关技术先导试验,地下气化的示范项目也已启动,但一个关键问题就是在制气过程中对地下水的影响不容忽视:首先是气化残留物中的有害有机物和金属污染地下水;其次是气化区会产生地面塌陷,需采取复田等措施;最后是粗煤气净化系统的排放物对环境的影响必须加以处理。

第二节　煤炭地下气化基本原理

　　煤炭地下气化就是将处于地下的煤炭进行有控制的燃烧,通过对煤的热作用及化学作用而产生可燃气体的过程。该过程主要是在地下气化炉的气化通道中实现的,如图7-1所示。

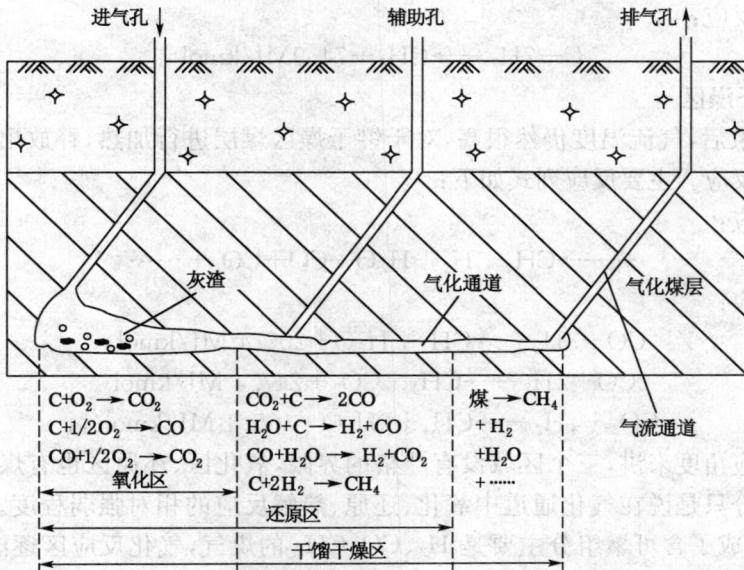

图 7-1　煤炭地下气化原理示意图

一、氧化区

由进气孔鼓入气化剂[空气、O_2 和 $H_2O(g)$]，并在进气侧点燃煤层，气化剂中的 O_2 遇煤燃烧产生 CO_2，并释放大量的反应热。燃烧区称为氧化区。当气流中 O_2 浓度接近于零时，燃烧反应结束，氧化区结束。主要反应列式如下：

氧化反应（燃烧反应）：
$$C + O_2 \longrightarrow CO_2 + 393.8 \text{ MJ/kmol}$$

碳的部分氧化反应（不完全燃烧反应）：
$$2C + O_2 \longrightarrow 2CO + 221.1 \text{ MJ/kmol}$$

CO 氧化反应（CO 燃烧反应）：
$$2CO + O_2 \longrightarrow 2CO_2 + 570.1 \text{ MJ/kmol}$$

二、还原区

氧化区结束后，则进入还原区。氧化区使还原区煤层处于炽热状态，在还原区 CO_2 与炽热的 C 还原成 CO，$H_2O(g)$ 与炽热的 C 还原成 CO、H_2 等。还原反应是吸热反应，使煤层和气流温度逐渐降低，当温度降低到使还原反应程度较弱时，还原区结束。主要反应列式如下：

CO_2 还原反应（发生炉煤气反应）：
$$CO_2 + C \longrightarrow 2CO - 162.4 \text{ MJ/kmol}$$

水蒸气分解反应（水煤气反应）：
$$H_2O + C \longrightarrow H_2 + CO - 131.5 \text{ MJ/kmol}$$

水蒸气分解反应：
$$2H_2O + C \longrightarrow 2H_2 + CO_2 - 90.0 \text{ MJ/kmol}$$

CO 变换反应：
$$CO + H_2O \longrightarrow H_2 + CO_2 + 41.0 \text{ MJ/kmol}$$

碳的加氢反应：
$$C + 2H_2 \longrightarrow CH_4 + 74.9 \text{MJ/kmol}$$

三、干馏干燥区

还原区结束后，气流温度仍然很高，对干馏干燥区煤层进行加热，释放出热解煤气，同时产生甲烷化反应。主要反应列式如下：

煤热解反应：
$$煤 \longrightarrow CH_4 + H_2 + H_2O + CO + CO_2 + \cdots\cdots$$

甲烷化反应：
$$CO + 3H_2 \longrightarrow CH_4 + H_2O + 206.4 \text{ MJ/kmol}$$
$$2CO + 2H_2 \longrightarrow CH_4 + CO_2 + 247.4 \text{ MJ/kmol}$$
$$CO_2 + 4H_2 \longrightarrow CH_4 + 2H_2O + 165.4 \text{ MJ/kmol}$$

从化学反应角度来讲，三个区域没有严格的界限，氧化区、还原区也有煤的热解反应，三个区域的划分只是说在气化通道中氧化、还原、热解反应的相对强弱程度。经过这三个反应区以后，生成了含可燃组分主要是 H_2、CO、CH_4 的煤气，气化反应区逐渐向出气口移动，因而保持了气化反应过程的不断进行。由此可见，可燃气体的产生主要来源于三个方面，即煤的燃烧热解、CO_2 的还原和水蒸气的分解，这三个方面作用的程度，正比于反应区温度和反应比表面积,同时也决定了出口煤气组分和热值。

四、地下气化炉的类型

1. 有井式

有井式气化建炉先从地面开凿井筒,然后在地下开拓平巷,用井筒和平巷把地下煤气发生炉和地面连接起来,在平巷里将煤层点燃,从一个井筒鼓风,通过平巷,由另一个井筒排出煤气。如图 7-2 所示。

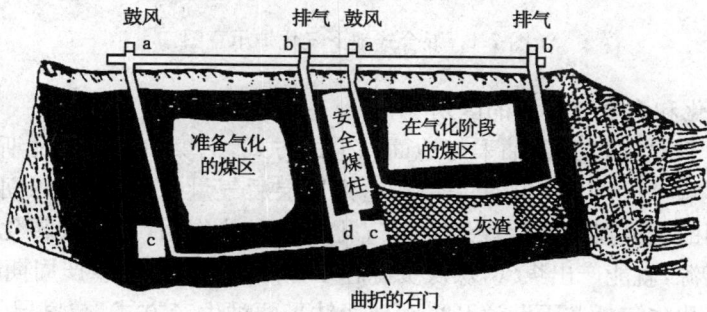

图 7-2　有井式煤炭地下气化示意图

2. 无井式

利用钻孔揭露煤层,并利用特种技术在煤层中建立气化通道而构成的地下煤气发生炉叫无井式地下气化炉。无井式气化炉从进排气点和气化通道相对位置来分可把它们分为几种基本炉型,即 V 型炉、盲孔炉、U 型炉等。如图 7-3 所示。

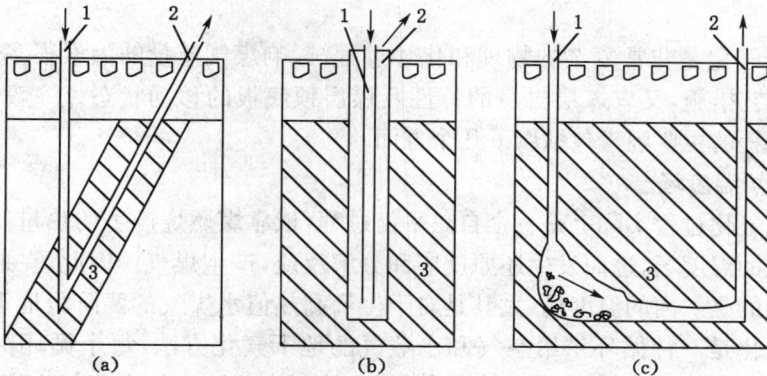

图 7-3　无井式地下气化炉示意图
(a) V 形炉;(b) 盲孔炉;(c) U 形炉
1——进气孔;2——排气孔;3——煤层

3. 混合式

由地面打钻孔揭露煤层或利用井筒铺设管道揭露煤层,人工掘进的煤巷作为气化通道,利用气流通道(人工掘进的煤巷)连接气化通道和钻孔或管道,所构成的气化炉为混合式气化炉。如图 7-4 所示。

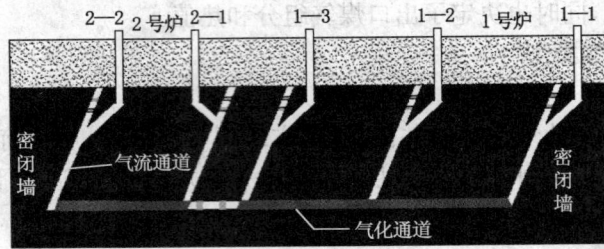

图 7-4　混合式地下气化炉示意图

五、地下气化和煤层气开采的区别

煤层气的开采是通过井下抽采与地面钻采的方式,把煤中吸附的瓦斯抽出,受煤层中瓦斯气存量的影响,风险很大;往往是钻孔达到煤层后气量很少,抽采时间不长就没气了,造成钻孔等费用的巨大损失。而煤炭地下气化是通过热作用,把煤炭转化成煤气采出,只要地下有煤炭资源,就能产出煤气,煤炭资源越多,煤气采出越多,生产周期越长。

煤炭地下气化也包括井下巷道开采和地面钻采两种生产方式,与煤层气的井下抽采相比,地下气化的井下巷道开采工程简单,投资少。在地面钻采方面,地下气化的钻孔直径较大,一般都在 500 mm 以上,从而保证了煤气的大量生产。

另外,通过煤炭地下气化技术,不仅把煤炭转变成了煤气,同时,煤层中原有的瓦斯气也同时被采出,成为煤气中重要组分。

第三节　煤炭地下气化影响因素

煤的地下气化是非常复杂的物理和化学过程,影响煤气质量的因素很多,既有地下气化所采用的工艺措施,又有煤层自身的特性及煤层顶底板的移动状态。一般来讲,影响煤炭地下气化过程的主要因素包括以下几个方面。

一、气化炉温度场

煤炭地下气化过程实际上是一个自热平衡过程,依靠煤燃烧产生的热量使地下气化炉内建立起理想的温度场,进而发生还原反应和分解反应,产生煤气。因此,在地下气化过程中起关键作用的是炉内的温度场,尤其是对于生产高热值水煤气的两阶段地下气化更是如此。两阶段气化是一种循环供给空气和水蒸气的地下气化方法,每个循环由两个阶段组成,第一个阶段为鼓空气燃烧蓄热生产空气煤气,第二个阶段为鼓水蒸气生产地下水煤气,只有第一阶段积蓄足够量的热能以后才能使第二阶段水蒸气的分解反应得以顺利进行,从而产生高热值地下水煤气,同时,煤层热分解的程度以及热解煤气的产量,完全取决于煤层内的温度分布。

二、鼓风速率

气化过程的稳定性主要决定于单位时间内起反应的碳量,又决定于固体碳和二氧化碳的化学反应速度,及二氧化碳向固体碳表面的扩散速度。前者与气化带的温度有关,后者则与送风流的速度(鼓风量)有关。气流运动速度越大,扩散速度也越大,煤的气化强度增加;另外,鼓入风速增加,初级产物一氧化碳的燃烧可以部分避免,而从氧化区带走,从图 7-

5 可以看出,提高鼓风速度可以相应地提高煤气热值。

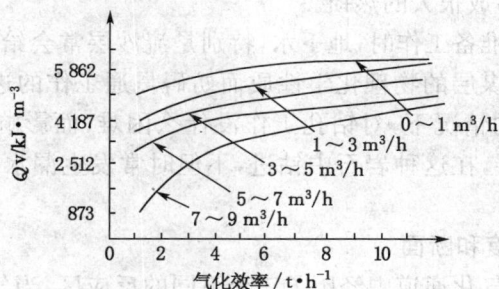

图 7-5　气化效率与煤气热值的关系

煤层中水的涌入速率很难控制,但可通过改变鼓风速率来抑制水涌入所造成的影响。在相同水涌入速率的情况下,鼓风速率越高,气化区温度越高,煤气中水含量越少。

无论在什么条件下,鼓风速率的增加都是有限的,鼓风速率增加时系统压力增大,煤气热值随着鼓风速率的增加而提高,但超过一定数值,煤气热值反而降低,而二氧化碳含量却增加,这说明部分气化产物被燃烧了,所以应选择适宜的流速和压力,以避免煤气的泄漏和一氧化碳被氧化。

一般认为变空气鼓风为富氧鼓风可以大大提高煤气的热值,令人意外的是,CO/CO_2 比率并不随着鼓风中氧含量的增加而有明显的变化。虽然燃烧区的温度由于鼓风中氧含量的增加而升高,但氧的旁路或附加的水蒸气转换 CO 为 CO_2 的反应并不完全。

三、水涌入速率

煤层中水的来源有煤本身的含水量、在热分解中产生的水分、围岩的含水量、地下水的渗入及人为注入的水。

煤气含水量反映出地下水从煤层周围涌入气化区域的速率,水涌入速率是由围岩的渗透率和整段地带的静水压力所决定的。通常条件下,静水压力随时间变化缓慢,基本上是稳定的。判明水涌入的实际轴向分布范围一般比较困难,而其分布情况对煤气组成有很大影响。

气化炉中存在少量的水,对气化过程的进行是有利的,在高温下水被分解,使煤气中富含 CO 和 H_2,同时又能适当降低煤的燃烧温度,从而降低了煤灰的熔融温度,保证了良好的析气条件。如果水涌入量比较大,即超过一定的限度,高温气流的冷却作用及 CO/CO_2 平衡转换占优势,可燃组分相对减少,从而使煤气热值降低,此外,水涌入量增加,容易使孔道内形成水层,堵塞狭窄的气流通道。在煤炭地下气化现场试验过程中,我们一般从两个方面来抑制水涌入的影响:一是适当提高鼓风压力,二是在操作系统中始终保持气化通道足够高的温度,以蒸发所涌入的水,使所有涌入的水均以煤气中的水蒸气或水与煤之间反应物等形式出现。

地下水的存在,直接影响煤层的含水(充水)程度,其对地下煤层贯通和气化影响在于:在贯通时贯通通道的空间小,内部表面不大,只有比较少的地下水进入贯通的通道,影响不大;但在气化通道贯通以后,煤层开始气化,气化的空间迅速增大,因而进入地下煤气炉系统地水量也增大,将严重影响着气化过程的进行。当煤层中的水分含量超过一定限度时,还原带的温度及气化过程遭到强烈的破坏,同时在反应区中燃料的燃烧热分配不当,化学热降低而物理热升高,造成很大的热损。

在进行地下气化的准备工作时,地下水,特别是流沙层常会给打钻工作带来困难,并且常因地下水改变钻孔内煤层的物理化学性质而妨碍贯通工作的进行。据地质钻探方面资料可知:在一般含水量的情况下,对钻孔工作没什么困难,而影响钻孔工作的主要是流沙层,特别是含水的砾岩层,在这种岩石中钻进,不但时常发生漏水现象,而且往往因钻孔壁陷落妨碍钻进。

四、气体通道的长度和断面

可燃气体的产生在气化通道中经历了三个不同的反应区,当气化通道较长时,氧化区、还原区、干馏区均能得到充分的发育,有利于一些可燃气体生成反应的进行,使煤气中的 H_2,CO,CH_4 等成分增加,煤层热值提高。若气化通道过短,只有氧化区和还原区得到发育,干馏区很短或消失,这样煤热解反应减弱,煤气中 CH_4 含量降低,煤气热值降低。因此,建立足够长的气化通道是提高煤气质量必不可少的措施之一。

国内外气化通道长度短、断面小的试验表明,其产量小,地下煤气中可燃组分含量少,热值低。比利时由于加大了气化通道的长度和断面,其煤气质量明显得到改善。我国一改20世纪50年代的建炉模式,采用有井推进式大型炉结构,通道长,断面大,使产品煤气中可燃组分大幅度增高,煤气热值提高。分析其原因,主要包括以下几方面:① 大型炉煤体燃烧后,形成大而稳定的高温场,氧化带和还原带的范围扩大,可燃组分增多,从而使煤气热值提高;② 由于通道长、断面大,所以干馏煤气产量大,CH_4 含量高;③ 因有较长的干馏干燥带,煤气显热大多用于加热煤层,故热效率高;④ 大型炉为两阶段地下气化创造了良好的条件。

但是气化通道亦不可过长,研究表明,过长的气化通道则因煤气被冷却,CO/CO_2 之比率降低,而甲烷在过低温度下生成速率很小,易发生如下反应:

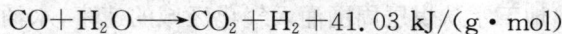

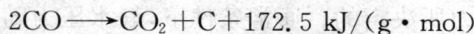

$$CO+H_2O \longrightarrow CO_2+H_2+41.03 \text{ kJ/(g·mol)}$$

$$2CO \longrightarrow CO_2+C+172.5 \text{ kJ/(g·mol)}$$

所以,对于某一特定的气化煤层来说,气化通道应满足各反应区长度的要求。

表 7-1 为世界各国煤炭地下气化对比情况。

表 7-1   世界各国煤炭地下气化对比表

国别	试验地点	年份	通道长度/m	通道断面/m²	煤气组分/%						热值/MJ·m⁻³	产气量/m³·h⁻¹
					O_2	CO_2	CO	H_2	CH_4	N_2		
美国	高尔加斯	1948	12～90	0.7	12.7	6.0	0.5	0.9	0.4	79.5	0.1～1.9	1 870
	高尔加斯	1952	45	0.7	0.6	11.7	7.1	7.6	2.1	70.9	2.7	2 110
	汉纳	1978	62	1.1	0.0	44.0	1.9	25.1	10.1	16.1	8.4	2 040
	汉纳	1979	47	0.6	0.0	15.0	8.0	12.4	2.9	49.0	4.3	1 500
比利时	布阿略达姆	1979	87	1.4	0.07	36.1	18.5	36.1	5.4	0.0	8.5	2 500
	布阿略达姆	1979	101	2.1	0.08	31.8	36.2	31.8	0.7	0.0	9.7	1 950
	布阿略达姆	1979	93	1.6	0.08	17.6	53.3	17.6	0.7	0.0	9.2	2 000

续表 7-1

国别	试验地点	年份	通道长度/m	通道断面/m²	煤气组分/%						热值/MJ·m⁻³	产气量/m³·h⁻¹
					O_2	CO_2	CO	H_2	CH_4	N_2		
苏联	顿巴斯	1952	85	1.4	0.2	12.1	15.9	14.8	1.8	54.8	4.2	3 080
	莫斯科近郊	1956	66	1.5	0.3	19.5	7.1	14.1	1.5	55.9	3.5	2 900
英国	纽门斯平尼	1950	27.5	0.4	0.0	15.5	4.9	7.9	1.0	70.7	2.1	300
中国	徐州新河矿	1994	168	2.6	0.0	15.3	15.7	54.3	10.7	4.1	13.1	3 240
	唐山刘庄	1996	120	3.4	0.0	13.1	12.1	60.4	12.5	1.9	14.2	3 100
	大同胡家湾	1958	32	0.6	0.7	15.8	7.3	15.9	1.2	58.1	3.8	1 270

五、操作压力

在倾斜、缓倾斜或近水平煤层中进行地下气化时,气化剂仅限于在贯通通道内流动,而不能提供有效燃烧气化所需要的大反应表面。实践证明,通过改变操作系统的运作方式,可以得到较大程度的补偿,即通过周期性变化的操作压力可以提高煤气的质量。

模型试验和现场试验均表明,在压力周期变化条件下,流体主要以对流方式传递给煤层热量,这样,一方面对气化反应带前某一距离内的煤层起到预热作用,有利于煤层的燃烧与气化;另一方面增加了热解的产物,且避免了热解气体的燃烧。

Mohtadi(1981)使用无烟煤分别在恒压和周期变化的压力下进行了试验,其结果如表7-2所示。从表7-2可以看出,周期变化压力条件下,热损失减少约60%,热效率和气化效率分别约为恒压时的1.4倍和2倍,产品煤气的热值约提高1倍。由此证明了在压力变化的条件下,气化过程得到了较大程度的改善。

表 7-2　　　　恒定压力和周期变化压力条件对气化过程的影响

	热损失/%	热效率	气化效率/%	煤气热值/MJ/m⁻³
恒定压力	35.78	58.64	38.19	2 208
周期变化压力	12.88	81.80	75.90	4 318

六、煤层厚度

在地下气化过程中,燃烧区和煤气不仅因水的涌入而被冷却,而且其中一部分热量散失到煤层和围岩(底板、顶板等)中去。当煤层厚度小于 2 m 时,围岩的冷却作用剧烈变化对煤气热值影响甚大。对于较薄煤层,增加鼓风速率或富氧鼓风可以提高煤气热值,苏联Lischansk 地下气化站在小于 2 m 的煤层中进行试验时,即采用富氧鼓风。

厚煤层进行地下气化不一定经济,一般以 1.3～3.5 m 厚的煤层进行地下气化比较经济合理。煤层的倾斜度对其气化难易也有影响。一般说来急倾斜煤层易于气化,但开拓、钻孔工作较困难。试验证明,煤层倾角为 35°时,便于进行煤的地下气化。

七、空气动力学条件和气化炉结构

现行的地下煤气发生炉的运转经验表明:在地下气化炉的不同工作阶段,均匀地向煤层反应表面鼓风,是气化炉内稳定析气的主要条件。在气化过程中,气化通道的大小、形状、位置都随着煤层和顶板的冒落而不断发生变化,因此,气化工作面的大小、形状、位置和空气动力学条件也在不断地发生变化,从而影响气化过程的稳定。顺利送风于反应的煤表面,从而保证一定的空气动力学条件是气化过程的稳定基础,因此必须设计结构合理的气化炉,以实现这一目的。

八、煤质对气化的影响

气化反应过程与煤的性质和组成有着密切的关系,又与煤层情况和地质条件有关,如无烟煤由于透气性差,气化活性差,脆性很高,在外力作用下最容易分解,因此一般不适于地下气化;而褐煤最适于地下气化方法,由于褐煤的机械强度差,易风化,难于保存,且水分大,热值低等特点,不宜于矿井开采,而其透气性高,热稳定差,没有黏结性,较易开拓气化通道,故有利于地下气化。

影响气化过程稳定性的因素还有许多,如围岩受热变形、塌裂、扩展的影响,煤质煤层赋存条件的影响等。这些因素对气化盘区的选择和气化炉的建立过程影响较大,对于气化过程控制煤气成分和热值的影响不大。煤层顶底板岩石的性质和结构对地下气化有重要影响,要求临近岩层完全覆盖气化煤层。当气化过程进行到一定程度时顶板往往在热力、重力和压力的作用下破碎而垮落,造成煤气大量泄漏,影响到气化过程的有效性和经济性。

综上所述,气化炉温度场、鼓风速率、气化通道长度、煤层涌水量是影响气化过程稳定性的主要因素。

第四节　国内外煤炭地下气化技术的发展

1868 年,德国科学家威廉·西蒙斯首先提出了煤炭地下气化(UCG)的概念。1888 年,俄罗斯化学家门捷列夫提出了地下气化的基本工艺。1907 年,通过钻孔向点燃的煤层注入空气和蒸汽的 UCG 技术在英国取得专利权。1933 年,苏联开始进行 UCG 现场试验。1940~1961 年建成 5 个试验性气化站。其中规模较大的是俄罗斯的南阿宾斯克气化站和乌兹别克斯坦的安格连斯克气化站。这 2 个气化站都采用无井(筒)气化工艺。苏联的试验性气化站,生产的煤气热值低,产量不稳定,成本高。1977 年,安格连斯克等气化站被关闭。南阿宾斯克气化站气化烟煤,到 1991 年累计产气 90 亿 m^3,煤气平均热值 3.82 MJ/m^3。安格连斯克气化站气化褐煤,1987 年恢复运行,生产低热值燃料气供发电。

20 世纪 50 年代,美、英、日、波、捷等国也都进行 UCG 试验,但成效不大。到 50 年代末都停止了试验。70~80 年代,除苏联外,美国、德国、比利时、英国、法国、波兰、捷克、日本等国都进行试验。

美国 UCG 研究试验投入大量资金。劳伦斯·利弗莫尔、桑迪亚国家实验室等研究机构,应用高技术进行 UCG 的实验室研究和现场试验。到 20 世纪 80 年代中期,共进行 29 次现场试验,累计气化煤炭近 4 万 t,煤气最高热值达 14 MJ/m^3。劳伦斯·利弗莫尔国家实验室开发成功的受控注入点后退(CRIP)气化新工艺,是 UCG 技术的一项重大突破,使美国 UCG 技术居世界领先地位。美国 UCG 试验,证实了 UCG 的技术可行性,但产气成本远高于天然气,据美国能源部 1986 年评估报告,地下气化成本为 4.8 美元/MBtu,而天然气井口价仅 1.7 美元/MBtu(1989 年,1 MBtu=28 m^3 天然气),汉那商业性地下气化站设计预估成本高达 10.4 美元/MBtu。

西欧国家(英国、德国、法国、比利时、荷兰、西班牙)深度 1 000 m 以下和北海海底煤炭储量很大。石油危机后,这些国家试图采用 UCG 技术从不能用常规方法开采的深部煤层取得国产能源。1976 年,比利时和西德签署了共同进行深部煤层地下气化试验的协议,1979 年在比利时成立了地下气化研究所,进行 UCG 实验室研究和现场试验。1978~1987 年,在比利时的图林进行现场试验。气化煤层厚 2 m,倾角 15°,深 860 m。第一阶段采用反向燃烧法,试验失败。后来采用小半径定向钻孔和 CRIP 工艺,试验基本成功。1988 年,6 个欧盟成员国组成欧洲煤炭地下气化工作组,进行验证深部煤层地下气化可行性的商业规模示范。1991 年 10 月到 1998 年 12 月,在西班牙特鲁埃尔进行现场试验。气化煤层厚 2 m,深 500~700 m,采用定向钻孔和 CRIP 工艺。

除上述国家外,计划进行 UCG 试验或建设气化站的国家有:印度、巴西、泰国、保加利亚、新西兰。

一、国外技术发展

1. 早期的有井(筒)式气化工艺

UCG 试验采用有井(筒)式工艺,需要开凿井筒、掘进巷道,或利用老矿的井巷。这违背了地下气化的基本宗旨是避免井下开采作业的初衷,而且准备工作量大,产气量小。1935 年以后,发展无井(筒)式工艺,即从地面向煤层钻孔。过去 50 年,国外所有 UCG 试验和可行性研究都采用无井(筒)式工艺。

2. UCG 描述

最简单的 UCG 工艺是按一定距离向煤层打垂直钻孔,再使孔间煤层形成气化通道。然后通过一个钻孔把煤层点燃,注入空气或氧/蒸汽,煤炭发生热解、还原和氧化等气化反应。蒸汽提供反应所需的氢,并降低反应温度。产生的煤气从另一个钻孔引出,煤气的主要成分是 H_2、CO_2、CO、CH_4 和蒸汽,各种组分的比例取决于煤种、气化剂和气化效率。注入空气和蒸汽产生低热值煤气($3.9 \sim 6.3 \ MJ/m^3$);注入氧和蒸汽可得中热值煤气($8.2 \sim 11.0 \ MJ/m^3$)。低热值煤气可就地发电或做工业燃料;中热值煤气可作为燃料气或化工原料气,原料气可转化成汽油、柴油、甲醇、合成氨和合成天然气等产品。UCG 的关键技术问题是连续钻孔的方法,即贯通技术、煤层勘测和气化过程的控制。

3. 贯通技术

迄今已试验 5 种贯通方法:电力贯通,爆炸破碎,水力压裂,反向燃烧,定向钻孔。只有后两种方法证明是可行的。

(1) 电力贯通。这是早期采用的方法,因煤层电阻大、耗电太多而效果不好,早已淘汰。

(2) 爆炸破碎法。20 世纪 70 年代,美国试验爆炸破碎法,未能使煤层产生足够的渗透性,而且难以控制。

(3) 水力压裂。水力压裂是从钻孔向煤层注入带支撑剂(砂子等)的高压水,使煤层压裂,排水后砂子留在煤层裂隙中,从而提高煤层渗透性。美国、法国、比利时、德国等都曾进行水力压裂试验,均以失败告终。1980 年法国进行水力压裂试验,煤层深 1 170 m,压力达 750 bar,结果水砂倒流,发生堵塞。

(4) 反向燃烧。反向燃烧是从甲孔点火,从乙孔鼓风,燃烧面的推进方向与气流方向相反,煤气从甲孔引出。美国 ARCO 煤炭公司在吉利特附近进行试验,煤层厚 34 m,深 213 m,为次烟煤。注入空气,煤气热值达 $7.9 \ MJ/m^3$。

（5）定向钻孔。定向钻孔是石油工业开发的一种钻井新技术，它是从地面打垂直钻孔，钻到一定深度后，钻孔可以拐弯，变成水平方向钻进，形成水平孔。定向钻孔有两种方法：一是逐渐拐弯，一般每 30 m 拐 3°~6°，不需特制的钻具，曲率半径约 500 m。另一种是小半径拐弯钻进，需采用挠性钻具和孔内导向装置，曲率半径可小到 15 m。英国采用天然伽马射线传感器导向，在厚度和倾角变化的煤层中进行定向钻孔试验，水平孔长达 500 m。比一德地下气化研究所在比利时图林大深度煤层 UCG 试验中，采用垂直钻孔、逐渐弯钻孔和小半径拐弯钻孔相结合的设计方案。

此方案可用一个逐渐拐弯钻孔连接若干垂直钻孔，在气化几个煤层时尤其方便，而且垂直孔与层内水平孔的交接比较精确，两者距离可控制在小于煤层厚度的范围内。英国设想用定向钻孔技术气化北海海底煤层，水深 25~130 m，煤层厚 12 m，从地面或近海钻井平台打定向钻孔。

4. 煤层勘测和模型研究

待气化煤层的精细勘测和气化反应带的预测和监测，是 UCG 能否成功的关键要素。在煤层勘测方面，已采用钻孔温差电偶、孔间地震仪等进行三维精细勘测。在地面用电阻率方法进行勘测也能取得良好效果，而且成本较低，有效深度约 1 000 m。深部煤层用高频电磁波进行勘测，已证明是一种有效而经济的方法。

目前，UCG 试验通常都采用计算机模型模拟气化过程，已开发出多种模型。应用这些模型，有可能相当精确地模拟气化反应过程，预测能够气化的煤量、煤气的产量和质量，以及生产成本。美国能源国际公司采用 UCG 经济性模型和现场试验数据，对拟建的汉那商业性气化站设计方案的经济性进行了预测和优化。

5. 气化过程控制

UCG 是受多种因素影响的复杂的物理化学过程，难以控制。主要影响因素包括煤层地质条件，煤质特征，涌水量，矿山压力，气化剂及其注入压力和流量等。

气化过程控制的主要问题是冒落矸石对气流的影响，以及气化效率随气化带的推进而降低。美国在地下气化机理和气化过程方面进行了大量的研究开发工作，包括气化过程监测、自控和遥感技术，应用声学、地震学和电子技术，取得化学、热力学和地质学等方面的数据。

6. 环境影响评价及防治技术

美国和欧盟重视 UCG 对健康和环境影响的评价以及防治技术的研究。主要问题是气化区地面塌陷，地下水污染，煤气净化系统排放物对环境的影响。

美国能源部对 20 世纪 70 年代末进行试验的地下气化站对健康和环境的影响进行了专项评估，对气化站附近地下水中的异丙基苯含量进行了测量，并采用生物技术（需氧菌群）进行分解苯的示范试验，结果地下水中的苯含量下降 80%。

二、美国的 CRIP 气化工艺

美国劳伦斯·利弗莫尔国家实验室 1976 年开始研究 UCG，在模拟研究和实验室研究的基础上，1976~1979 年在吉利特附近进行了 6 次现场试验，先后采用爆炸破碎、反向燃烧和定向钻孔贯通技术，注入空气和氧/蒸汽。这些试验除爆炸破碎效果不佳外，煤气热值都超过 4 MJ/m³，最高达 10.3 MJ/m³，但都出现冒顶、漏气和水流入等问题。为解决这些问题，提高气化效率，该实验室研究开发出受控注入点后退气化工艺（CRIP）。这种新工艺把定向钻进和反向燃烧结合在一起,定向钻孔先打垂直注入孔和产气孔,到达煤层后,从注入孔沿煤层底板继续打水平孔,直到与产气孔底部相交,然后在钻孔中下套管。开始气化时,用移动点火器在靠近产气孔的第一个注入点烧掉一段套管,并点燃煤体,燃烧空穴不断扩展,一直烧到煤层顶板,待顶板开始塌落时,注入点后退相当于一个空穴宽度的距离,再用点火器烧掉一段套管,形成新的燃烧带。如此逐段向垂直注入孔推进。

1983 年,美国在华盛顿州森特雷利亚附近的韦特柯煤矿进行首次全规模现场试验。气化煤层厚 11 m,气化上部的 6 m,煤质为高灰分(20%)、低渗透性次烟煤。试验历时 30 天,开始注入空气和蒸汽,第 14 天注入氧和蒸汽,气化煤量为 1 814 t,煤气热值 9.5 MJ/m³。CRIP 工艺的最大优点是气化过程能够有效地得到控制。因为水平注入孔位于煤层底部,气化过程在受控条件下由注入点后退逐段进行。这一特点使它特别适用于大深度煤层和特厚煤层。气化大深度煤层时,一个产气孔可连接一组垂直注入孔,煤气可通过已烧过的空穴流动,解决了在极高的岩层压力下保持通道的问题。气化厚煤层时,当空穴扩大并发生大冒顶时,可保持垂直注入孔的完整性。CRIP 工艺的另一个突出优点是产气量大,还有可能回收因发生大冒顶从旁路逸出的煤气。CRIP 工艺的主要缺点是点火操作比较复杂。CRIP 工艺在美国试验成功以后,国外所有地下气化试验或可行性研究项目都采用这种新工艺。

三、国外重要 UCG 项目

国外 UCG 试验和商业性示范项目主要有苏联的南阿宾斯克气化站,美国的汉那、罗林斯和森特雷利亚气化试验,以及比利时的图林和西班牙的特鲁埃尔气化试验。

1. 苏联南阿宾斯克气化站

南阿宾斯克气化站位于苏联库兹巴斯矿区。煤层厚 2~9 m,倾角 55°~70°,深 50~300 m,煤种为气肥煤。1955 年建成试验性气化站,设计年产气能力 5 亿 m³,采用井(筒)气化工艺。到 1991 年累计气化煤炭 3 Mt,产气 90 亿 m³,煤气平均热值 3.82 MJ/m³(1 600 kcal/m³)。煤气供附近 12 个工矿企业用做燃料。

2. 美国汉那地下气化试验

1972~1979 年,美国能源部拉勒米能源技术中心在汉那附近进行地下气化试验。气化煤层为次烟煤,厚 9 m,深 49~122 m。首次采用反向燃烧法,注空气,气化煤炭 15 741 t,煤气热值 4.0~6.6 MJ/m³。1987~1988 年,劳伦斯·利弗莫尔国家实验室采用 CRIP 工艺在汉那进行试验,获得成功。

3. 美国罗林斯地下气化试验

1979~1981 年,Gulf 研究与发展公司在罗林斯附近的一个急倾斜煤层进行地下气化试验。气化煤层厚 7 m,倾角 63°,深 30 m,煤种为次烟煤,钻孔贯通。试验分 3 个阶段进行。第一阶段注空气,煤气热值 5.9 MJ/m³。第二阶段注氧气,煤气热值 9.8 MJ/m³。第一、第二阶段的注入压力为 485~795 kPa。第三阶段注氧气,最大压力提高到 1 100 kPa,煤气热值 12.9 MJ/m³,有 19 天平均达 14 MJ/m³。累计气化煤炭 7 766 t。这是美国最成功的一次地下气化试验。

4. 美国森特雷利亚地下气化试验

1983 年,劳伦斯·利弗莫尔国家实验室在华盛顿州森特雷利亚附近进行地下气化试验。气化煤层厚 11 m,气化上部 6 m,煤层深 75 m。采用 CRIP 工艺,运行 30 天,气化煤炭

13 315 t,煤气热值 9.5 MJ/m³。

5. 比利时图林煤炭地下气化试验

这是比利时和德国深部煤层地下气化试验合作项目。试验地点在比利时波利纳日煤田的图林。气化煤层厚 4 m,深 860 m,煤种为瘦煤。1978～1980 年打了 4 个钻孔,呈星形布置,2 号孔居中,1、3、4 号孔沿圆周布置,与 2 号孔相距 35 m。第一阶段采用反向燃烧法进行贯通试验,由 1 号孔注入高压空气(最大压力 260 bar)。由于地层压力高达 200 bar,煤层刚被烧通,周围煤体即在高压作用下产生蠕动,将通道封死,注入孔底附近的煤层发生自燃,试验失败。

1983 年改用小曲率半径定向钻进技术进行贯通试验。采用多节挠性钻管,依靠钻孔中的导向装置导向,使垂直注入孔逐渐转向,进入煤层中继续钻进,钻到距垂直生产孔 2～4 m 处停止,用 175 bar 高压水打通,完成贯通。曲率半径仅 15 m。1986 年定向钻孔顺利完成。气化试验采用美国的 CRIP 工艺。为适应深部煤层,对此工艺进行了一些修改。从垂直注入孔下套管,在套管中用 350 bar 压力推入蛇管。蛇管内装有 3 根热电偶电线和 2 根可燃的空心管,一根空心管用来输氧,另一根空心管用来输送三乙基硼和甲烷。蛇管端部固定点火器。气化时,通过热电偶点火,使钢管和蛇管一起反向燃烧,第一段烧掉 11 m,然后以 80 bar 压力、7 000 m³/h 流量注入空气,待气化约 10 t 煤以后,压力降至 20～30 bar。第二段和第三段再从注入点分别后退 11 m,第二段注入 40%氧气、30%二氧化碳和 40%氮气混合气体,第三段注入 40%氧气、60%二氧化碳混合气体,压力均为 25 bar,流量 2 000 m³/h。最后阶段以 25 bar 压力、10 000 m³/h 流量注入空气,若温度太高,注入 1 200 m³/h 的氮气。气化剂采用氧气和二氧化碳,不用蒸汽。因为蒸汽要在 250 ℃下输送,成本高,而且在到达气化带前会因岩层的热交换而冷凝。采用氧气和二氧化碳注入孔不用绝热,孔径可减少 35%。

6. 西班牙特鲁埃尔煤炭地下气化试验

1988 年,6 个欧盟成员国组成欧洲煤炭地下气化工作组,进行验证欧洲典型煤层地下气化可行性的商业规模示范。项目选定西班牙特鲁埃尔矿区中等深度煤层进行现场试验。

该项目实施时间 7 年零 3 个月,从 1991 年 10 月到 1998 年 12 月。气化煤层为次烟煤,厚约 2 m,深 500～700 m,硫分高达 7.26%。采用 CRIP 工艺。用潜孔钻机进行小半径定向钻进,注入孔和生产孔相距 150 m,注入管和点火器与图林项目基本相同,在地面用特制的滚筒使其在注入孔内移位。气化试验从 1997 年 6 月 30 日开始,共进行 3 次(即注入点后退 3 次),到 10 月 6 日结束。气化剂为氧和水。气化过程对气化剂流量、产气孔压力、煤气流量和组分等进行监测和分析。根据参与气化的元素质量平衡测量气化煤量、煤气损失量和地下水涌入量,用示踪气体氦监测煤层空穴的扩展动态。

气化试验完成后,在地面钻孔并取芯,勘测气化空穴的形状和气化残留物。对气化区周围地下水中的污染物以及煤气输送管道的腐蚀进行取样分析。

试验结果表明:定向钻孔适于建立气化通道,CRIP 工艺效果良好,运行顺利;煤气产出率随注氧量增加而增大,反应灵敏,因此有可能使气化过程暂停几天时间,这对发电很有利;煤气热值达 10.9 MJ/m³,与地面气化相当,约为天然气的 1/3;煤炭地下气化的环境影响应引起重视。

这次试验解决了一系列技术问题。如果现有的技术问题得以解决,并证明经济合理,煤炭地下气化可在 10~15 年内实现商业化,这是欧洲利用自有煤炭资源发电的战略选择。此外,欧洲地下气化技术还有良好的出口前景,包括钻井、完井所用特种钢,气化工程技术等。

四、国内煤炭地下气化技术

我国于 20 世纪 50 年代在学习苏联煤炭地下气化技术的基础上,开始了煤炭地下气化技术的研究。1958 年到 1962 年,我国先后在大同、皖南等许多矿区进行过自然条件下煤炭地下气化的试验,取得了一定的成就。鹤岗地下气化试验是在 1960 年进行的,首先是用电贯通方法建立一个 10 m 的通道,然后通过火力渗透,建立一个 20 m 的通道(包括电贯通的 10 m),并连续采用此通道气化 20 余天,生产出可燃煤气,但受当时技术、经济条件的限制,未能将这一工作坚持下去。80 年代后,中国矿业大学针对我国能源供应紧张,矿井遗弃煤炭资源多,传统的煤炭资源开采、运输、使用过程中环境污染较大的特点,提出了利用煤炭地下气化技术开采我国传统煤炭开采技术难以开采或开采经济性、安全性差的煤层的技术路线,并成立了煤炭工业地下气化工程研究中心,开始对无井式、有井式地下气化进行深入的研究,建立了具有世界先进水平的炭地下气化实验室。通过多年的基础研究、实验室研究、国际合作研究,首创了"长通道、大断面、两阶段"煤炭地下气化新工艺,先后完成了完成了江苏省"七五"攻关项目——徐州马庄矿煤炭地下气化试验、国家"八五"重点科技攻关项目——徐州新河二号井煤炭地下气化半工业性试验、河北省重点科技攻关项目——唐山刘庄煤矿煤炭地下气化工业性试验和山东新汶孙村煤矿煤炭地下气化技术研究与应用项目,并进行了民用及内燃机发电。2002 年承担了国家高技术研究发展计划(863 计划)——煤炭地下气化稳定控制技术的研究,对不同煤种(褐煤、烟煤、无烟煤)、不同厚度(薄煤层、中厚煤层、厚煤层)、不同倾角(近水平、缓倾斜、急倾斜)的煤层进行了试验研究。在此基础上申请了 5 项国家专利,并在山东新汶、肥城、山西昔阳等地建立了 6 座工业化应用地下气化站。

五、煤炭地下气化技术的发展趋势

(1) 发展 UCG 的基本宗旨。开发利用本土能源资源,从根本上杜绝矿井伤亡事故以及减少煤炭开采和利用对环境的损害,是各国发展 UCG 共同追求的目标。最初提出 UCG 的一个根本出发点,就是使煤炭直接在地下转化成气体燃料,完全取消井下作业,从根本上杜绝矿井伤亡事故和井下作业导致的职业病。

因此,虽然早期的 UCG 试验曾采用有井(筒)式工艺,但 1935 年以后就开始发展无井(筒)式工艺。过去 60 多年国外所有 UCG 试验和可行性研究,都采用无井(筒)工艺路线。经济合作与发展组织/国际能源机构(OECP/IEA)1999 年出版的《非常规开采》认为:有井(筒)式工艺违背了 UCG 避免井下作业的初衷,采用油气工艺的定向钻进技术解决了气化通道的贯通问题。

(2) UCG 不能替代常规采煤方法。国外普遍的看法是 UCG 不能替代常规采煤方法,只可用来开采常规方法不可采或开采不经济的煤层,包括大深度煤层、高灰高硫劣质煤、急倾斜煤层和薄煤层,以作为提供洁净能源的一种可供选择的途径。

(3) UCG 煤气有多种用途。气化过程注入空气和蒸汽,生产低热值煤气(3.9~6.3 MJ/m^3),可就地发电或用做工艺燃料。注入氧和蒸汽可得中热值煤气(8.2~11.0

MJ/m^3),可用做燃料气或化工原料气,原料气可转化成汽油、柴油、甲醇、合成氨和合成天然气等产品。

(4) UCG 是一项涉及多种学科的高技术。多项高新技术的应用,是欧美国家 UCG 研究试验取得重大进展的关键。这些技术包括:应用声学、地质学、地震学、化学、热力学和电子技术,研究地下气化机理;UCG 计算机模型,模拟气化过程,测算煤气产量和质量、生产成本;待气化煤层的精细勘探、三维勘测技术;气化过程自动监测和控制技术;耐高温、抗腐蚀特种合金钢管和特种泥浆;适于 UCG 的先进燃气—蒸汽联合循环发电技术;UCG 环境监测和防治技术。

(5) UCG 技术尚不成熟。UCG 虽已证实技术和工程可行性,但技术尚不成熟,存在一系列有待解决的问题,主要是气化过程很难控制;冒顶可能严重干扰气化过程,地下水进入气化带;烟煤加热膨胀产生塑性变形,会阻塞气化通道,煤气中的固体颗粒和焦炭会堵塞和腐蚀管道。

(6) 目前没有发展新一代 UCG 技术的研究开发活动。定向钻孔和 CRIP 气化工艺是 UCG 技术的重大突破。但是国外近年 UCG 技术的研究开发活动,致力于改进现有工艺和设备,解决气化和环保等方面的技术问题,没有发展新一代 UCG 技术的研究计划。

(7) UCG 要解决一系列环境问题。UCG 的优点是不排放矸石,粗煤气经净化处理后成为一种洁净的燃料。但 UCG 对环境的损害也是尚待解决的一个重大问题,美国能源部把解决环境问题作为 UCG 商业化的前提条件。首先是气化残留物中的有害有机物和金属污染地下水。其次是气化区会产生地面塌陷,需采取复田等措施。第三是粗煤气净化系统的排放物对环境的影响,必须加以处理。

(8) 需要国际合作。UCG 技术研究开发和示范是高投入高风险大型项目,加强国际合作对促进其商业化是十分重要的。西班牙深部煤层地下气化试验是一个高难度项目,也是 20 世纪 90 年代国外唯一的大型 UCG 试验项目,技术上取得了重大进展,这是持续 20 年的国际合作的成果。这次试验的成功,增强了欧盟成员国深部煤层地下气化商业化的信心,并使欧盟在这一高技术领域的国际竞争中处于有利地位,为出口相关技术提供了机会。

(9) UCG 的前景不明朗。预测 UCG 商业化的前景是困难的。国外大多数专家仍把它看做长期的目标,关键在于能否和何时解决技术上存在的问题(包括气化工艺和环境损害防治),以及何时能够同石油天然气相竞争,政府的政策也是一个重要因素。因此,各国的情况是不同的。欧盟煤炭地下气化工作组 1999 年的报告认为,若能解决现存的技术问题而且经济上可行,UCG 有可能在 10～15 年内实现商业化。

第五节　煤气综合利用前景

与地面气化煤气相比,地下气化煤气具有成本低、质量优等优点,而合理利用地下气化煤气,是进一步提高煤炭地下气化经济效益的重要途径。根据煤气成分和应用条件,地下气化煤气可用于联合循环发电、提取纯 H_2,以及用做化工原料气、工业燃料气、城市民用煤气等。

一、化工合成联产

煤气化是煤炭转化的重要形式之一,它在各类生产过程中起着承前启后的作用。煤制化工合成原料气在煤化工中有着重要的地位。国内外正在把煤化工发展成为以煤炭气化为基础的碳一化学工业,使煤化工由能源型转向化工型。煤气化制得的合成气($CO+H_2$)用做化学工业的基本原料,在与石油化工的竞争中不断发展和提高。但煤化工要与石油化工和以天然气为原料的化工合成相竞争,必须有能耗低、投资小的气化技术为基础。而煤炭地下气化技术正是具有这样的特点,通过煤炭地下气化生产合成气,可以充分发挥煤炭地下气化的技术优势,为煤化工的发展提供新的扩展空间。

在利用地下气化煤气合成化学产品的工艺流程中,原料煤无需处理,煤气出口温度一般较低,使整个合成路线趋于简化。但大部分煤种气化后甲烷含量较高,需要经过富集及变换处理,使之转化为有效组分。由于不同煤层赋存条件、不同煤种和不同的地下气化工艺,地下气化煤气的组成有一定差别,因此在工业生产中,需要根据具体情况调整工艺参数,优化工艺流程,保证地下气化煤气中一氧化碳和氢气的含量,且使其比例符合具体的化工合成要求。

1. 合成氨

合成氨是一项成熟的煤气化及化工合成联产项目。但传统的煤气化工艺普遍采用常压固定床间歇气化法,成本高,技术落后,企业效益差,急待改造。20世纪70年代以来,我国先后引进了鲁奇炉、德士古炉、U—gas炉,但这些目前较先进的气化技术又存在着投资大、运行费用高等缺点,导致氨及后续化工产品缺乏市场竞争力。若采用煤炭地下气化提供合成氨原料气,则可使产品成本大大降低。昔阳煤炭地下气化暨合成氨联产示范工程的现场试验表明,采用富氧—水蒸气作为气化剂,可以获得合格的合成氨原料气[(H_2+CO)在60%左右]。

2. 合成二甲醚

二甲醚(DEM)作为21世纪的世界清洁能源已引起人们的普遍关注。DEM由于其许多独特的性质,在制药、燃料、农药等化学工业中有许多独特的用途。它可以替代氟利昂用做汽溶胶喷射剂和制冷剂;高浓度的二甲醚可用做麻醉剂,也可以作为化工和燃料电池的原料。此外,二甲醚还可作为优质的民用燃料及车用燃料。随着工业和科学技术的发展,DEM的用途越来越广泛,需求量也越来越大。新型的一步法合成二甲醚法可以显著降低生产成本,使其在市场中具有竞争性。

二甲醚合成气要求H_2与CO的比例为1.5∶2,水煤气消耗定额为4 500 m^3/t二甲醚。地下气化模型实验表明,采用富氧—水蒸气气化工艺,可以提供廉价的合成气,为煤炭转化及二甲醚合成开创新的途径。

3. 合成油

以气体原料合成油技术(煤的间接液化)在世界许多国家都已经进行了工业化生产,合成工艺包括F—T直接合成及Mobil工艺通过甲醇间接合成。其中的地面煤气化通常采用鲁奇炉或温克勒法。采用煤炭地下气化工艺只需将合成气的供给由地面气化变为地下气化,而其他成熟技术都可以保持不变。表7-3给出了几种以纯氧—水蒸气为气化剂的煤炭气化方法所得煤气的组成比较。可以看出,地下气化煤气从组成上与鲁奇炉加压气化法及其他先进气化工艺所产煤气有效成分相当,因而可以作为合成油原料气应用于生产。

表 7-3 几种以纯氧—水蒸气为气化剂的煤炭气化方法的比较

	Lurgi	K—T	Texaco	KRW	HTW	Shell	UCG 水煤气
CO	15.2	62.2	49.2	43.2	53.0	61.5	46.7
H_2	42.1	26.8	35.7	31.3	33.7	30.6	24.5
CO_2	30.9	8.7	12.2	17.5	9.0	1.7	18.8
CH_4	9.4	—	0.4	5.8	3.1	—	9.01
N_2	0.3	1.3	1.0	1.2	0.8	4.8	0.9

二、提取纯氢

氢能源是替代现有能源的一种绿色能源。氢能源燃烧后只生成水,对环境没有污染,且不影响大气中 CO_2 的循环。目前,氢气已被广泛应用于石油化工、电子工业、冶金工业及用做高能燃料等。基于燃料电池的氢能发电及民用是氢气的未来市场。

氢气的生产方法包活电解水制氢、石油裂解制氢等,但均具有规模小、成本高等缺点,而目前尚无大规模廉价制氢的方法。两阶段煤炭地下气化的产品主要是高含氢量的地下水煤气,其氢含量达 50% 以上,可用于提取不同纯度的氢。表 7-4 给出了新河两阶段地下气化试验所得水煤气组分表。地下水煤气与其他能源燃料的氢碳比比较如表 7-5 所示。与现有的制氢技术相比,地下气化制氢具有成本低(氢气成本仅为 0.5 元/m³)、质量优、可规模化生产等优点。因此,煤炭地下气化制氢将形成新的以氢为载能体的绿色能源系统。

表 7-4 新河二号井水煤气组分、热值及产量

序号	煤气组分/%					煤气热值	煤气流量
	H_2	CO	CH_4	CO_2	N_2	MJ/m³	/m³·h⁻¹
1	58.29	8.59	9.28	19.63	4.21	12.22	1 920
2	58.38	10.35	14.32	13.38	3.57	14.45	1 400
3	57.10	11.66	14.89	13.85	2.50	14.70	1 500
4	62.07	14.43	10.13	11.07	2.30	13.78	1 650
5	54.25	15.72	10.65	15.26	4.12	13.14	1 810
6	64.07	11.31	9.94	11.13	3.55	13.57	1 900
7	60.42	16.57	9.54	12.52	0.95	13.61	1 550
8	64.63	12.47	9.65	11.70	1.55	13.69	1 850

表 7-5 各种能源燃料的氢碳摩尔比

	煤	石油	天然气	地下水煤气
H∶C	0.86∶1	1.76∶1	3.71∶1	4.76∶1

三、地下气化煤气联合循环发电

地下气化煤气用于燃气—蒸汽联合循环发电是合理使用地下气化煤气热能的有效途径。自 20 世纪 50 年代实现燃气—蒸汽联合循环发电方案以来,联合循环获得了突飞

猛进的发展,特别是近年来,发展的趋势更加明显。它使用天然气做燃料时联合循环的供电效率已经达到 55%～60%,远远领先于其他任何形式的发电设备,并能装备成为承担基本负荷的大功率电站,加上这种设备的投资费用比较低,设备简单,占地面积小,建设周期短,因而更加具有广泛使用的潜力。不过目前这种联合循环的主要燃料为石油产品和天然气,加有小部分煤气,而煤气联合循环发电则是 21 世纪煤炭洁净利用的主要方向之一。整体煤气化燃气—蒸汽联合循环发电(简称 IGCC)是在 20 世纪 70 年代西方国家石油危机时期开始研究的一种洁净煤发电技术,其技术要领和路线是:使煤在气化炉中气化成为中热值或低热值煤气,然后通过处理,把粗煤气中的灰分、含硫化合物(主要是 H_2S 和 COS)等有害物质除净,供到燃气—蒸汽联合循环中去做功,借以达到以煤代油(或天然气)的目的,这样,就能间接地实现在供电效率很高的燃气—蒸汽联合循环中燃用固体燃料煤的愿望。

煤炭地下气化产生煤气发电,在俄罗斯已应用近 50 年,先后在莫斯科近郊等煤田建立 5 座地下气化站,生产低热值煤气用来烧锅炉或发电,积累了丰富的经验。而我国使用煤气发电则始于 20 世纪 90 年代,铁岭焦化厂等使用由航空发动机改型燃气轮机用焦炉煤气发电。1997 年 11 月,世界首台低热值煤气发电设备在上海宝山钢铁厂自备电站投入运行,该机组装机容量为 150 MW,目前运行状况良好。另外其他一些钢铁厂也正准备利用高炉煤气发电,某些焦化厂也准备使用焦炉煤气发电。

从燃气轮机情况看,生产燃气轮机的公司有 GE 公司、ABB、西门子、三菱公司等企业,目前我国南京汽轮机厂、上海汽轮机厂已与 GE 公司等开始合作生产燃气轮机。

从目前地下气化煤气的生产状况来看,低热值空气煤气的生产最为普遍,但其应用很受局限。因此,采用富氧—水蒸气气化工艺生产中热值煤气用于燃气轮机发电是地下气化煤气发电应用的必然途径。

由于燃气轮机属于高技术、高精密设备,为保证其使用寿命,对煤气的净化度要求比较苛刻,同时希望煤气供应量和煤气组成稳定,含水量低。表 7-6 为一般燃气轮机对煤气中杂质的要求。

表 7-6　　　　　　　　　　**燃气轮机对煤气中杂质含量的要求**

项目	含尘量	含硫量	碱金属含量	卤化物
单位	ppmw	ppmw	(Na+K),ppbm	(HCL+HF),ppmw
数值	<6	<50	<80	<2.45

四、经济效益分析

美国专家曾对煤气化及利用过程进行经济分析后指出,地下气化与地面气化生产相同下游产品相比成本可下降:① 生产合成气为 43%;② 生产天然气代用品为 10%～18%;③ 发电为 27%。据前苏联列宁格勒火力发电设计院计算,地下气化热力电厂与燃煤电厂相比:① 厂房空间可减少 50%;② 锅炉金属耗量可降低 30%;③ 运行人数可减少 37%。

表 7-7 是地下气化与地面气化投资和成本比较表,表 7-8 给出了分别以地下气化煤气和地面气化煤气为气源合成甲醇(合成油的中间产品)的成本比较。

表 7-7　　　　　　　　　　　地下气化和地面气化投资与成本比较

项　目	地面气化	地下气化
基建投资/元·m⁻³	350～450	120～150
成本/元·m⁻³	0.4～0.6	0.15～0.25
生产工艺	备煤、选煤	地下煤炭资源
环境保护	有灰渣排放	无灰渣、污染物少

表 7-8　　　　　　　　　　地下气化与地面气化合成甲醇成本比较表

项　目	地面气化	地下气化
原料气/元·Nm⁻³	0.25	0.20
耗材等/元	435.10	327.44
其他/元	59.76	39.76
副产品回收/元	10.4	10.4
甲醇生产成本/元·t⁻¹	1 282.51	677.6

　　由表中可以看出，地下气化与地面气化相比，基建投资降低 53%～66%。地下气化煤气生产成本仅为 0.2 元/m³，大大低于地面气化煤气成本。如果利用地下气化煤气生产甲醇，则成本可降低 47.17%。

本 章 小 结

　　(1) 煤炭地下气化就是将处于地下的煤炭进行有控制的燃烧，通过对煤的热作用及化学作用而产生可燃气体的过程。该过程主要是在地下气化炉的气化通道中实现的。地下气化炉的类型包括有井式、无井式和混合式等。

　　(2) 煤炭地下气化影响因素有气化炉温度场、鼓风速率、水涌入速率、气体通道的长度和断面、操作压力、煤层厚度、空气动力学条件和气化炉结构及煤质等。

　　(3) 与地面气化煤气相比，地下气化煤气具有成本低、质量优等优点，而合理利用地下气化煤气，是进一步提高煤炭地下气化经济效益的重要途径。根据煤气成分和应用条件，地下气化煤气可用于联合循环发电、提取纯 H_2，以及用做化工原料气、工业燃料气、城市民用煤气等。

自 测 题

一、填空题

　　1. 煤炭地下气化就是将处于地下的煤炭进行有控制的_____，通过对煤的_____及_____而产生可燃气体的过程。

　　2. 煤炭地下气化原理可将地下气化过程分三个区即_____、_____、_____。

3. 煤炭得下气化过程,可燃气体的产生主要来源于三个方面,即＿＿＿＿＿＿＿＿、＿＿＿＿＿＿＿＿＿、＿＿＿＿＿＿＿＿＿。

4. 地下气化炉的类型有＿＿＿＿＿＿、＿＿＿＿＿＿＿、＿＿＿＿＿＿＿。

5. 影响煤炭地下气化的因素有＿＿＿＿＿＿＿＿、＿＿＿＿＿＿＿＿、＿＿＿＿＿＿＿、＿＿＿＿＿＿＿、＿＿＿＿＿＿＿。

6. 气体煤层中水的来源有＿＿＿＿＿＿＿＿、＿＿＿＿＿＿＿＿、＿＿＿＿＿＿＿、＿＿＿＿＿＿＿、＿＿＿＿＿＿＿。

7. 抑制水涌入的方法有＿＿＿＿＿＿、＿＿＿＿＿＿、＿＿＿＿＿＿。

8. 在地下气化炉的不同工作阶段,均匀地向煤层反应表面＿＿＿＿＿＿＿,是气化炉内稳定析气的主要条件。

二、判断题

1. 煤炭地下气化过程中,气体通道越长越好。(　　)

2. 在操作压力变化的条件下,气化过程得到较大程度的改善。(　　)

3. 煤层厚度为 1.3~3.5 m 时,地下气化比较经济合理。(　　)

4. 煤层倾角为 35°时,便于进行煤的地下气化。(　　)

5. 无烟煤最适宜地下气化。(　　)

6. 褐煤最适宜地下气化。(　　)

三、简答题

1. 地下气化和煤层气开采的区别是什么?

2. 水涌入速率对气化过程的影响是什么?

3. 无烟煤不适宜地下气化的原因是什么?

4. 褐煤适宜地下气化的原因是什么?

5. 煤炭地下气化对环境的影响是什么?

6. 简述美国受控注入点后退气化工艺(CRIP)。

7. UCG 煤气的用途是什么?

8. UCG 技术存在的尚需解决的问题是什么?

第八章　煤气净化工艺

第一节　煤气中固体颗粒的清除

一、煤气中的杂质及其危害

煤气的主要成分因不同的气化方法和原料煤的种类的不同而有所差别，煤气中的杂质也因生产方法的不同而含量不同。但煤气中的主要杂质都是矿尘、硫化合物、氰化物、煤焦油、粗苯、酚类等。煤气的用途不同，对于净化后煤气中各种杂质的含量要求也不同。固定床气化由于粗煤气出口温度低，煤料在气化炉内升温慢，因而煤中的挥发分则以煤焦油、酚油等形式析出存在于粗煤气中。气流床气化（如 Shell 气化法、K—T 气化法、德士古水煤浆气化法等）由于操作温度高、煤料与气化剂充分接触、煤料的气化反应和燃烧反应几乎在瞬间完成，因此煤气中不含焦油、酚油等各种油类杂质。流化床气化法的操作条件介于固定床和气流床之间，因此所生产的煤气组成也介于二者之间。

煤气中的固体颗粒会堵塞设备的管道，造成系统阻力增大，增加了动力消耗。煤气中的硫化物会腐蚀设备，用做合成气在后续的合成工段会造成催化剂中毒，用做城市煤气燃烧排放到大气中会形成酸雨污染空气。对于煤焦油、酚等，一方面可能在后面冷却时凝结而造成设备堵塞，以及影响煤气作为化工原料时的纯度等；另一方面，煤焦油、酚等还是重要的化工原料，有很高的回收价值。因此回收煤气中各种杂质具有重要意义。

二、除尘的原理和方法

从气化炉出来的粗煤气温度很高，带有大量的热能，同时还带有大量的固体杂质。煤气的生产方法不同，粗煤气的温度和固体颗粒杂质的含量也不同。气流床气化的粗煤气温度高，固体颗粒含量也高。图 8-1 为 K—T 法粉煤气化工艺流程。

粉煤经螺旋给料机送入气化炉氧化区，产生高达 2 000 ℃的火焰区，煤的气化又使温度下降，火焰末端即气化炉中部的温度为 1 500～1 600 ℃，煤中大部分灰分在火焰区被熔化，以熔渣形式沿炉壁下流，进入熔渣水淬池成粒状，由出灰机移走。对于大多数煤，有 50％以上的灰渣成为熔渣进入熔渣水淬池。煤气向上经废热锅炉回收热量产生高压蒸汽，同时降

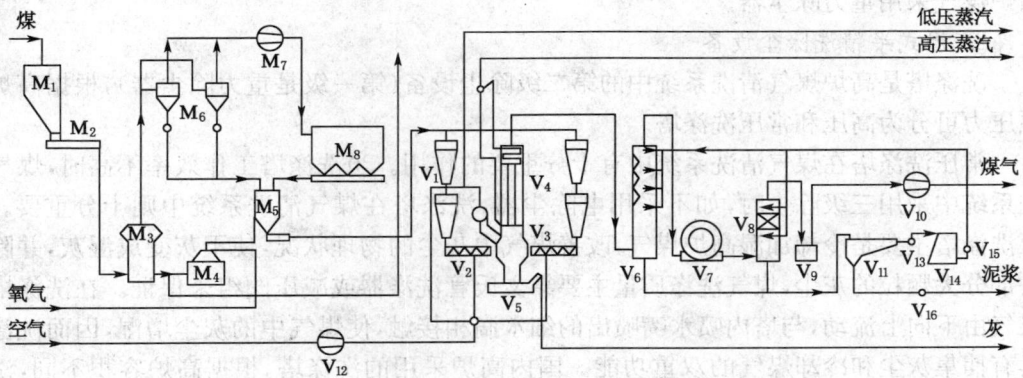

图 8-1　K—T 煤气化法工艺流程

M₁——原料煤仓斗；M₂——原煤给料机；M₃——球磨机；M₄——热气体发生；M₅——旋风分离器；
M₆——粉煤料斗；M₇——风机；M₈——电除尘器；V₁——粉煤料斗系统；V₂——螺旋给料机；V₃——化炉；
V₄——废热锅炉；V₅——出灰机；V₆——冷却洗涤塔；V₇——泰生洗涤塔；V₈——最终冷却器；
V₉——气封槽；V₁₀——煤气鼓风机；V₁₁——洗涤水沉降槽；V₁₂——空气鼓风机；
V₁₃——洗涤泵；V₁₄——洗涤水冷却塔；V₁₅——洗涤水泵；V₁₆——泥浆泵

低煤气自身温度到 300 ℃左右。气体再经喷射进入冷却洗涤塔，以除去 90％的灰尘，同时温度降至 35 ℃。通过泰生洗涤机和最终冷却器，使煤气含尘量小于 10 mg/m³，有时还需静电除尘达到 0.2 mg/m³。也有采用一级文丘里洗涤器除尘的。许多加压固定床气化工艺中，出气化炉的粗煤气通常是先经过水洗急冷后，再经废热锅炉回收煤气中的热量，然后再进一步洗涤除尘。而流化床气化工艺中，则出炉煤气经旋风分离初步除尘后，先经废热锅炉回收煤气中的热量，再通过水洗急冷除尘。

前面介绍的固体颗粒脱除方法，都是在脱除粗煤气中固体颗粒的同时，将气体冷却降温。然而在有些应用场合，趁热清除气体内的微粒杂质，并在高温下脱除各种有害的硫化物可能是有利的，这样就不必使气体冷却然后在燃烧时重新加热，例如，燃气透平，但现代技术的燃气透平还不能使用高温燃料。

三、除尘设备

煤气中矿尘清除的主要设备，按清除原理可分为：以重力沉降为主的沉降室，如煤气柜和废热锅炉相当于重力除尘器；依靠离心力除尘的旋风分离器；依靠高压静电场除尘的电除尘器；袋式除尘器；用水进行洗涤除尘的文氏洗涤除尘器；以及膜式除尘器和洗涤塔等。下面介绍几种常用的除尘器。

1. 粗除尘设备

重力除尘器是一种干式除尘器，它是利用惯性力使固体颗粒与气体分离，固体颗粒与高炉煤气从除尘器顶进入。固体颗粒受重力及气体推动，向下运动，到达除尘器底部时，气体以 180 ℃转弯，向上升起。固体颗粒由于质量较大，其动量也大，不像气体那样容易转弯向上，因而直落器除尘器底部，进入灰斗内，从而实现气固分离。

为了提高重力除尘器的效率，故要求：气体流速小于或等于 1 m/s，除尘器下部灰斗要有足够的容积，以避免灰斗中灰面距中心管出口太近，因而炉尘被气流带走。我国大多数高炉煤气采用重力除尘器。

2. 湿式半精洗除尘设备

洗涤塔是高炉煤气清洗系统中的第二级除尘设备(第一级是重力除尘器),根据高炉炉顶压力可分为高压和常压洗涤塔。

常压洗涤塔在煤气清洗系统中有十分重要的作用。当洗涤塔工作效率不高时,煤气清洗系统中采用三级除尘时,如不采用电除尘器,洗涤塔在煤气清洗系统中则十分重要。高压洗涤塔主要是冷却加湿高炉煤气,改善煤气中灰尘的物理状况,使干灰变成湿灰,并除去一部分大颗粒的灰尘,煤气洗涤质量主要靠文氏管洗涤器或减压阀组来保证。在洗涤塔中煤气由下向上流动,与塔内喷水嘴喷出的细水滴相接触,使煤气中的灰尘增湿,因而洗涤塔具有捕集灰尘和冷却煤气的双重功能。国内高炉采用的洗涤塔,根据高炉容积不同,洗涤塔的直径和高度也不相同。中型高炉洗涤塔直径一般为 $3.6 \sim 4$ m,620 m³ 高炉洗涤塔直径为 $5 \sim 6$ m,大型高炉直径 $7 \sim 8$ m。有效高度为 $15 \sim 25$ m。在塔内有 $2 \sim 3$ 层喷水嘴,洗涤塔一般都是空心的,塔内煤气平均流速一般取 $1.8 \sim 2.5$ m/s。高压空心洗涤塔内的煤气流速可为 $3 \sim 5$ m/s。研究表明,增加煤气流速能够提高洗涤塔的效率,并可改善煤气清洗质量。因为增加了气流的湍流程度,促使煤气和水之间的气流搅拌,因而改善了煤气清洗质量和煤气冷却程度。此外,由于煤气流速的增加,灰尘动能得到增加,气体中灰尘增湿和灰尘的捕集也显著地得到提高。常压洗涤塔内煤气流速的大小决定于后面的文氏管和电除尘器的除尘能力,也决定于整个系统的阻力。高压洗涤塔允许使用较高的煤气流速。但煤气流速太高,也会导致洗涤塔工作变坏,因为气流流速太高会造成从塔中带出大量的水分,并会使灰尘沉降,捕集和凝聚作用变坏。此外还减少了煤气在塔内的停留时间。所以煤气在塔内的停留时间应根据试验确定。

(1) 煤气在洗涤塔内的除尘

在塔内清洗煤气的作用是使炉顶煤气中的灰尘增湿、凝聚,并使之从煤气中分离出来。

在塔的工作容积内,煤气中各种尺寸颗粒的灰尘和各种大小的水滴互相碰撞。在塔内捕集大颗粒灰尘相当容易,因为灰尘吸附气膜阻力小,而动能大,以致水和灰尘的接触性能良好。在塔中捕集小颗粒灰则相当困难,因为它的吸附气膜阻力大,而动能小,造成灰尘与小滴接触困难。洗涤塔内捕集小颗粒灰尘主要在洗涤过程的第一阶段,即蒸汽使煤气饱和的阶段进行。当水蒸气使煤气湿度达到饱和时,煤气中的水蒸气就冷凝在灰尘微粒上,导致灰尘增湿,并使其受到捕集。因此,为了达到较好的洗涤效果,就必须把水雾化成大量的小水滴,这样,其有效表面积最大,但也不是说水滴愈细愈好,洗涤塔清洗效率随水滴尺寸的减小以及随水滴和煤气间的速度差的增加而提高。水洗煤气就是利用灰尘颗粒被增湿而凝聚的性质,由于颗粒凝聚而使得质点变大,再因灰尘的重力作用而由煤气中沉降出来。这就是洗涤塔的除尘过程。

(2) 煤气在洗涤塔中的冷却

在洗涤塔中煤气的除尘和冷却是同时进行的,冷却煤气与煤气和水之间的热交换有关,水的比热容很高,能很好地冷却煤气。

(3) 洗涤塔的结构

洗涤塔按结构分有空心塔和木格塔,而按用途分,则有常压塔和高压,现在都用空心洗涤塔。高压塔和常压塔之间的区别主要是水封不同。

3. 文氏洗涤器

文氏洗涤器由一个文氏管和一个脱水除尘器组成,20世纪50年代各国都广泛将其应用于化学冶金工业中,用来吸收各种气体如酸雾,用做蒸发冷却设备;用来清除气体中的焦油雾、灰尘,如从高炉煤气或氧气顶吹转炉煤气中清除灰尘和烟雾,从天然气制炭黑工业中收集炭黑;化学工业中吸收酸雾如收集氟酸、五氧化二磷雾,有色工业中从炉气中收铝、镍、二氧化钛等尘粒。文氏管洗涤器作为冷却器和除尘器的特点是设备小,效率高,投资少,操作容易,使用可靠,因而从20世纪50年代开始在国内外的工业中,代替了比它昂贵几倍甚至几十倍的其他设备而得到广泛应用。如西德高压高炉煤气清洗中,文氏管洗涤器就代替了20世纪50年代的苏联的清洗系统中的洗涤塔、电除尘和减压阀组。我国在某些工业中,文氏管得到广泛应用,在高炉煤气湿法清洗系统中都有文氏管。随着高压高炉的发展,现在使用二个串联文氏管洗涤器就可使煤气冷却和净化,达到应有的煤气温度和含灰量10 mg/m³的质量要求。

对于炉顶压力为14.71 kPa的常压高炉的除尘系统,其电除尘器清洗煤气的能力比没有采用文氏管时可提高1～1.5倍。

高炉煤气清洗系统的文氏管,按喉口部位有无溢流水摸可分为二类:一类是喉口有一层均匀水膜的文氏管,通称溢流文氏管;另一类是喉口没有水膜的文氏管,通称文氏管。按喉口有无调节设备也可分为二类:一类是喉口部分装有调节装置,喉径可以调节的称为调径文氏管;另一类是喉口部分无调节装置,喉口是固定的称为定径文氏管。因此常用的文氏管有溢流调径文氏管、溢流定径文氏管、调径文氏管和定径文氏管四种。图8-2为文氏管常见类型。

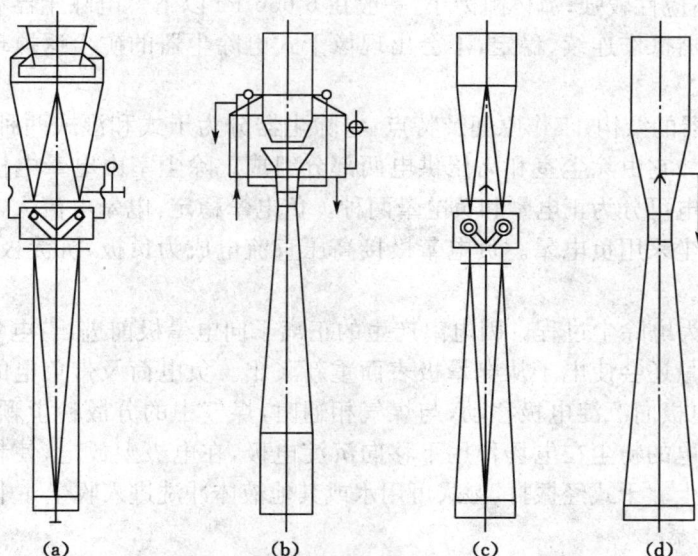

图8-2 文氏管类型
(a) 溢流调径文氏管;(b) 溢流定径文氏管;(c) 调径文氏管;(d) 定径文氏管

如图8-2溢流调径或溢流定径文氏管多用于高温的未饱和粗煤气。溢流文氏管是在文氏管的收缩管部分产生溢流水膜的文氏管,它可防止文氏管内壁干湿交界处积灰造成文氏管内堵塞。产生溢流的方法有多种,如在文氏管喉口上部设有溢流水箱或喷淋冲洗管,或在收缩管和直管交界处的上面用多个喷嘴向煤气和管壁喷水,在喉口周边形成一层均匀的连续不断的水膜,避免灰尘在喉口内壁上积灰。这种文氏管一般采用外喷式供水也是结构最简单的文氏管。外喷是由安装在文氏管喉部外面的喷嘴把水喷入文氏管中,与气流垂直或构成一定角度。当喷嘴位置适当,并有足够的数量时,喷出的水受气流撞击后,生成微小粒滴分布于文氏管的喉口整个截面中。由于高炉有高压、常压、慢风操作,煤气发生量经常波动,为了保证煤气清洗质量而出现了可调喉口截面大小的调径文氏管。调径文氏管又有在喉口部位设有调节叶板的调径文氏管,由两块叶板的转动而调节喉口截面的大小,还有在喉口装有椭圆柱体翻板的翻板调径文氏管,转动翻板可改变喉口截面的大小。还有在喉口设有施线型重铊,由重铊的上下移动而改变喉口截面积的比。文氏管的供水也可由装在文氏管内的雾化喷嘴喷入气流中,同样形成水滴遮盖面后受气流撞击而生成微小粒滴。

生产实践证明文氏管是良好的冷却设备,试验证明 360 ℃ 的气体用文氏管冷却,在进入喉口 20~50 mm 处气体温度立即降至湿球温度 40~50 ℃,苏联用文氏管冷却高炉煤气,在 10^{-3} s 内由 240 ℃ 冷却到湿球温度 55 ℃。日本的高压高炉文氏管出口煤气温度与排水温度相同。我国宝钢高炉也是如此。西德曾将转炉煤气由 1 000 ℃ 冷却到 75 ℃。我国转炉煤气文氏管也是如此。在首钢转炉煤气回收试验中,曾将煤气由 470 ℃ 冷却到 54 ℃ 或由 750 ℃ 冷却到 71 ℃。

4. 电除尘器

(1) 电除尘器的主要特点是:除尘效率高,一般均在 95%~99% 之间,更有高效率可达 99.9%,可使矿尘含量除至 0.2 g/m³ 以下,能除去黏度为 0.01~10⁻⁶m 的矿尘;设备生产能力范围较大,适应性较强;流体阻力小,一般在 6 666 Pa 以下。电除尘器有干式和湿式之分。湿式电除尘器操作连续、稳定,不会出现像干式电除尘器的矿尘返搅现象。但只能在较低温度下使用。

(2) 电除尘器的结构、工作原理及特点:电除尘器分为干式和湿式两种,图 8-3 为湿式电除尘器的结构。它由除尘室和高压供电两部分组成。除尘室由电晕电极和沉淀电极组成。电晕电极放电可分为正电晕和负电晕两种。负电晕稳定,电晕电流大,电场强度高,因此一般工业电除尘采用负电晕。负电晕极接高压直流电成为负极,沉淀极接地成为正极,两级间距离不大。

图 8-4 所示为电除尘过程。因电离产生的正离子向电晕极前进,与电晕极碰撞并被吸收。同时碰撞能量还会使电子从电晕极表面重新飞出。负电荷及带负电的离子在电场的作用下,从电晕电极向沉淀电极移动,与煤气相遇时,煤气中的分散粉尘颗粒将其吸附,从而吸附带电。带电的粉尘在电场作用下移向沉淀电极,在电极上放电,使粉尘成为中性并聚集在沉淀电极上。干式经振打,湿式可用水或其他液体冲洗进入收尘斗中而被清除。

5. 旋风除尘器

旋风除尘器是工业中应用最为广泛的一种除尘设备,尤其在高温、高压、高含尘浓度以及强腐蚀性等环境场合。它具有结构紧凑、简单,造价低,维护方便,除尘效率较高,对进口气流负荷和粉尘浓度适应性强以及运行操作与管理简便等优点。但旋风除尘器的压力降一般较高,对小于 5 μm 的微细尘粒捕集效率不高。旋风除尘器的除尘原理主要依靠利用含尘气流做旋转运动时所产生的对尘粒的离心力将尘粒从气流中分离出来。由于作用在

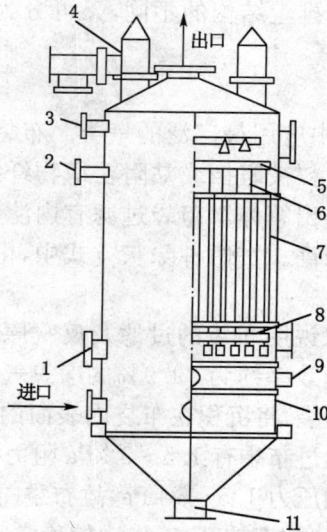

图 8-3 湿式电除尘器

1——人孔；2——连续给水装置；3——间断给水装置；4——绝缘子箱；5——上吊架；
6——电晕线；7——沉淀电极；8——下吊架；9——均流板；10——防爆孔；11——排污法兰

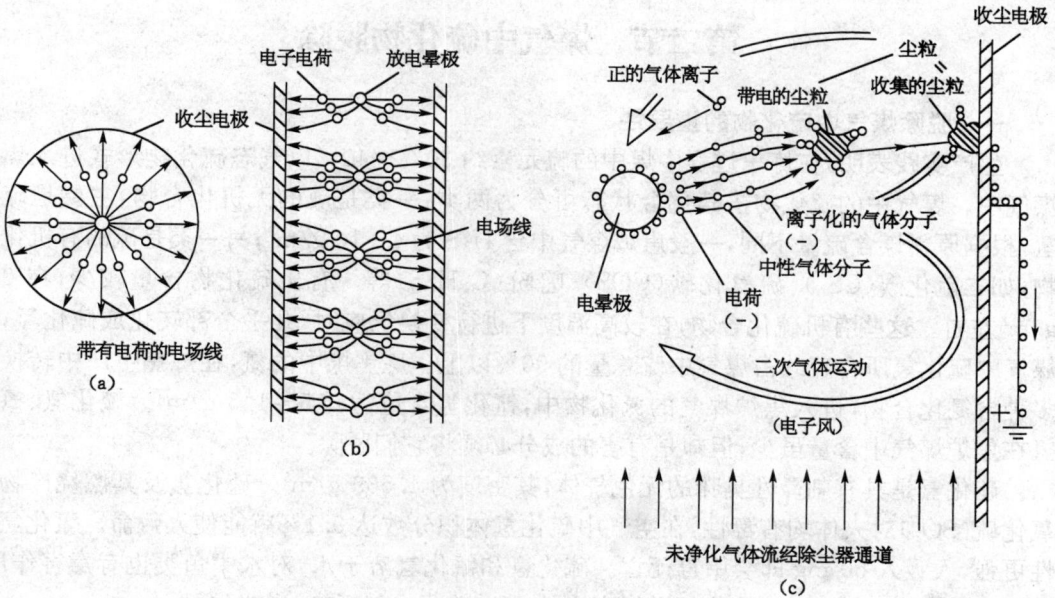

图 8-4 电除尘过程

(a) 管式电除尘器中的电场线；(b) 板式电除尘器中的电场线；
(c) 粉尘荷电在电场中沿着电场线移向收尘电极的情况

旋转气流中颗粒上的离心力是颗粒自身重力的几百、几千倍,故旋风除尘器捕集微细尘粒的能力要比重力沉降、惯性除尘等其他机械力除尘器强许多。

按照产生旋转气流方式的不同,旋风除尘器有许多不同的形式,工业上最常用的为切流返转排气式,而由于入口结构与排尘结构的不同,又可分为螺旋顶型、旁室型、异形入口型、扩散锥体型以及通用型等。

6. 袋式除尘器

袋式除尘器是过滤除尘设备中应用最广泛的一类。布袋除尘器的原理是利用各种多绒毛纤维的过滤作用,使气流中尘粒被阻挡或黏附在织物纤维上,然后用振打或反吹的方式使尘粒脱落下来,掉入灰斗内排出箱体。布袋过滤有内滤和外滤两种方法,由于内滤法除灰较好,因而内滤法除尘效率较高。在两种除灰方式中,由于机械振打结构复杂易损坏布袋,故一般采用反吹法。

现以内滤法和反吹法为例,来说明布袋的过滤及反吹原理。粗煤气从下部进入,通过布袋得到过滤,从而获得了其除尘效率约为 99.9%的净煤气。当反吹时,净反吹煤气从箱体上部进入,从布袋外表面穿过布袋,将沉积在布袋内表面的灰尘吹落,使其从下部落入灰斗中。在过滤过程中,由于气流通过布袋有 1.5～3 kPa 阻力损失,故布袋向外鼓出;在反吹过程中,因反吹煤气大于粗煤气的压力 1.5～3 kPa,故布袋向内凹进,灰尘被吹落。

这种除尘器的显著优点是净化效率较高、工作比较稳定、结构比较简单、技术要求不复杂、操作方便、便于粉尘物料的回收利用等。但也存在应用范围受滤料耐温、耐腐蚀性能的限制,气体温度既不能低于其露点温度又不能高于滤料许可的温度,设备尺寸及占地面积较大等缺点。

第二节　煤气中硫化物脱除

一、脱除煤气中硫化物的重要性

生产实践表明,在炼焦过程中煤中的硫元素约 30%～40%以气态硫化物形式进入焦炉煤气中。煤气中的硫化物按其化合状态可分为两类:一类是硫的无机化合物,主要是硫化氢,根据原料煤含硫量不同,一般焦炉煤气中含 H_2S 为 4～10 g/m³;另一类是硫的有机化合物,如二硫化碳(CS_2)、硫氧化碳(COS)、噻吩(C_4H_4S)等。有机硫化物含量较少,在 0.3 g/m³左右。这些有机硫化合物,在较高温度下进行变换反应时,几乎全部转化成硫化氢,故煤气中硫化氢所含硫约占煤气中硫总量的 90%以上。炼焦煤中的氮,在炼焦生产中转换成多种含氮化合物,进入焦炉煤气的氮化物中,氰化氢含量为 0.5～1.5 g/m³。硫化氢、氰化氢在焦炉煤气中含量虽少,但却是有害的成分必须将它们脱除。

硫化氢是具有刺鼻性臭味的无色气体,其密度为 1.539 g/m³。硫化氢及其燃烧产物二氧化硫(SO_2)对人体均有毒性,在空气中硫化氢体积分数达 0.1%就能使人致命。氰化氢毒性更强,人吸入 50 mg 即会中毒死亡。硫化氢和氰化氢溶于水,对水中鱼类也有毒害作用。氰化氢燃烧会生成 NO_2,硫化氢燃烧产生的 SO_2 造成大气污染,形成酸雨。

含硫化氢、氰化氢的煤气在处理和输送过程中,会腐蚀设备和管道,生成铁锈中含有 $(NH_4)_4[Fe(CN)_6]$、FeS 及硫等,积聚在设备管道中,拆开检修时,遇到空气会自燃产生二氧化硫,并放出大量反应热,严重时还会烧坏设备,危害生产安全。这些有害组分会使催化剂中毒,若进入燃气轮机内,会腐蚀叶片,降低燃气轮机寿命,排放气也会污染环境。

不同用户对焦炉煤气有不同要求,若用做城市煤气,规定 H_2S 含量小于 20 mg/m³,HCN 低于 50 mg/m³;用做合成气,一般规定含 H_2S 含量小于 1～2 mg/m³,甚至更低;用做优质钢冶炼气，H_2S 含量小于 $1\sim2$ g/m^3。焦炉煤气中的硫化氢可能转成硫黄，例如，用克劳斯法生产的硫黄，纯度很高，是重要的化工原料，除用于医药原科外还可用于制造优质硫酸。

二、脱除煤气中硫化物的方法

脱硫技术分为三大类：原煤脱硫、煤气脱硫和烟气脱硫。煤气脱硫无论在技术上还是在经济上均优于其他两类。煤气脱硫方法很多，按照脱硫剂的物理形态不同分为干法和湿法两大类，用固体脱硫剂方法称为干法脱硫，用液体脱硫剂的脱硫方法称为湿法脱硫。具体分类见图 8-5。

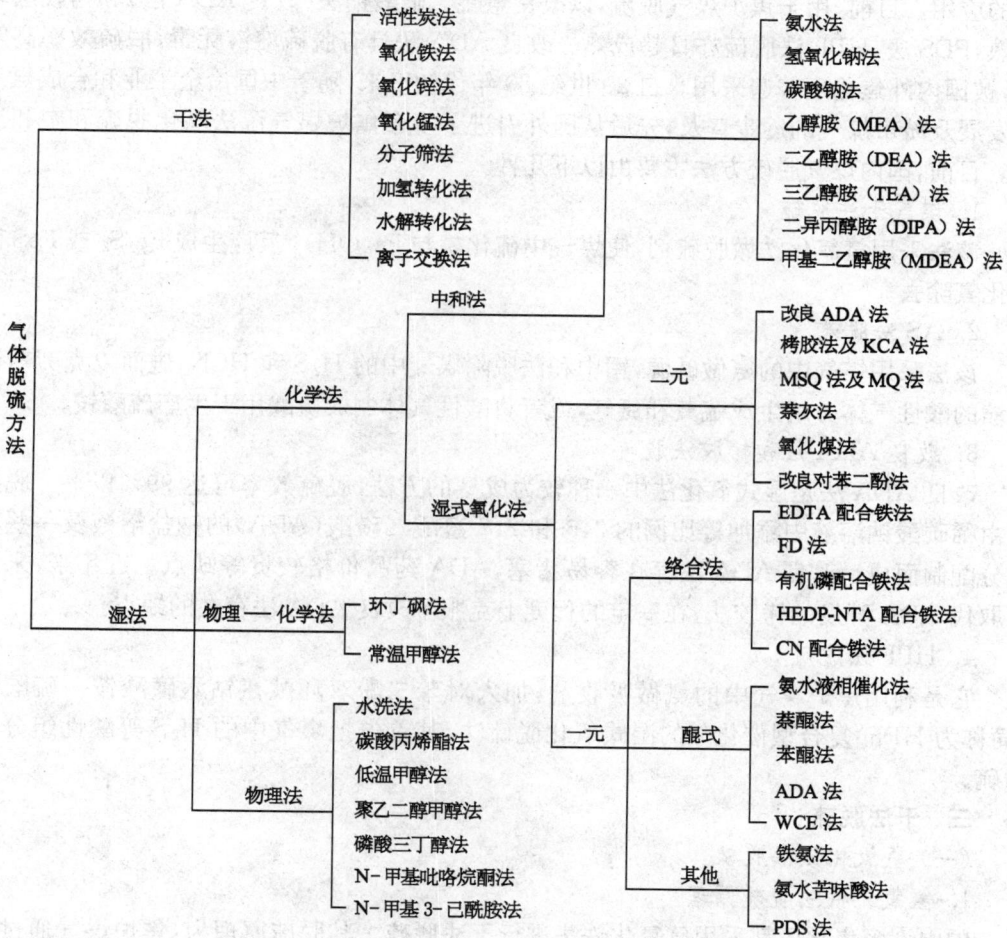

气体脱硫方法

- 干法
  - 活性炭法
  - 氧化铁法
  - 氧化锌法
  - 氧化锰法
  - 分子筛法
  - 加氢转化法
  - 水解转化法
  - 离子交换法
- 湿法
  - 化学法
    - 中和法
      - 氨水法
      - 氢氧化钠法
      - 碳酸钠法
      - 乙醇胺（MEA）法
      - 二乙醇胺（DEA）法
      - 三乙醇胺（TEA）法
      - 二异丙醇胺（DIPA）法
      - 甲基二乙醇胺（MDEA）法
    - 湿式氧化法
      - 二元
        - 改良 ADA 法
        - 栲胶法及 KCA 法
        - MSQ 法及 MQ 法
        - 萘灰法
        - 氧化煤法
        - 改良对苯二酚法
      - 一元
        - 络合法
          - EDTA 配合铁法
          - FD 法
          - 有机磷配合铁法
          - HEDP-NTA 配合铁法
          - CN 配合铁法
        - 醌式
          - 氨水液相催化法
          - 萘醌法
          - 苯醌法
          - ADA 法
          - WCE 法
        - 其他
          - 铁氨法
          - 氨水苦味酸法
          - PDS 法
  - 物理—化学法
    - 环丁砜法
    - 常温甲醇法
  - 物理法
    - 水洗法
    - 碳酸丙烯酯法
    - 低温甲醇法
    - 聚乙二醇甲醇法
    - 磷酸三丁酯法
    - N-甲基吡咯烷酮法
    - N-甲基3-已酰胺法

图 8-5　脱硫方法分类

煤气干法脱硫早在 19 世纪初就得到广泛应用，干法脱硫工艺简单，成熟可靠，能够较完全地脱除硫化氢和有机硫，脱硫化氢的同时还能脱除氰化氢、氧化氮及煤焦油雾等杂质，使煤气达到很高的净化程度。干法脱硫尚存在设备笨重，更换脱硫剂时劳动强度大，设备占地面积大以及脱硫剂再生较为困难等缺点。干法脱硫适用于煤气含硫量较低、要求净化程度高或煤气处理量较小的焦炉煤气脱硫，目前此法仍得到一定的使用。干法脱硫根据煤气的用途不同而采用不同类型的脱硫剂。干法脱硫按脱硫剂的性质可分为三种类型：即加氢转化催化剂型如铁钼、钴钼、镍钴钼等；吸收型或转化吸收型如氧化锌、氧化铁、氧化锰等；吸附型如活性炭、分子筛等。氢氧化铁法脱硫剂来源较广，廉价易得，因此在焦化工业中应用较多。

湿法脱硫处理能力大，具有脱硫与脱硫剂再生均能连续进行，劳动强度小等优点，在脱除硫化氢的同时也能脱除氰化氢。湿法脱硫都是以碱性溶液进行化学吸收的，碱性溶液可以是碳酸钠溶液，也可以是氨水。在化学吸收法中又可分为中和法和湿式氧化法，其中湿式氧化法流程较简单，脱硫效率高，并能直接回收硫黄等产品，在国内外焦化厂均得到了广泛的应用。目前，用于焦炉煤气脱硫，以改良蒽醌二磺酸钠法（改良 ADA 法）和栲胶法较为成熟，PDS 法、HPF 法脱硫亦日趋成熟。改良 ADA 法具有脱硫溶液无毒，脱硫效率高等优点，被国内外焦化厂普遍采用。自 20 世纪 80 年代初以来，随着中国冶金工业和合成氨工业的发展及城市煤气的逐步普及，先后从国外引进了多套焦炉煤气湿法氧化脱硫和中和法装置。目前，国内煤气脱硫方法主要由以下几种。

1. 煤气干法脱硫

该法采用氢氧化铁做脱硫剂，使煤气中硫化氢与 $Fe(OH)_3$ 反应生成 Fe_2S_3 或 FeS 而将硫化氢除去。

2. AS 法脱硫

该法采用煤气中的氨做碱源，用中和法脱除煤气中的 H_2S 和 HCN，进而以克劳斯法将浓缩的酸性气体分解生成硫黄和氮气，或者将酸性气体制成硫酸用于生产硫酸铵。

3. 改良 ADA 法和栲胶法脱硫

改良 ADA 法是湿式氧化法中一种较为成型的方法，脱硫效率可达 99% 以上。脱硫溶液由稀碳酸钠溶液中添加等比例的 2,6-和 2,7-蒽醌二磺酸（ADA）的钠盐溶液及一些其他组分配制而成。改良 ADA 法存在容易堵塞，ADA 药品价格较贵等缺点。近年来，采用栲胶取代 ADA 开发的栲胶法，在一定的程度上克服了改良 ADA 法存在的缺点。

4. HPF 法脱硫

它是利用焦炉煤气中的氨做吸收剂，加入对苯二酚双环酞氰钴六磺酸铵一硫酸亚铁（简称为 HPF）复合型催化剂的湿式氧化脱硫法，其首先把煤气中的 H_2S 等酸性组分转化为硫。

三、干法脱硫

(一) 氢氧化铁法脱硫

1. 氢氧化铁法脱硫原理

国内许多焦化厂都采用氢氧化铁法进行干法脱硫。其脱硫原理为：焦炉煤气通过含有氢氧化铁的脱硫剂，使硫化氢与脱硫剂中的有效成分 $Fe(OH)_3$ 反应生成 Fe_2S_3 或 FeS。当含硫量达到一定程度后，使脱硫剂与空气接触，在有水存在下，空气中的氧将铁的硫化物氧化使之又转变成氢氧化铁，脱硫剂得到再生，再重复使用。当煤气中含氧时，则使脱硫剂的脱硫和再生同时进行。

在碱性脱硫剂中，硫化氢与活性组分发生下列化学反应，即脱硫反应。

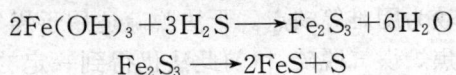

$$2Fe(OH)_3 + 3H_2S \longrightarrow Fe_2S_3 + 6H_2O$$

$$Fe_2S_3 \longrightarrow 2FeS + S$$

$$Fe(OH)_2 + H_2S \longrightarrow FeS + 2H_2O$$

当有足够的水分时,脱硫剂的再生,采用空气中的氧氧化所生成的硫化铁,发生下列化学反应,即再生反应。

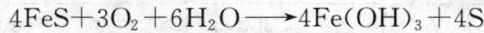

$$2Fe_2S_3 + 3O_2 + 6H_2O \longrightarrow 4Fe(OH)_3 + 6S$$

$$4FeS + 3O_2 + 6H_2O \longrightarrow 4Fe(OH)_3 + 4S$$

上述脱硫和再生是两个主要反应,这两个反应都是放热反应。脱硫剂经过反复的脱硫和再生使用后,在脱硫剂中硫黄聚积,并逐步包住氢氧化铁活性微粒,致使其脱硫能力逐渐降低。因此,当脱硫剂上积有30%～40%(质量分数)的硫黄时,需重换新的脱硫剂。

2. 氧化铁法脱硫剂的制备与使用条件

目前常用的制备干法脱硫剂的原料有天然沼铁矿、人工氧化铁、颜料厂和硫酸厂的下脚铁泥、钢铁厂的红泥等。脱硫剂中氧化铁含量应占风干物料质量的50%以上,其中活性氢氧化铁含量应占70%以上,不应含腐植酸或腐植酸盐,其pH值应大于7。如腐植酸类含量大于1%,将导致脱硫剂氧化,而降低脱硫剂的硫容量以及脱硫反应速率。此外,为使脱硫剂在使用中不因硫的聚积过于增大体积,并使脱硫剂床层变得密实而增大煤气流动阻力,制备的脱硫剂在自然状态下应是疏松的,其湿料堆积密度应小于800 kg/m³。

3. 影响脱硫因素

(1) 温度。氧化铁脱硫剂的脱硫反应速率与温度有关,温度升高,活性增加;温度降低,活性减小。当温度低于5～10 ℃时脱硫活性锐降。常温型氧化铁脱硫剂的使用温度以20～40 ℃为宜,在此温度范围内,活性较大,硫容量大且较稳定。

(2) 压力。氧化铁脱硫是不可逆反应,故不受压力的影响。但提高压力可提高硫化氢的浓度,提高脱硫剂的硫容量,同时还可提高设备的空间利用率,节省投资。

(3) 脱硫剂的粒度。粒度越小,扩散阻力越小,反应速率越快;反之,则脱硫速率就小。目前国内常低温型氧化铁脱硫剂为圆柱形,直径范围为3～6 mm。

(4) 脱硫剂的水分含量。不同的脱硫剂最适宜水分含量也不一样。不论哪种常温氧化铁脱硫剂都要求一定的含水量,干燥的无碱脱硫剂几乎没有脱硫活性。若含水量太大,会使孔发生水封现象,使H_2S向孔内部的扩散发生困难,从而降低活性。TG型脱硫剂的最适宜含水量在5%～15%之间。

(5) 脱硫剂的碱度。为使脱硫反应顺利进行,必须控制脱硫剂为碱性,生成极易再生的Fe_2S_3,使脱硫剂易于再生。

(6) 气体中氧含量。当气体中有氧存在时,脱硫与再生可同时进行,从而可提高脱硫剂的硫容量,脱硫与再生过程的连续性就好。

(7) 气体中CO_2含量。虽然活性氧化铁与H_2S的反应具有很高的选择性,由于CO_2在脱硫剂表面碱性液膜中的溶解能够降低脱硫剂的pH值,因而气体中含有CO_2能降低脱硫剂的活性。

除上述因素外,气体中的水含量、酸性组分、脱硫剂的比表面积和孔径、焦油含量等均对脱硫过程有影响。

4. 常用的氧化铁脱硫剂

工业常用氧化铁脱硫剂的性能见表8-1。

表 8-1 常用氧化铁脱硫剂的使用条件

项目	型 号										
	T501	TG-3	TG-4	TG-F	SN-2	NCT	HT	PM	SW	LA1-1	EF-2
外观	褐色条	红褐色	红褐色	褐黑片	褐红条	黄绿条	红褐条	红褐条	红褐色球	红褐片	
粒度/mm×mm	$\phi 5\times$ (5~8)	$\phi 5\times$ (5~15)	$\phi 5\times$ (5~15)	叶片	$\phi 4\times$ (4~10)	$\phi 5\times$ (5~15)	$\phi 5\times$ (5~15)	$\phi 5\times$ (5~15)	$\phi(2\sim10)$	$\phi 9\times$ (7~9)	$\phi 3.5\times$ (5~15)
堆积密度/kg·L^{-1}	0.8~0.85	0.8~0.9	0.65~0.75	0.3~0.6	0.7~0.8	0.75~0.85	0.8~0.9	0.7~0.9	0.7~0.9	1.4~1.5	0.7~0.8
抗压碎力/N·cm^{-1}	35	45	40		40	35	35	200		≥110	>50
使用压力/MPa	0.1~2.0	0.1~3.0	0.1~2.0	0.1~2.0	0.1~4.0	0.1~3.0	0.1~2.0	0.1	0.1~0.4	0.1~12	0.1~12
使用温度/℃	5~40	80~140	5~50	10~40	200~350	5~50	10~45	20~30	20~30	250~300	5~90
空速/h^{-1}	100~1 000	300~1 000	300~1 500	50~150	1 000~2 000	300~1 500	100~1 000	40~100	200	1 000~2 000	1 000~2 000
入口 H$_2$S/μg·g^{-1}	<200				COS 1~30	200	7~150	1 000~2 000	500~3 000	≥1 000	
出口 H$_2$S/μg·g^{-1}	1	1			COS 3	1	1	<20		≤50	
硫容/%	20	累计 30	累计 60	累计 30~60	20	20	20	25	累计 60	≥20	>15
再生温度/℃	<80	不再生	20~60	20~60	450~550	20	20	25		450~550	30~60

（二）氧化锌法

1. 基本原理

氧化锌脱硫以其脱硫精度高、使用便捷、稳妥可靠、硫容量高等特点,广泛地应用于合成氨、制氢、煤化工、石油精制、饮料生产等行业,以脱除天然气、石油馏分、油田气、炼厂气、合成气（CO+H$_2$）、二氧化碳等原料中的硫化氢及某些有机硫化物。

脱硫过程的化学反应为：

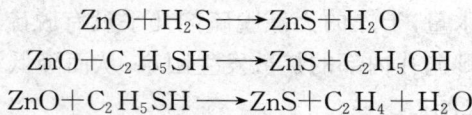

$$ZnO+H_2S \longrightarrow ZnS+H_2O$$
$$ZnO+C_2H_5SH \longrightarrow ZnS+C_2H_5OH$$
$$ZnO+C_2H_5SH \longrightarrow ZnS+C_2H_4+H_2O$$

当气体中有氢存在时,羰基硫化物、二硫化碳、硫醇、硫醚等会在反应温度下发生转化反应,反应生成的硫化氢被氧化锌吸收。有机硫化物的转化率与反应温度有一定比例关系。噻吩类硫化物及其衍生物在氧化锌上与氢发生转化反应的能力很低,因此,单独用氧化锌不能脱除噻吩类硫化物,需借助于钴钼催化剂加氢转化成硫化氢后,才能被氧化锌脱硫剂脱除。

2. 主要影响因素及控制条件

影响氧化锌脱硫的因素较多,主要有下列几个方面。

（1）反应温度。一般情况下,氧化锌脱除硫化氢在较低温度（200 ℃）即很快进行。而要脱除有机硫化物,则要求在较高温度（350~400 ℃）下进行。操作温度的选择不仅要考虑反应速率、需要脱除的硫化物种类、原料气中水蒸气含量,还要考虑氧化锌脱硫剂的硫容量与温度的关系,提高操作温度可提高硫容量,特别是在 200~400 ℃之间增加较明显。但不要超过 400 ℃,以防止烃类的热解而造成结炭。

（2）有害杂质。对氧化锌脱硫剂有毒害的杂质主要是氯和砷。氯与脱硫剂中锌在其表面形成氯化锌薄层,覆盖在氧化锌表面,阻止硫化氢进入脱硫剂内部,从而大大降低脱硫剂的性能;砷对脱硫剂有毒害,其含量一般应控制在 0.001% 以下。

（3）水蒸气含量。水蒸气的存在对氧化锌脱硫影响不大,但当水蒸气含量较高而温度也高时,会使硫化氢的平衡浓度大大超过对脱硫净化度指标的要求。而且水蒸气含量高时,还会与金属氧化物反应生成碱。氧化锌最不易发生水合反应,当催化剂中非氧化锌成分较高时,会不同程度地降低催化剂的抗水合能力。

（4）操作压力。提高操作压力对脱硫有利,可大大提高线速度,有利于提高反应速率。因此操作压力高时,空速可相应加大。

（5）空速与线速。脱硫反应需要一定的接触时间,如果空速太大,反应物在脱硫剂床层的停留时间过短,会使穿透硫容量下降。因此操作压力较低时,空速应选低些。氧化锌吸收硫化氢的反应平衡常数很大,如果空速过小,则会导致气体线速度太小,从而使反应变成扩散控制。因此必须保证一定的线速度,也就是要选择合适的脱硫槽直径,一般要求脱硫槽的高径比大于 3。

另外,原料气中二氧化碳含量、氢含量、氧含量、含硫化物的类型与浓度等均对脱硫过程有影响。

3. 常用的氧化锌脱硫剂类型

氧化锌脱硫剂的主要型号、技术指标和使用条件如表 8-2 所示。

表 8-2　　　　　　　氧化锌脱硫剂的主要型号、技术指标和使用条件

项目		型　号										
		T302Q	T305	T306	T309	KT310	C7-2	HTZ-3	ICI32-4	TC-22	ICI75-1	R5-10
外观		深灰色球	浅黄色条	浅褐色条	灰白色条	白色条	淡黄色条	白色条	球	条	球	条
粒度/mm×mm		$\phi(3.5\sim 4.5)$	$\phi(3.5\sim 4.5)$	$\phi 4\times (4\sim 10)$	$\phi 5\times (5\sim 10)$	$\phi 5\times (5\sim 15)$	$\phi 4\times (4\sim 8)$	$\phi 4\times (4\sim 6)$	$\phi(3\sim 4.8)$	$\phi 4\times (4\sim 15)$	$\phi(3.2\sim 5.1)$	$\phi 4$
堆积密度/kg·L⁻¹		0.8~1	1.1~1.3	1.8~2.0	1.1~1.2	0.9~1.0	1.15~1.25	1.4	1.1	0.9~1.1	0.84	1.4
径向抗压碎力/N·cm⁻¹		>20	>40	≥50	≥50	≥50	≥40	20		≥40		20~30
磨耗/%		<6	<5									
操作条件	温度/℃	200~350	200~400	180~400	常温	室温~40	200~425	350~400	350~450	20~50	150	200~400
	压力/MPa	2.8	0.1~4.0	4.0	2.0~3.0	不限	0.1~5.0	0.1~5.0	0.1~5.0	常压~3.0		0.1~5.0
	空速/h⁻¹		1000~3000	≤3000		≤1000	1000~5000			500~1000		200~400
	穿透硫容量/%	>20	>22	>25	相对90%(室温)	≥10	18	25	18~25	≥10	20	25
	出口硫浓度/10⁻⁶	<1	<0.1	0.1	<0.1	<0.3	<0.2	0.1	<1	<0.1		

（三）干法脱硫主要设备

干法脱硫的主要设备是脱硫槽，不论采用哪一种脱硫剂，脱硫槽的结构都基本相同。常用结构如图8-6和图8-7所示。脱硫槽壳体用碳钢制造，当用于常温脱硫时，壳体内壁应进行防腐。

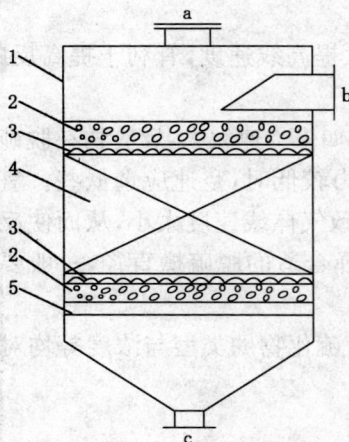

图 8-6　常压脱硫槽
1——壳体；2——耐火球；3——铁丝网；
4——脱硫剂；5——托板；
a——人孔；b——气体进口；c——气体出口

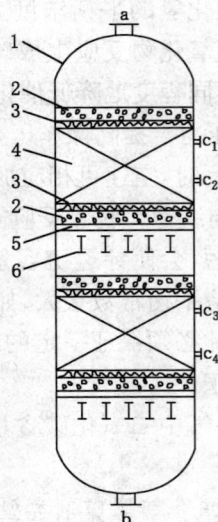

图 8-7　加压脱硫槽
1——壳体；2——耐火球；3——铁丝网；
4——脱硫剂；5——箅子板；6——支撑；
a——气体进口；b——气体出口；c1～c4——测温口

四、湿法脱硫

它是将气体中的硫化氢吸收至溶液中，以催化剂作为载氧体，使其氧化成单质硫，从而达到脱硫的目的。其化学反应可用下式表示：

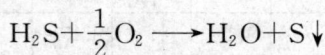

$$H_2S + \frac{1}{2}O_2 \longrightarrow H_2O + S\downarrow$$

硫化氢为酸性气体，可用碱性物质作为吸收剂，一般常用碳酸钠、氨水等。根据所选载氧体的不同，常见的湿式氧化法有改良 ADA 法、萘醌法、氨水催化法、改良砷碱法、络合铁法、栲胶法、MSQ 法、MQ 法等。

（一）改良 ADA 法（亦称蒽醌二磺酸钠法）

1. 脱硫液的配制

ADA 法脱硫吸收液是在稀碳酸钠溶液中添加等比例 2,6-和 2,7-蒽醌二磺酸钠的溶液配制而成的。该法反应速率慢，脱硫效率低，副产物多。为了改进效果，在上述溶液中加入了偏钒酸钠（$NaVO_3$）和酒石酸钾钠（$NaKC_4H_4O_6$），即为改良 ADA 法。

改良 ADA 法脱硫液组成和总碱度为：总碱度 0.36～0.5 mol/L；Na_2CO_3 含量 0.06～1.0 mol/L；$NaHCO_3$ 含量 0.3～0.4 mol/L；ADA 含量 2～5 g/L；$NaVO_3$ 含量 1～2 g/L；$NaKC_4H_4O_6$ 含量 1 g/L。

2. 硫化氢的脱除

脱硫液送入脱硫塔，在 pH 值为 8.5～9.5 的条件下，溶液中的稀碱在塔内与煤气中的

硫化氢发生反应,生成硫氢化钠,进行的反应有:

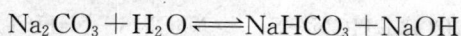

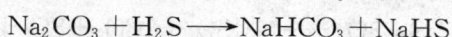

$$Na_2CO_3+H_2O \Longrightarrow NaHCO_3+NaOH$$
$$Na_2CO_3+H_2S \longrightarrow NaHCO_3+NaHS$$
$$NaOH+H_2S \longrightarrow NaHS+H_2O$$

上述脱硫反应生成的硫氢化钠在脱硫溶液中立即与偏钒酸钠进行反应,生成焦钒酸钠、氢氧化钠和元素硫。

$$2NaHS+4NaVO_3+H_2O \longrightarrow Na_2V_4O_9+4NaOH+2S\downarrow$$

煤气中的硫化氢经上述反应转化为元素硫而析出,同时在反应过程中又生成了氢氧化钠,使吸收液仍保持一定的碱度及吸收能力,使吸收过程得以顺利进行。而反应生成的焦钒酸钠又与吸收液中的氧化态 ADA 进行反应,生成偏钒酸钠和还原态的 ADA。

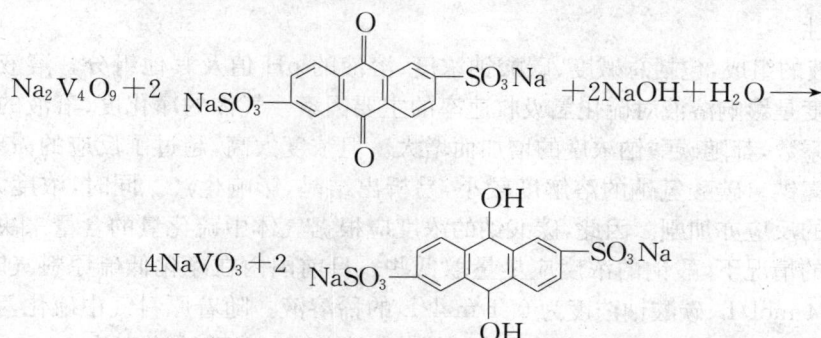

被还原了的偏钒酸钠再次与脱硫反应生成的硫氢化钠反应。在整个脱硫过程中,煤气中硫化氢含量偏高时,反应生成的硫氢化钠的量就比被偏钒酸钠氧化的量多,因而会形成一种黑色的"钒—氧—硫"配合物沉淀,使吸收液中钒含量降低,导致吸收反应过程恶化。

当吸收液中含有酒石酸钾钠时,钒离子便与酒石酸根结合成配合离子,形成可溶性配合物,防止了钒配合物的沉淀。

3. ADA 吸收液的再生

还原态的 ADA 被空气中的氧氧化成氧化态的 ADA,同时生成双氧水。

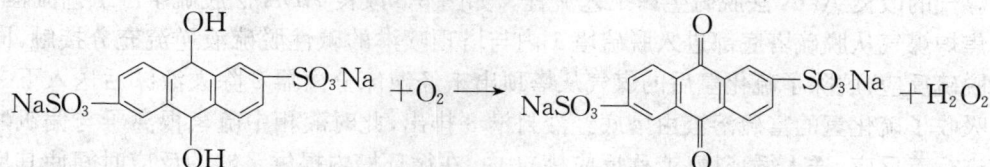

H_2O_2 可将 V^{4+} 氧化成 V^{5+}:$HV_2O_5+H_2O_2+OH^- \longrightarrow 2HVO_4^{2-}+2H^+$。

H_2O_2 可与 HS^- 反应析出元素硫:$H_2O_2+HS^- \longrightarrow H_2O+OH^-+S\downarrow$。

在整个脱硫反应过程中,脱硫液中的碳酸氢钠和碳酸钠又有如下反应:

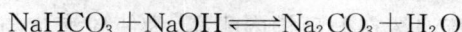

$$NaHCO_3+NaOH \Longrightarrow Na_2CO_3+H_2O$$

从以上各种反应可见,ADA、偏钒酸钠、碳酸钠均可获得再生,供脱硫过程循环使用。

4. 脱硫过程的副反应

由于煤气中除硫化氢外,还可能含有二氧化碳、氰化氢等酸性气体,所以碳酸钠也会与这些气体发生反应。

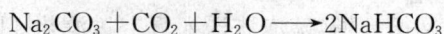

$$Na_2CO_3+CO_2+H_2O \longrightarrow 2NaHCO_3$$

$$2NaHS + 2O_2 \longrightarrow Na_2S_2O_3 + H_2O$$
$$Na_2CO_3 + HCN + S \longrightarrow NaCNS + NaHCO_3$$
$$2NaCNS + 5O_2 \longrightarrow Na_2SO_4 + 2CO_2 + SO_2 + N_2$$

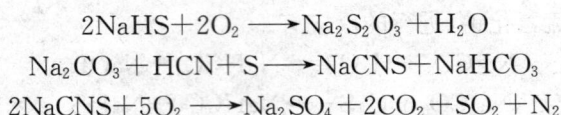

5. 影响硫化氢吸收速率的因素

(1) 温度。吸收和再生过程对温度要求并不严格。一般温度在 $15\sim60$ ℃均可正常操作。温度太高时,会使生成硫代硫酸钠的副反应加速。温度太低,一方面会引起碳酸钠、ADA、偏钒酸钠等沉淀;另一方面,温度低,吸收速率慢,溶液再生不好。通常溶液温度需维持在 $40\sim45$ ℃,这时生成的硫黄颗粒直径较大。

(2) 压力。脱硫过程对压力无特殊要求,由常压至 68.65 MPa(表压)范围内,吸收过程均能正常进行。吸收压力取决于原料气的压力。加压操作对二氧化碳含量高的原料气有更好的适应性。

(3) 溶液的组成,包括总碱度、碳酸钠浓度、溶液的 pH 值及其他组分。溶液的总碱度和碳酸钠浓度是影响溶液对硫化氢吸收速率的主要因素。气体的净化度、溶液的硫容量及气相总传质系数,都随碳酸钠浓度的增加而增大。但浓度太高,超过了反应的需要,将更多地生成碳酸氢钠。碳酸氢钠的溶解度较小,易析出结晶,影响生产。同时,浓度太高,生成硫代硫酸钠的反应亦加剧。因此,碳酸钠的浓度应根据气体中硫化氢的含量来决定。在满足净化要求的情况下,酸钠的浓度应尽量取低些。目前国内在净化低硫原料气时,多采用总碱度为 0.4 mol/L、碳酸钠浓度为 0.1 mol/L 的稀溶液。随着原料气中硫化氢含量的增加,可相应提高溶液浓度,直到采用总碱度为 1.0 mol/L、碳酸钠浓度为 0.4 mol/L 的浓溶液。

对硫化氢与 ADA/偏钒酸钠的反应,增大溶液的 pH 值对反应有利。而氧与还原态的偏钒酸钠反应,降低溶液的 pH 值对反应有利。在实际生产中对 PH 值的控制应综合考虑。

6. 工艺流程和设备

煤气的生产方法不同、原料气的组成不同,则脱硫设备的选型、操作压力、生产流程都会有所不同,但都包括硫化氢的脱除、吸收液的再生、硫黄颗粒的回收三部分。此处仅介绍焦炉煤气的改良 ADA 法脱硫生产工艺流程。如图 8-8 改良 ADA 法脱硫生产工艺流程。

焦炉煤气从脱硫塔底部进入脱硫塔 1 内与塔顶喷淋的碱性脱硫液逆流充分接触,同时发生脱硫反应,脱除了硫化氢后的煤气从塔顶出来经液沫分离器 2 除去液沫后送入下一工序。吸收了硫化氢的富硫溶液由塔底经液封槽 3 排出,此时液相中硫氢根离子与偏钒酸钠仍在进行着反应,送入循环槽(或称反应槽)4 内,在循环槽内提供足够的反应时间使其反应完全。槽内溶液由循环泵 5 送至加热器 6 加热至约 40 ℃(夏季则为冷却器)后,进入再生塔 7 底部去再生,同时向再生塔底部鼓入空气,与富硫溶液并流而上,在再生塔内溶液与空气并流充分接触得以氧化再生。再生后的溶液经液位调节器返回脱硫塔。

脱硫塔内析出的少量硫泡沫在循环槽内积累,为使硫泡沫与溶液同时进入循环泵,在槽顶部和底部均设有溶液喷头,喷射自泵的出口引出的高压溶液,在打碎泡沫同时搅拌溶液。在循环槽中积累的硫泡沫也可以放入收集槽,由此用压缩空气压入硫泡沫槽 9。大量的硫泡沫是在再生塔中生成的,析出的硫黄附着在空气泡上,借空气浮力升至塔顶扩大部分,利用位差自流入硫泡沫槽内。硫泡沫槽内温度控制在 $65\sim70$ ℃,在机械搅拌下逐渐澄清分层,清液经放液器 10 返回循环槽,硫泡沫送入真空过滤机 11 进行过滤,生成硫膏。滤

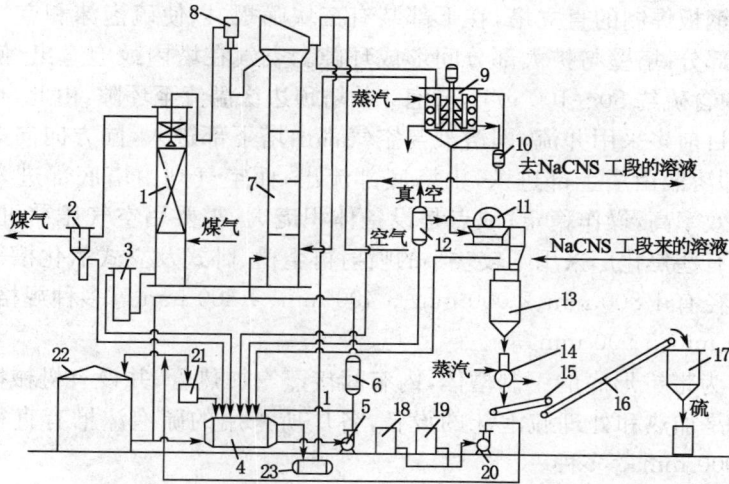

图 8-8 改良 ADA 法脱硫生产工艺流程

1——脱硫塔；2——液沫分离器；3——液封槽；4——循环槽；5——循环泵；6——加热器；
7——再生塔；8——液位调节器；9——硫泡沫槽；10——放液器；11——真空过滤机；12——除沫器；
13——熔硫釜；14——分配器；15，16——胶带输送机；17——贮槽；18——碱液槽；
19——硫钒酸钠溶液槽；20——碱液泵；21——碱液高位槽；22——事故槽；23——泡沫收集槽

液经真空除沫器 12 后也返回循环槽。

硫膏经漏嘴放入熔硫釜 13，由夹套内蒸汽间接加热至 130 ℃以上，使硫熔融并与硫渣分离。熔融硫放入用蒸汽夹套保温的分配器 14，以细流放至胶带输送机 15 上，用冷水喷洒冷却。在另一胶带输送机 16 上经脱水干燥后得硫黄产品。

在碱液槽 18 备有配制好的 10%的碱液，用碱液泵 20 送至高位槽，间歇或连续地加入循环槽或事故槽内以备补充消耗。当需补充偏钒酸钠溶液时，也由碱液泵自碱液槽送至溶液循环系统。

主要工艺操作要点是：煤气进入脱硫塔的温度为 30～40 ℃，当温度偏低时，脱硫反应速率较慢，过高时会加剧副反应发生，加大碱耗。脱硫液的 pH 值控制为 8.5～9.5，pH 值低时导致脱硫反应速率缓慢；pH 值高时会增加副反应，增大碱耗，并使硫在脱硫塔内析出速度加快，易造成堵塔。脱硫塔溶液温度应比煤气温度高 3～5 ℃，这是脱硫系统水平衡的需要，以使系统中多余的水分被煤气带走。当提取硫氰酸钠和硫代硫酸钠时更为必要。脱硫液中硫氰酸钠和硫代硫酸钠含量总和大于 250 g/L 时，会使脱硫反应速率降低，使脱硫操作恶化，此时必须将这两个副产品进行分离。脱硫液中的各组分任何时候均应符合规定的指标，否则会使脱硫操作困难，难以保证产品质量。

改良 ADA 法煤气脱硫的主要设备有脱硫塔、再生塔、循环槽、硫泡沫槽、真空过滤机等。

脱硫塔一般采用填料塔或空喷塔，填料塔所采用的填料有木格、瓷环、花形塑料、钢板网等，过去国内各厂采用木格填料塔居多，现在新建改建焦化厂一般采用钢板网填料。近年来有的厂采用塑料花环填料塔，也取得了良好的效果。常用的填料脱硫塔的直径有2 000 mm、2 200 mm、3 500 mm、5 000 mm 等多种规格。

再生塔为钢板焊制的直立塔,在下部装有三块筛板,以使硫泡沫和空气均匀分布。其顶部设有扩大部分,塔壁与扩大部分间形成环隙。空气在塔内鼓泡逸出,使硫浮在液面上而成泡沫,其中含硫约 50~100 g/L,硫泡沫从塔顶边缘溢流至环隙,由此自流入硫泡沫槽。塔内溶液流向目前多采用并流,即溶液与空气都由塔下部进入,同方向向上流动。有一些厂采用逆流,即溶液由塔上部进入,由塔底部流出,而空气则由塔底部进入,由上部流出。逆流的优点是效率高,操作稳定;缺点是设备体积庞大,需要用空气压缩机压缩,动力消耗较大。近年来有些焦化厂采用了较矮小的喷射再生槽、卧式及立式氧化槽等。目前国内采用的再生塔直径有 1 800 mm、2 000 mm、3 400 mm、+800 mm 等多种规格;喷射再生槽有直径为 42 800 mm、5 900 mm 等。

硫泡沫槽为带锥形底的钢制槽体,内有间接蒸汽加热管,并设有机械搅拌或压缩空气搅拌装置。它是加热和处理硫泡沫的设备,各厂所采用的硫泡沫槽有直径为 1 800 mm、2 800 mm、3 000 mm 等多种。

溶液循环槽的主要作用是促使钒的转化、元素硫的析出。为使反应进行得完全,对该槽的基本要求是具有一定的容积使溶液在此停留一定的时间,一般要停留 8~10 min。

(二)栲胶法脱硫

栲胶法脱硫是以广西化工研究所为首于 20 世纪 70 年代在改良 ADA 法的基础上进行改进、研究成功的,20 世纪 80 年代应用于焦炉气的脱硫。该法的气体净化度、溶液硫容量、硫回收率等项主要技术指标,均可与 ADA 法相媲美。它突出的优点是运行费用低,无硫黄堵塔问题,是目前焦化厂使用较多的脱硫方法之一。

栲胶是由植物的秆、叶、皮及果的水萃取液熬制而成的,其主要成分是丹宁。由于来源不同,丹宁的成分也不一样,大体上可分为水解型和缩合型两种。它们大都是具有酚式结构的多羟基化合物,有的还含有醌式结构。大多数栲胶都可用来配制脱硫液,而以橡碗栲胶最好,其主要成分是多种水解型丹宁。

脱硫过程中,酚类物质经空气再生氧化成醌态,因其具有较高电位,故能将低价钒氧化成高价钒,进而使吸收溶液中的硫氢根氧化、析出单质硫。同时丹宁能与多种金属离子(如钒、铬、铝等)形成水溶性配位化合物;在碱性溶液中丹宁能与铁、铜反应并在其材料表面形成丹宁酸盐薄膜,具有防腐蚀作用。

栲胶法脱硫原理:栲胶法脱硫和改良 ADA 法,两者均属于湿式氧化法脱硫,其脱硫过程原理也基本相似。

(1)在脱硫塔中脱硫液吸收焦炉煤气中的 H_2S,并生成硫氢化钠:

$$Na_2CO_3 + H_2S \longrightarrow NaHS + NaHCO_3$$

(2)在脱硫塔底及富液槽中,NaHS(或 NH_4HS)被 V^{5+} 氧化成单质硫。同时 V^{5+} 被还原成 V^{4+}。而部分 V^{4+} 又被醌态(氧化态)的栲胶及其降解物氧化成 V^{5+},该部分栲胶则变成酚态(还原态):

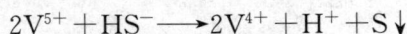

$$2V^{5+} + HS^- \longrightarrow 2V^{4+} + H^+ + S\downarrow$$

$$TQ(醌态) + V^{4+} + 2H_2O \longrightarrow THQ(酚态) + V^{5+} + OH^-$$

同时醌态栲胶氧化 HS^- 亦析出硫黄,醌态栲胶被还原成酚态栲胶:

$$TQ(醌态) + HS^- \longrightarrow THQ(酚态) + S\downarrow$$

(3)在再生槽(塔)中,酚态栲胶被空气氧化成醌态,同时生成 H_2O_2,并把 V^{4+} 氧化成

V^{5+}；与此同时，由于空气的鼓泡作用，把硫微粒凝聚成硫泡沫，并在液面上富集分离：

$$2THQ(酚态)+O_2 \longrightarrow 2TQ(醌态)+H_2O_2$$

$$TQ(醌态)+V^{4+}+2H_2O \longrightarrow THQ(酚态)+V^{5+}+OH^-$$

（4）H_2O_2 氧化 V^{4+} 和 HS^-：

$$H_2O_2+V^{4+} \longrightarrow V^{5+}+OH^-$$

$$H_2O_2+HS^- \longrightarrow H_2O+S\downarrow+OH^-$$

当被处理气体中含有 CO_2、HCN、O_2 时，所生产的副反应，以及因 H_2O_2 反应都和改良 ADA 相同。

（5）如有 NaHS（或 NH_4HS）进入再生槽（塔）中，HS^- 在被氧化成单质的同时，将被空气氧化成 $S_2O_3^{2-}$，进而氧化成 $S_2O_4^{2-}$。为尽量减少该副反应，除要求脱硫液中栲胶和钒离子浓度较高外，还要求富液在富液槽中有足够的停留时间（当硫容量为 200 mg/L，约需半小时），以保证 HS^- 在此尽可能被氧化（又称为"熟化"）成单质，使生成 $S_2O_3^{2-}$、$S_2O_4^{2-}$ 的副反应生成率控制在 3% 左右。

栲胶法脱硫与改良 ADA 法相比，当脱硫液浓度相近时，其硫容量相当，但栲胶法能克服后者容易发生硫堵的通病。在脱硫过程中，栲胶除了作为催化氧化剂外，还是钒离子配合剂（而改良 ADA 法需另加酒石酸钾钠配合钒离子），而且它还是防堵剂和防腐剂，况且用于脱硫的栲胶是由天然野生植物为主要原料制备的林化产品，因此其价格比化工制品 ADA 低廉（约为 ADA 的 1/6）。

栲胶法脱硫可采用与 ADA 法完全相同的工艺流程，操作指标亦与 ADA 法相当。下面就该法的操作条件讨论如下。

（1）温度。常温范围内，H_2S、CO_2 脱除率及 Na_2SO_3 生成率与温度关系不敏感。再生温度在 45 ℃以下，Na_2SO_3 生成率低，超过 45 ℃时则急剧升高。通常吸收与再生在同一温度下进行，约为 30～40 ℃。

（2）溶液组分：

① 碱度。溶液的总碱度与其硫容量呈线性关系，因而提高总碱度是提高硫容量的有效途径。一般处理低硫原料气时，采用溶液总碱度为 0.4～0.5 mol/L。而对高硫含量的原料气则采用 0.75～0.85 mol/L 的总碱度。

② $NaVO_3$ 含量。$NaVO_3$ 起加快反应速率的作用，其含量取决于脱硫液的操作硫容量，即与富液中的 HS^- 含量符合化学反应计量关系。应添加的理论含量可与液相中 HS^- 物质的量浓度相当，但在配制时往往过量，控制过量系数在 1.3～1.5 左右。

③ 栲胶含量。栲胶在脱硫过程中的作用与 ADA 相同均是起载氧的作用，是氧载体。栲胶含量应与溶液中钒含量存在着化学反应计量关系，从配合作用考虑，要求栲胶含量与钒含量保持一定的比例，根据实践经验，比较适宜的栲胶与钒的比例为 1.1～1.3。

（3）CO_2。栲胶脱硫液具有相当高的选择性。在适宜的操作条件下，它能从含 99% 的 CO_2 原料气中将 200 mg/m³ 的 H_2S 脱除至 45 mg/m³ 以下。但溶液吸收 CO_2 后会使溶液的 pH 值降低，使脱硫效率稍有降低。

（三）HPF 法脱硫

HPF 法脱硫是采用 HPF 新型高效复合催化剂从焦炉煤气中脱除硫化氢和氰化氢的新工艺，它属于湿式液相催化氧化法脱硫，该工艺是以煤气中的氨为碱原，在 HPF 催化剂作用下分解煤气中的硫化氢和氰化氢,转化为硫氢化铵等酸性铵盐,再在空气中氧的氧化下转化为元素硫。HPF 法脱硫工艺脱硫脱氰效率高,循环脱硫液中盐类增长缓慢,废液量相对较少。以煤气中氨为碱原,资源利用合理,原材料动力消耗低。

1. HPF 法脱硫的基本反应

(1) 脱硫反应

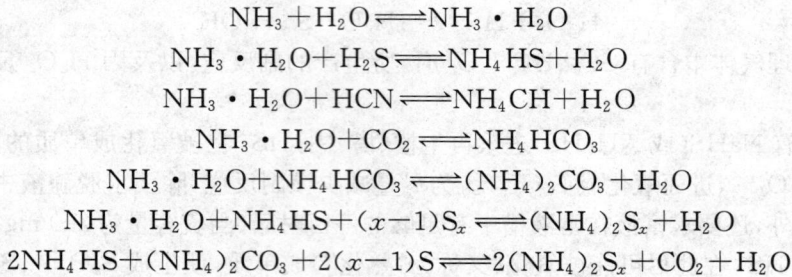

$$NH_3+H_2O \Longleftrightarrow NH_3 \cdot H_2O$$

$$NH_3 \cdot H_2O+H_2S \Longleftrightarrow NH_4HS+H_2O$$

$$NH_3 \cdot H_2O+HCN \Longleftrightarrow NH_4CH+H_2O$$

$$NH_3 \cdot H_2O+CO_2 \Longleftrightarrow NH_4HCO_3$$

$$NH_3 \cdot H_2O+NH_4HCO_3 \Longleftrightarrow (NH_4)_2CO_3+H_2O$$

$$NH_3 \cdot H_2O+NH_4HS+(x-1)S_x \Longleftrightarrow (NH_4)_2S_x+H_2O$$

$$2NH_4HS+(NH_4)_2CO_3+2(x-1)S \Longleftrightarrow 2(NH_4)_2S_x+CO_2+H_2O$$

(2) 再生反应

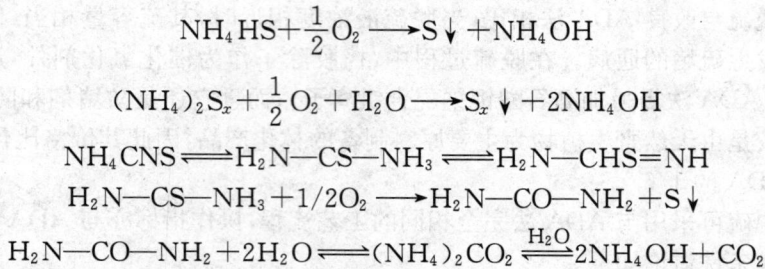

$$NH_4HS+\frac{1}{2}O_2 \longrightarrow S\downarrow+NH_4OH$$

$$(NH_4)_2S_x+\frac{1}{2}O_2+H_2O \longrightarrow S_x\downarrow+2NH_4OH$$

$$NH_4CNS \Longleftrightarrow H_2N-CS-NH_3 \Longleftrightarrow H_2N-CHS=NH$$

$$H_2N-CS-NH_3+1/2O_2 \longrightarrow H_2N-CO-NH_2+S\downarrow$$

$$H_2N-CO-NH_2+2H_2O \Longleftrightarrow (NH_4)_2CO_2 \overset{H_2O}{\Longleftrightarrow} 2NH_4OH+CO_2$$

(3) 副反应

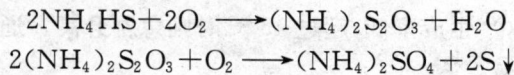

$$2NH_4HS+2O_2 \longrightarrow (NH_4)_2S_2O_3+H_2O$$

$$2(NH_4)_2S_2O_3+O_2 \longrightarrow (NH_4)_2SO_4+2S\downarrow$$

2. HPF 法脱硫工艺流程

HPF 法脱硫工艺流程如图 8-9 所示,从鼓风冷凝工段来的煤气,温度约为 55 ℃,首先进入预冷塔,预冷塔自成循环系统,循环冷却水从塔下部用预冷塔循环泵 7 抽出送至预冷塔循环水冷却器 3,用低温水冷却至 20~25 ℃后进入塔顶循环喷洒。采取部分剩余氨水更新循环冷却水,多余的循环水返回鼓风冷凝工段,或送往酚氰污水处理站。

预冷后的煤气进入脱硫塔,与塔顶喷淋下来的脱硫液逆流接触以吸收煤气中的硫化氢和氰化氢,同时吸收煤气中的氨补充脱硫液中碱原。脱硫后煤气中硫化氢含量降至 50 mg/m³ 左右,送入硫酸铵工段。

吸收了 H₂S、HCN 的脱硫液从塔底流出,经水封槽 4 进入反应槽 9,然后用脱硫液循环泵 11 送入再生塔 10,同时自再生塔底部通入压缩空气,使溶液在塔内得以氧化再生。再生后的溶液从塔顶经液位调节器自流回脱硫塔循环吸收。浮于再生塔顶部扩大部分的硫黄泡沫,利用位差自流入泡沫槽 14,经澄清分层后,清液返回反应槽,硫泡沫用泡沫泵 15 送入熔硫釜 16,经数次加热、脱水,再进一步加热熔融,最后排出熔融硫黄,经冷却后装袋外销。系统中不凝性气体经尾气洗净塔洗涤后放空。为避免脱硫液盐类积累影响脱硫效果,排出少量废液送往配煤。

自鼓风冷凝送来的剩余氨水,经氨水过滤器除去夹带的煤焦油等杂质,进入换热器与

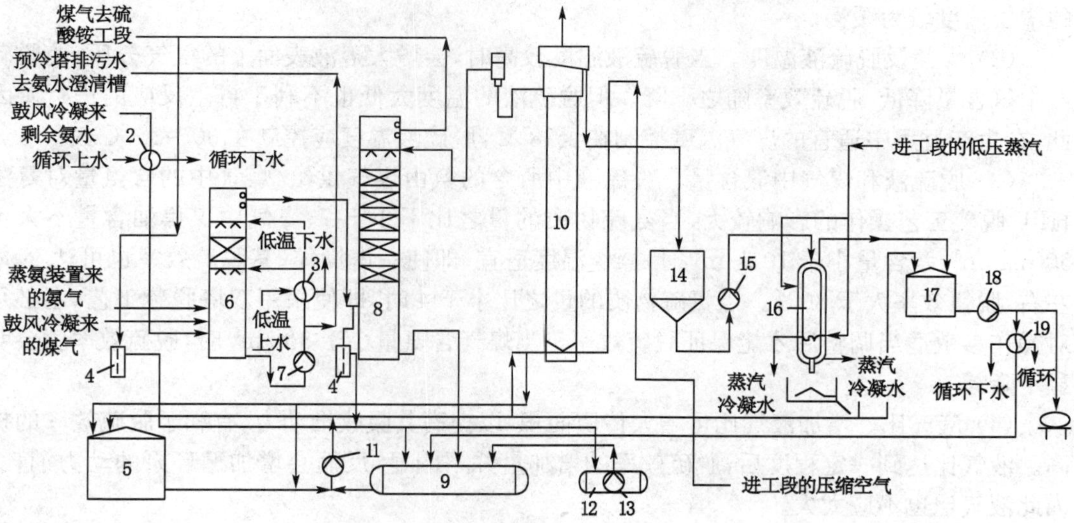

图 8-9 HPF 法脱硫工艺流程

1——硫黄接受槽；2——氨水冷却器；3——预冷塔循环水冷却器；4——水封槽；5——事故槽；
6——预冷塔；7——预冷塔循环泵；8——脱硫塔；9——反应槽；10——再生塔；
11——脱硫液循环泵；12——放空槽；13——放空槽液下泵；14——泡沫槽；
15——泡沫泵；16——熔硫釜；17——废液槽；18——清液泵；19——清液冷却器

蒸氨塔底排出的蒸氨废水换热后进入蒸氨塔，用蒸汽将直接氨蒸出。同时向蒸氨塔上部加一些稀碱液以分解剩余氨水中的固定铵盐。蒸氨塔顶部的氨气经分凝器和冷凝冷却器冷凝成含氨大于 10% 的氨水送入反应槽，增加脱硫液中的碱源。

3. HPF 法脱硫工艺特点

(1) 以氨为碱源。HPF 为催化剂的焦炉煤气脱硫脱氰新工艺，具有较高的脱硫脱氰效率(脱硫效率 99%，脱氰效率 80%)，而且流程短，不需外加碱，催化剂用量少，脱硫废液处理简单，操作费用低，一次性投资省。

(2) 脱硫塔中可填充聚丙烯填料(或波纹钢板网填料)，不易堵塞，脱硫塔操作阻力较小。

(3) 脱硫塔、再生塔、反应槽、泡沫槽、废液槽、事故槽等易腐蚀设备其材质可用碳钢，内壁涂防腐涂料；输送脱硫液的泵类、管道、管件及阀门为耐腐蚀不锈钢。

(4) 脱硫废液送往配煤，工艺简单，对周边环境无污染。

(5) 再生塔采用空气与脱硫液预混再生，节省压缩空气，从而使再生过程排放的尾气量少，排放的尾气含氨量远远低于国家有关标准。

4. HPF 法脱硫操作条件

对 HPF 脱硫操作的影响因素很多，有气—液两相的物理因素、化学因素、两相间能量、质量传递和各种化学反应的动力学因素以及设备因素等，情况十分复杂，而且各种因素间往往制约着，因此应该综合考虑。就以下几点因素进行初步讨论。

(1) 脱硫液中盐类的积累。从反应过程可看出，脱硫过程中生成的脱硫溶液中 $(NH_4)_2S_x$、NH_4HS，在催化再生过程中与氧反应生成氨水后又重新参与脱硫反应，因此能降低脱硫过程中氨的消耗量，由于再生反应可控制 NH_4CNS 的生成，故脱硫液中 NH_4CNS

的增长速度较为缓慢。

（2）煤气及脱硫液温度。当脱硫液温度较高时，会增大溶液表面上的氨气分压，使脱硫液中氨含量降低，脱硫效率随之下降。但脱硫液的温度太低也不利于再生反应的进行。因此，在生产过程中适宜的煤气温度控制在≤28 ℃，脱硫液温度应控制在30～35 ℃。

（3）脱硫液和煤气中氨含量。脱硫液中所含的氨由煤气供给，煤气中的含氨量对氨法HPF脱硫工艺操作的影响较大，当氨硫物质的量之比不小于7、煤气中煤焦油含量不大于50 mg/m³、萘含量小于10 g/m³时，操作温度适宜，即使一塔操作，其脱硫效率也可达90%左右，脱氰效率大于80%。当氨硫物质的量之比小于4时，即使采用双塔脱硫工艺，也必须对操作参数适当调整后才能保证脱硫效率。当煤气含氨量小于3 g/m³时，脱硫效率就会明显下降。

（4）液气比。增加液气比可增大传质面积，以提高其吸收推动力，有利于脱硫效率的提高。液气比达到一定程度后，脱硫效率的增加量并不明显，反而会增加循环泵的动力消耗，因此液气比也不应太大。

（5）再生空气量与再生时间。氧化1 kg硫化氢的理论空气用量不足2 m³，在实际再生生产中，考虑到浮选硫泡沫需要，再生塔的鼓风强度一般控制在10 m³/(m²·h)。由于HPF催化剂在脱硫和再生过程中均有催化作用，故可适当降低再生空气量。但是，减少再生空气量后会影响硫泡沫漂浮效果，因此在实际生产中不降低再生空气量，而是适当减少再生停留时间，再生生产操作控制在20 min左右。

（6）煤气中杂质。生产实践表明，煤气中煤焦油和萘等杂质不仅对煤气的脱硫效率有较大影响，还会使硫黄颜色发黑。因此，氨法HPF脱硫工艺与其脱硫工艺一样要求进入脱硫塔的煤气中煤焦油含量小于50 mg/m³，萘含量不大于0.5 g/m³。否则，损失了氨，而且还会污染环境，故尾气必须进一步净化处理。系统中的不凝性气体可经尾气洗净塔洗涤后放空。

（7）尾气中氨含量。脱硫液用空气氧化再生时，其再生空气尾气中氨含量达2.4 g/m³，如果将其直接排放到大气中不但损失了氨，还会污染大气。故尾气必须进一步净化处理，系统中不凝性气体可经尾气洗净塔洗涤后放空。

（8）硫渣。再生塔顶部硫泡沫进入熔硫工序，在熔硫过程中产生的硫渣，可送回熔硫釜中熔硫，这样还可减轻硫渣对环境的污染。但是目前HPF法生产中一些熔硫釜的运行操作情况不理想，硫渣和硫膏分离不好，而操作费用又高，现在一些厂均使用了板框压滤机替代熔硫釜，分离硫泡沫成清液和硫膏，硫膏含硫70%～75%。使用板框压滤机操作，设备费和操作费低，但劳动强度大，操作环境差，生产的硫膏价值低，这只是一暂行办法。

（9）硫黄产率及质量。氨法HPF脱硫工艺的硫黄收率为50%～60%，与ADA法的收率基本相同，硫黄纯度平均为96.40%。

（10）废液。从硫的物料平衡计算得出，硫损失约为27%～40%，这部分硫主要生成硫氰酸铵和硫代硫酸铵随废液流失，其废液量约为300～500 kg/(1 000 m³·h)。当蒸氨装置蒸出的氨以气态进入预冷塔时，其废液量要少，但这种气态加氨方式煤气脱硫效果较液态加氨方式差，现新建焦化厂采用剩余氨水中蒸出的氨，以液态（含氨10%～12%的氨水）形式进入反应槽，可以降低煤气脱硫的温度，提高脱硫效果。废液收集后可回兑至配煤中。对脱硫废液回兑入配煤的研究表明，配煤水分仅增加0.4%～0.6%，焦炭硫含量仅增加

0.03%~0.05%,对焦炭质量的影响不大。

(11) 氨耗量。在脱硫过程中,因氨生成$(NH_4)_2S_2O_3$ 和 NH_4CNS 等铵盐以及再生尾气带出而损失一部分。煤气入口平均含氨在 5.48 g/m^3 时,出口煤气含氨为 4.59 g/m^3,折合硫黄耗氨 314 kg/t,氨的损失率约 16.24%。

第三节　煤气中一氧化碳变换

不同的煤炭气化工艺和采用不同的气化剂,都会使煤气的组分不同,一氧化碳的含量也不同。根据煤气的用途不同,往往需要将煤气中的一氧化碳去除(对合成氨工艺)或部分去除。工业上一氧化碳变换反应都是在催化剂存在下进行的,以前在许多中型合成厂工艺中,都是将原料气中的 H_2S 和 CS_2 等酸性气体在被脱除的情况下应用铁铬系变换催化剂,温度在 350~550 ℃ 的条件下进行变换反应。但约有 3% 左右的 CO 仍存在于变换气中,所以还需要采用铜锌系变换催化剂,在温度 200~280 ℃ 的条件下进行再次变换反应,残余的 CO 含量才能降到 0.5% 以下,满足生产合成氨的工艺需要,即中变串低变工艺。20 世纪 50 年代后期开发了一种耐硫变换催化剂,这是一种宽温变换催化剂,主要成分为钴和钼的氧化物,亦称钴钼系变换催化剂。因活性组分为钴和钼的硫化物,故在使用时需先进行硫化处理,该催化剂能够适应含硫工艺气的场合,目前得到了广泛应用。

一、一氧化碳变换反应

一氧化碳进行变换时的主要化学反应式为:

$$CO(g) + H_2O(g) \longrightarrow H_2(g) + CO_2(g)$$

在不同的工艺条件下会有一些副反应发生,如一氧化碳和氢气反应生成单质碳和水或者生成甲烷和水。因此在进行变换反应时,要选择合适的工艺参数和优良的催化剂,可避免上述副反应的发生概率。

二、工艺条件

1. 压力

根据上述变换的主反应可以看到,变换反应为等体积反应,所以压力对反应平衡的影响几乎没有。但由于是气相反应,加压可增加反应物浓度,从而提高反应速率,提高设备生产能力。但提高压力将使析炭和生成甲烷等副反应易于进行,具体操作压力的数值则应根据具体的气化工艺决定,目前大型煤炭气化装置都采用加压变换工艺。

2. 温度

一氧化碳变换为放热反应,随着变换反应的进行,系统温度不断升高,反应速率增加;继续升高温度,反应速率随温度的增加不再改变;再提高温度时,反应速率随温度升高而下降。对一定类型的催化剂和一定的气体组成而言,一定会有最大的反应速率值,与其对应的温度称为最适宜温度或最佳温度。反应温度按最佳温度进行可使催化剂用量最少,但要控制反应温度严格按照最佳温度曲线进行在目前的技术条件下是不现实和难以达到的。目前在工业上通过将催化剂床层分段来达到使反应温度接近最佳温度。然而在低变工艺流程中,温度增加很少,所以不必分段。

3. 汽气比

一氧化碳变换反应的汽气比一般是指反应气中水蒸气和一氧化碳的物质量之比。从化学平衡角度看，增加水蒸气用量，可提高 CO 平衡变换率，且能保证催化剂中 Fe_3O_4 的稳定而不被还原，同时过量水蒸气还起到载热体的作用。因此，调整水蒸气用量是改善床层温度的有效手段。

水蒸气用量是变换过程中最主要的消耗指标，尽量减少其消耗对过程的经济性具有重要意义。同时水蒸气比例过高，还将造成催化剂床层阻力增加，一氧化碳停留时间缩短，余热回收负荷加重。中（高）温变换操作时，适宜的汽气比一般为 $H_2O/CO=3\sim5$；反应后，中（高）变气中 H_2O/CO 可达 15 以上，不必再添加水蒸气即可满足低变要求。降低汽气比虽然可节约成本，但过低的汽气比将会导致铁铬系中变催化剂中铁的氧化物被过度还原，而使活性降低。因此要降低变换过程的汽气比，必须确定合适的 CO 最终变换率或剩余 CO 含量，中（高）变气中一般含 CO 为 3%～4%，低变气中一般含 CO 为 0.3%～0.5%。催化剂段数也要合适，段间冷却要良好。同时注意余热的回收可降低水蒸气消耗。

三、工艺流程

一氧化碳变换的工艺流程主要是由原料气构成来决定的，同时还和所用催化剂、变换反应器结构，以及气体净化要求等有关。原料气组成首先考虑的是一氧化碳含量，由于中（高）变换所用催化剂适用温度范围宽，而且廉价易得，因此一氧化碳含量高则采用中（高）温变换。其次要考虑进入系统的原料气温度和湿含量，若原料气温度和湿含量较低，应先预热和增湿，合理利用余热。下面介绍几种常见的工艺流程。

1. 中（高）变—低变串联流程

采用此流程一般与甲烷化脱出少量碳氧化物相结合。这类流程先通过中（高）温变换将大量 CO 变换达到 3% 左右后，再用低温变换使含量降低到 0.3%～0.5%，即"中串低"流程。为了进一步降低出口气中 CO 含量，也有在低变后面再串一个甚至两个低变流程的，如中低低、中低低低等。同样是"中串低"，根据原料气中 CO 含量不同又有多种流程。CO 含量较高时一般选在炉外串低变；而 CO 含量较低时，可选在炉内串低变。图 8-10 为中变串低变调温水加热的工艺流程。图 8-11 为中变增湿的中低低流程。

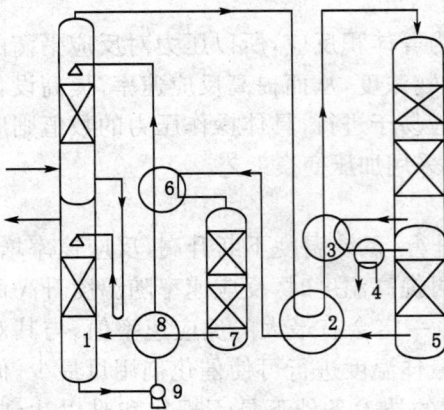

图 8-10　炉外中串低调温水加热流程
1——饱和热水塔；2——主热交换器；3——中间换热器；
4——蒸汽过热器；5——变换炉；6——调温水加热器；
7——低变炉；8——水加热器；9——热水泵

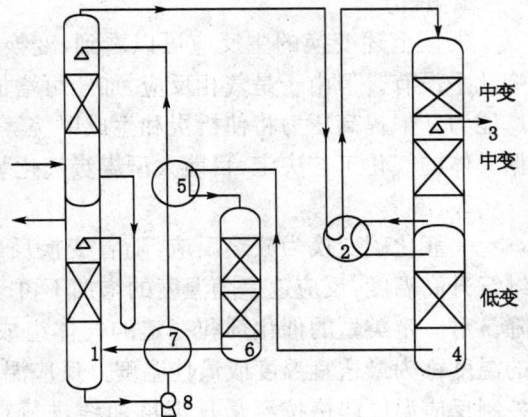

图 8-11　中变增湿的中低低流程
1——饱和热水塔；2——主热交换器；3——喷水增湿器；
4——变换炉；5——调温水加热器；
6——低变炉；7——水加热器；8——热水泵

中变后串几个低变只是个形式,关键是变换终态温度,有的用户尽管是中低低(串两个低变)甚至中低低低(串三个低变),如果低变催化剂活性不高,其终态温度降不下来,其效果也不明显。反之串一个低变的中串低,如采用低温活性高的钴钼低变催化剂,确保较低变换终态温度,其效果也很好,与中低低相同。但中串低流程需要注意两个问题,一是要提高低变催化剂的抗毒性,防止低变催化剂过早失活;二是要注意中变催化剂的过度还原,因为与单一的中变流程相比,中串低特别是中低低流程的反应汽气比下降。中变催化剂容易过度还原,引起催化剂失活,缩短使用寿命。

2. 全低变流程

全低变流程是采用钴钼系耐硫变换催化剂,主要有下列优点。

(1) 催化剂的起始活性温度低,变换炉入口温度及床层内热点温度低于中变炉入口及热点温度 $100\sim200\ ^\circ C$。这样,就降低了床层阻力,缩小了气体体积约 20%,从而提高了变换炉的生产能力。

(2) 变换系统处于较低的温度范围内操作,在满足出口变换气中 CO 含量的前提下,可降低入炉蒸汽量,使全低变流程的蒸汽消耗降低。

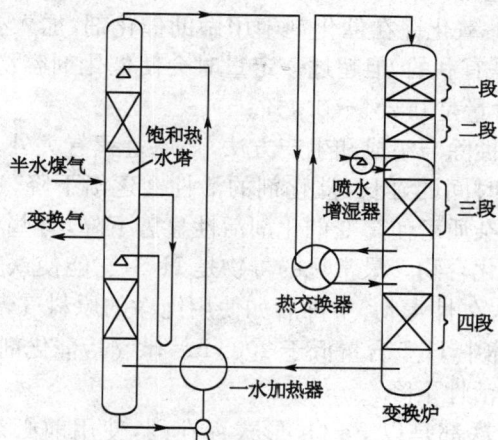

图 8-12　改进后的全低变流程

目前全低变流程有两种,一种是新设计的,另一种是将原有中小型装置加以改造的。图 8-12 为改进后的全低变流程。半水煤气先进入饱和热水塔的饱和塔部分,与下塔顶流下的热水逆流接触进行热量与质量的传递,使半水煤气提温增湿。带有水分的出塔气体进入热交换器预热并使夹带的水分蒸发,然后进入变换炉顶部。经两段变换引出,在增湿器中喷水增湿,然后返回第三段催化剂进行变换,从第三段出来的变化气经与原料气换热后进入第四段催化剂进行最后的变换反应。从变换炉出来的变换气先经一水加热器,再进入热水塔回收热量后引出。

该流程的优点是:杜绝了铁铬中变催化剂过度还原的问题,延长了催化剂的使用寿命;床层温度下降了 $100\sim200\ ^\circ C$。气体体积缩小 25%,降低了系统阻力,提高了变换炉的设备能力,减少了压缩机功率消耗。提高了有机硫化物的转化能力,在相同操作条件和工况下,全低变工艺与中串低或中低低工艺相比,有机硫化物转化率提高 5%。操作容易,起动快,增加了有效时间。

四、变换催化剂

一氧化碳变换反应所采用的变换催化剂目前主要有中温变换(或称高温变换)催化剂、铜锌系低温变换催化剂和钴钼系耐硫宽温变换催化剂三大类。

1. 变换催化剂

传统的中(高)温变换催化剂是以氧化铁为活性主体的一类变换催化剂,目前主要采用的是以氧化铁为主体,以氧化铬为主要添加物的铁铬系催化剂。其中除添加铬的氧化物外,有时还添加铝、镁的氧化物。这类催化剂具有活性温域宽、热稳定性好、使用寿命长和机械强度高等优点。但使用中水碳比高、转化率较低,还可能发生 F—T 副反应。为此,近年来开发含少量铜的铁基和铜基高温变换催化剂。另外由于铬的氧化物对人体有害,随着人们环保意识的日益增强,近年来我国已开发出低铬和无铬的一氧化碳高变催化剂并在工业中应用。该铁系铁中(高)变催化剂中,铁的氧化物是高变和中变催化剂的主要成分即活性组分,虽然是高变催化剂的活性组分,但是纯 Fe_3O_4 的活性温度范围很窄,耐热性差,且在低汽气比条件下有可能发生过度还原而变为 FeO 甚至 Fe,从而引起 CO 的甲烷化和歧化反应。添加 Cr_2O_3 是为防止铁的氧化物的过度还原,即铬的氧化物是作为稳定剂存在的。其含量一般为 3%～15%。氧化钾在催化剂中用做助催化剂,加入少量氧化钾对于催化剂的活性、耐热性和强度都是有利的,但超过一定量时会使催化剂容易结皮、堵塞孔道等。国产高变催化剂一般 K_2O 含量是 0.2%～0.4%。

中(高)变催化剂的活性除与组成和生产方法,还原过程有关外。还受操作温度和毒物的影响。操作中随着使用时间的延长,催化剂的活性会逐渐下降,这时可以通过升高温度来补偿。原料气中的某些杂质可使高变催化剂活性显著下降,有些杂质甚至会造成催化剂的永久中毒,例如磷、砷的化合物。最常见的毒物是 H_2S,它能使铁变成 FeS 而造成催化剂活性下降。但 H_2S 不是永久性毒物,中毒后如使用纯净的原料气,催化剂的活性可以较快地恢复。一般认为,当气体中 H_2S 含量低于 200 cm^3/m^3 时,催化剂活性不受影响。但反复中毒和恢复也会使催化剂活性下降。

高变催化剂产品中的铁都是以 Fe_2O_3 形式存在的,使用前必须还原成 Fe_3O_4 才具有活性。

工业生产中常用含有 CO、H_2、CO_2 的工艺气体或 H_2 作为还原性气体。还原时还必须同时加入足够量的水蒸气,以防催化剂被过度还原为单质铁。特别是水碳比较低时,还有可能被还原成碳化铁,过度还原的碳化铁在适当条件下可催化 F—T 反应的进行,生成烷烃、烯烃、羧酸类、醛类、酮类和醇类。

2. 低变催化剂

目前工业上应用的低变催化剂有铜锌铝系和铜锌铬系两种,都以氧化铜为主体,但还原后具有活性的组分是细小的铜结晶。铜对一氧化碳的活化能力比四氧化三铁强,故能在较低温度下催化一氧化碳变换反应。低变催化剂中铜微晶越小,比表面积越大;活性也越高。单纯的铜微晶由于表面能量高,在使用温度下会迅速向表面能量低的大结晶转变,使比表面积锐减,活性降低。为了提高微晶的热稳定性,需要加入适宜的添加物,氧化锌、氧化铝或氧化铬对铜微晶都是有效的稳定剂,因为它们的熔点都显著高于铜。

供应时都是氧化态,在使用前必须将其还原。由于还原反应是放热反应,控制不好反应温度,就会烧坏催化剂,因此必须严格控制还原温度。催化剂还原时可用氮气、天然气或过热水蒸气作为载气,再配入适量的还原性气体。由于还原过程中使用氢气比使用一氧化碳放出热量少,故多用氢气作为还原气。与高变催化剂相比,它对毒物十分敏感,引起低变催化剂中毒或活性降低的物质主要有冷凝水、硫化物、氯化物。

3. 耐硫变换催化剂

铁铬系中(高)变催化剂的活性温度高、抗硫性能差,铜锌系低变催化剂低温活性虽然好,但活性温度范围窄,且对硫十分敏感。为了满足重油、煤气化制氨流程中可以将含硫气体直接进行一氧化碳变换,再脱硫、脱碳的需要,20 世纪 50 年代末期开发了既耐硫,活性温度范围又较宽的变换催化剂,这类变换催化剂主要有下列特点:

(1) 有很好的低温活性。使用温度比铁铬系低 130 ℃ 以上,而且有较宽的活性温度范围(180～500 ℃),因而被称为宽温变换催化剂。

(2) 有突出的耐硫和抗毒性。因硫化物为这一类催化剂的活性组分,可耐总硫到每立方米几十克,其他有害物如少量 NH_3、HCN、C_6H_6 等对催化剂的活性均无影响。

(3) 强度高。尤其以选用 $y—Al_2O_3$ 作为载体时,强度更好,遇水不粉化,催化剂硫化后的强度还可提高 50% 以上($Fe—Cr$ 系催化剂还原态的强度通常比氧化态要低些),而使用寿命一般为 5 年左右,也有使用 10 年仍在继续使用的。

钴钼系耐硫变换催化剂出厂时成品是以氧化物状态存在的,活性很低,使用时需通过"硫化",使其转化为硫化物方能显示其活性。硫化过程是将催化剂装入变换炉后,用含硫的工艺气体进行硫化,硫化时的化学反应和硫化方法与钴钼加氢脱硫原理一样。

催化剂中的活性组分在使用中都是以硫化物形式存在的,在 CO 变换过程中,气体中有大量水蒸气,催化剂中的活性组分 MoS_2 与水蒸气反应生成 MoO_2 和 H_2S,这一过程称为"反硫化"。在变换过程中,如果气体中 H_2S 含量高,催化剂中钼以硫化物形式存在,催化剂具有高活性,如果气体中 H_2S 含量低钼的硫化物将变成 MoO_2,即发生"反硫化"。所以在一定工况下,要求变换气体中有最低 H_2S 含量,以维持催化剂中的钼处于硫化状态。H_2S最低含量受反应温度和汽气比的影响。温度和汽气比越低,H_2S 最低含量也越低,越不易发生反硫化。

本 章 小 结

(1) 煤气的主要成分因不同的气化方法和原料煤的种类的不同而有所差别,煤气中的杂质也因生产方法的不同而含量不同。固定床气化由于粗煤气出口温度低,煤料在气化炉内升温慢,因而煤中的挥发分则以煤焦油、酚油等形式析出存在于粗煤气中。气流床气化(如 Shell 气化法、K—T 气化法、德士古水煤浆气化法等)由于操作温度高、煤料与气化剂充分接触、煤料的气化反应和燃烧反应几乎在瞬间完成,因此煤气中不含焦油、酚油等各种油类杂质。流化床气化法的操作条件介于固定床和气流床之间,因此所生产的煤气组成也介于二者之间。

(2) 脱硫技术分为三大类:原煤脱硫、煤气脱硫和烟气脱硫。煤气脱硫无论在技术上还是在经济上均优于其他两类。煤气脱硫方法很多,按照脱硫剂的物理形态不同分为干法和湿法两大类,用固体脱硫剂方法称为干法脱硫,用液体脱硫剂的脱硫方法称为湿法脱硫。

（3）干法脱硫工艺简单，成熟可靠，但干法脱硫存在设备笨重，更换脱硫剂时劳动强度大，设备占地面积大以及脱硫剂再生较为困难等缺点。干法脱硫适用于煤气含硫量较低、要求净化程度高或煤气处理量较小的焦炉煤气脱硫，目前此法仍得到一定的使用。干法脱硫根据煤气的用途不同而采用不同类型的脱硫剂，干法脱硫按脱硫剂的性质可分为三种类型：即加氢转化催化剂型如铁钼、钴钼、镍钴钼等；吸收型或转化吸收型如氧化锌、氧化铁、氧化锰等；吸附型如活性炭、分子筛等。

湿法脱硫处理能力大，具有脱硫与脱硫剂再生均能连续进行，劳动强度小等优点，在脱除硫化氢的同时也能脱除氰化氢。目前，用于焦炉煤气脱硫以改良蒽醌二磺酸钠法（改良ADA法）和栲胶法较为成熟，PDS法、HPF法脱硫亦日趋成熟。改良ADA法具有脱硫溶液无毒，脱硫效率高等优点。

（4）根据煤气的用途不同，往往需要将煤气中的一氧化碳去除（对合成氨工艺）或部分去除。工业上一氧化碳变换反应都是在催化剂存在下进行的，以前在许多中型合成厂工艺中，都是将原料气中的 H_2S 和 CS_2 等酸性气体在被脱除的情况下应用铁铬系变换催化剂，温度在 $350\sim550$ ℃的条件下进行变换反应。

自 测 题

一、填空题

1. 煤气的主要成分因不同的_____和_____的不同而有所差别，煤气中的杂质也因生产方法的不同而含量不同。但煤气中的主要杂质都是_____、_____。

2. 重力除尘器是一种干式除尘器，它利用_____力使固体颗粒与气体分离。

3. _____是高炉煤气清洗系统中的第二级除尘设备（第一级是重力除尘器），根据高炉炉顶压力可分为_____洗涤塔。

4. 煤气中的硫化物按其化合状态可分为两类：一类是_____，另一类是_____。

5. 硫化氢是具有_____的无色气体，其密度为 $1.539\ g/m^3$。在空气中硫化氢体积分数达_____就能使人致命。

6. 煤气脱硫方法很多，用固体脱硫剂的脱硫方法称为_____，用液体脱硫剂的脱硫方法称为_____。

7. 干法脱硫按脱硫剂的性质可分为三种类型：_____如铁钼、钴钼、镍钴钼等；_____如氧化锌、氧化铁、氧化锰等；_____如活性炭、分子筛等。

8. 湿法脱硫都是以碱性溶液进行化学吸收的，碱性溶液可以是：_____，也可以是_____。

二、选择题

1. 煤气净化主要脱除的杂质是_____。
A. 灰尘　　B. 二氧化碳　　C. 碳氢化合物　　D. 水分

2. 下列除尘设备是依靠高压静电除尘的是_____。
A. 洗涤塔　　B. 旋风分离器　　C. 电除尘器　　D. 袋式除尘器

3. 一般焦炉煤气中含 H_2S 的含量是_____。

A. 10～20 g/m³　　 B. 1～2 g/m³　　 C. 15～25 g/m³　　 D. 4～10 g/m³

4. 不同用户，对焦炉煤气有不同要求，若用做城市煤气，规定 H_2S 含量小于_____。

A. 20 mg/m³　　 B. 50 mg/m³　　 C. 10 mg/m³　　 D. 2 mg/m³

5. 下列脱硫方法属于干法脱硫的是_____。

A. 氢氧化铁法　　 B. 栲胶法　　 C. 改良 ADA 法　　 D. HPF 法

三、简答题

1. 粗煤气主要有哪些杂质？它们有什么危害？

2. 粗煤气中固体颗粒清除主要有哪些方法？

3. 目前中国焦化厂焦炉煤气脱硫主要采用哪几种方法？

4. 改良 ADA 法应控制哪些生产操作指标？

5. 改良 ADA 法脱硫的工艺流程是怎样的？

6. HPF 法脱硫的原理是什么？

7. HPF 法脱硫的生产工艺流程是什么？

8. 与改良 ADA 法相比，栲胶法脱硫有哪些优缺点？

第九章 F—T合成工艺

第一节 F—T合成工艺概述

在经济与科技日益高速发展的现代社会中，世界各国的石油、天然气用量不断加大，这些资源将出现短缺现象，尤其是石油，许多国家靠国外进口来维持。而我国的能源结构特点是"富煤、缺油、少气"，以煤为原料生产合成气，经费托（F—T）合成生产液态烃类（汽油、柴油、煤油等石油制品）是解决液体燃料供应不足的重要途径之一。

F—T合成是由德国科学家 Fischer 和 Tropsch 在 1923 年发明的。他们利用碱性铁屑作为催化剂，在温度 400～455 ℃，压力 10～15 MPa 条件下，发现 CO 和 H_2 可反应生成烃类化合物与含氧化合物的混合液体。1925 年至 1926 年他们又使用铁或钴催化剂，在常压和 250～300 ℃下得到几乎不含有含氧化合物的烃类产品。此后，人们把合成气（$CO+H_2$）在一定的反应温度和压力下经铁或钴催化剂催化合成烃类或醇类燃料的方法称为费托（F—T）合成法。F—T合成其实是煤炭间接液化中的合成技术。煤炭的间接液化首先将原料煤与氧气、水蒸气反应将煤全部气化，制得的粗煤气经变换、脱硫、脱碳制成洁净的合成气（$CO+H_2$），合成气在催化剂作用下发生合成反应生成烃类，烃类经进一步加工可以生产汽油、柴油和 LPG 等产品。在煤炭液化的加工过程中，煤炭中含有的硫等有害元素以及无机矿物质（燃烧后转化成灰分）均可脱除，硫还可以硫黄的形态得到回收，而液体产品品质较一般石油产品更优质。依靠间接液化技术，不但可以从煤炭中提炼汽油、柴油、煤油等普通石油制品，而且还可以提炼出航空燃油、润滑油等高品质石油制品以及烯烃、石蜡等多种高附加值的产品。

1936 年德国鲁尔化学公司首先根据这一研究成果实现了 F—T 合成的工业化生产，年产量达到 7 万 t。到 1945 年为止，在德、法、日、中、美等国共建了 16 套以煤基合成气为原料的合成油装置，总的生产能力为 136 万 t/a，其中德国 F—T 合成生产能力达到年产 57 万 t，主要使用钴—钍—硅藻土催化剂，这些装置在第二次世界大战后先后停产。

第二次世界大战后,F—T 合成的发展主要分为 20 世纪 50 年代、70 年代和 90 年代 3 个阶段,特别是 90 年代,无论是催化剂还是工艺,都取得了突破性的进展,使其有可能实现大规模工业化。20 世纪 50 年代初期,中国建成了一个 F—T 合成工厂即锦州石油六厂。该厂采用钴系催化剂的固定床反应器,年产大约 2 万 t 液体燃料,20 世纪 60 年代中期由于各种原因被迫停产。20 世纪 50 年代中期,由于中东发现了大油田,石油廉价,用煤制合成气转化各种燃料的工艺立即失去经济价值,F—T 合成的研究势头减弱。但是南非联邦由于受国际制裁的限制,不得不利用丰富的煤炭资源发展 F—T 合成技术,自 1955 年以来采用新的 GTL(Gas to Liquid)工艺,陆续建立了三座大型煤基合成油工厂。1956 年在位于约翰内斯堡的沙索尔建成煤制合成气的 F—T 合成工厂,即 SASOL 一厂,相继在 1980 年建成二厂,1984 年建成三厂。SASOL 一厂、二厂、三厂是当时世界上唯一的煤制液体燃料(煤基合成油)的工业生产厂。SASOL 一厂的 Arge 低温固定床反应器采用沉淀铁催化剂,目的产品是石蜡烃;SASOL 二厂、三厂的 Synthol 高温循环流化床反应器,采用熔铁催化剂,目的产品是汽油和烯烃。

总体来说,在 20 世纪 70 年代以前石油价格比较便宜,合成油在经济上缺乏竞争力,所以只停留在研究阶段。在经历了两次石油危机后,特别是在中东石油价格暴涨的形势下,世界各国开始积极寻找代替石油的新能源,F—T 合成技术再次成为研究热点,其发展前景不容忽视。

F—T 合成工艺可能得到的产品包括气体和液体燃料,以及石蜡、水溶性含氧化合物(如醇、酮类等)、基本的有机化工原料(如乙烯,丙烯,丁烯和高级烯烃等)。其合成流程如图 9-1 所示。

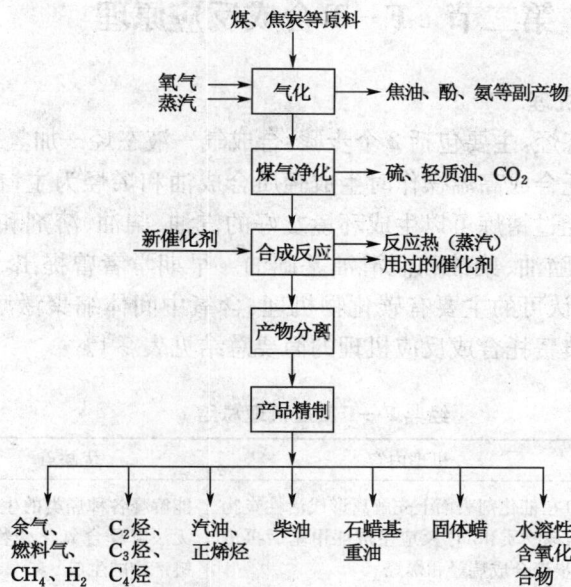

图 9-1 煤制合成气的 F—T 合成流程图

F—T 合成技术包括高温 F—T 合成(HTFT)和低温 F—T 合成(LTFT)两种:高温

F—T合成产品经加工可得到对环境友好的汽油、柴油、溶剂油和烯烃;低温F—T合成主产品石蜡可加工成特种蜡或经加氢裂化/异构化生产优质柴油、润滑油基础油,石脑油馏分还是理想的裂解原料。近年来高温F—T技术和低温F—T技术均获得较大程度的发展。高温F—T技术出现了以SASOL为代表的改进流化床反应器技术。低温F—T技术则出现了浆态床反应器技术,并正被广泛应用到生产实践中,成为目前最受注目的合成油技术路线。

由于F—T合成产品的种类繁多,选择性差,近年来,国内外对F—T合成技术的研发工作都集中在如何提高产品的选择性和降低成本上,科研人员研发出了复合型催化剂和改进的F—T合成法。在国内,如中国科学院山西煤炭化学研究所提出了将传统的F—T合成与沸石分子筛相结合的固定床两段合成工艺,即MFT合成,流程图见图9-2。此后又研发出了浆态床—固定床两段合成工艺,简称为SMFT合成,SMFT合成已于1990年完成了模拟试验。

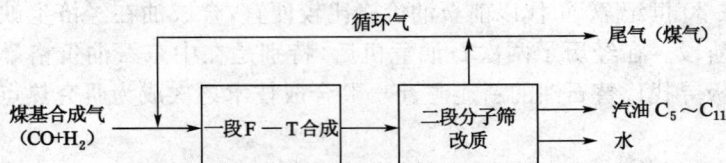

图9-2　MFT合成的流程图

第二节　F—T合成反应原理

一、F—T合成反应机理

将合成气转化为液态烃,主要包括2个步骤:合成气—液态烃—加氢裂解或异构成最终产品。其中第一步费—托合成高温操作时生成轻质合成油和烯烃为主;在低温操作时生成重质合成油、石蜡为主,经过精炼可以生成环境友好的汽油、柴油、溶剂和烯烃,或经加氢异构裂解成优质溶剂油、石脑油、柴油和润滑油基础油。早期学者曾提出十余种费托合成反应机理模式,但得到普遍认可的主要有碳化物机理、含氧中间体缩聚激励、CO插入机理和双中间体机理。有关经典费托合成反应机理的简要总结见表9-1。

表9-1　　　　　　　　　　　　经典F—T反应机理总结

机理	提出者	机理内容	优缺点	中间体
碳化物机理	Fisher 和 Tropsch	CO在催化剂表面上先解离形成活性炭物种,该物质和H_2反应生成亚甲基后再进一步聚合成烷烃和烯烃	能解释各种烃类的生成,但无法解释含氧化合物与支链产物的生成	M—C
含氧中间体缩聚机理	Storch 和 Anderson	链增长通过CO氢化后的羟基碳烯缩合,链终止烷基化的羟基碳烯开裂生成醛或脱去羟基碳烯生成烯烃,而后再分别加氢生成醇或烷烃	能解释直链产物和2—甲基支链产物的形成,但忽略了表面碳化物在链增长中的作用	$M-\underset{R}{\overset{OH}{C}}$

续表 9-1

机理	提出者	机理内容	优缺点	中间体
CO插入机理	Pichler 和 Schulz	CO 和 H_2 先生成甲酰基后,进一步加氢生成桥式亚甲基物种,后者可进一步加氢生成碳烯和甲基,经 CO 在中间体中反复插入和加氢形成各类碳氢化合物	除可解释直链烃形成过程外,还可解释含氧化合物的形成过程,但不能解释直链产物的形成	$M\underset{CH_3}{\overset{(CO)_n}{<}}$
双中间体缩聚机理	Nijs 和 Jacobs	同时考虑了碳化物机理和含氧中间体缩聚机理,认为甲烷的形成经碳化物机理而链增长按中间体缩聚机理	能解释甲烷不符合 Schulz-Flory 分布的原因,但不能解释支链产物的形成	$\begin{array}{l}M{-}C \\ \quad\;\overset{H}{|} \\ M{-}C \\ \quad\;\overset{|}{OH}\end{array}$

二、F—T 合成的化学反应

F—T 合成的基本化学反应是由 CO 与 H_2 生成饱和烃与不饱和烃。合成反应还能生成含氧化合物,如醇类、醛、酮等。具体反应如下:

1. 烷烃的生成反应

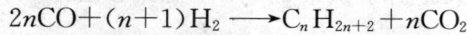

$$nCO+(2n+1)H_2 \longrightarrow C_nH_{2n+2}+nH_2O$$
$$2nCO+(n+1)H_2 \longrightarrow C_nH_{2n+2}+nCO_2$$

当温度较高时,有利于甲烷的生成,温度越高越有利。当合成气富含氢气时,有利于形成烷烃。

2. 烯烃的生成反应

$$nCO+2nH_2 \longrightarrow C_nH_{2n}+nH_2O$$
$$2nCO+nH_2 \longrightarrow C_nH_{2n}+nCO_2$$

当合成气中一氧化碳含量高时,使用碱性助催化剂,有利于生成烯烃。

3. 醇类的生成反应

$$nCO+2nH_2 \longrightarrow C_nH_{2n+1}OH+(n-1)H_2O$$
$$(2n-1)CO+(n+1)H_2 \longrightarrow C_nH_{2n+1}OH+(n-1)CO_2$$

用含碱的铁催化剂生成含氧化合物的趋势较大,采用低的 $V(H_2)/V(CO)$ 比,高压和大空速条件进行反应,有利于醇类生成,一般主要产物是乙醇。

4. 醛类的生成反应

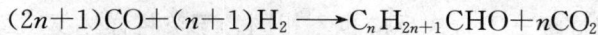

$$(n+1)CO+(2n+1)H_2 \longrightarrow C_nH_{2n+1}CHO+nH_2O$$
$$(2n+1)CO+(n+1)H_2 \longrightarrow C_nH_{2n+1}CHO+nCO_2$$

当合成气中一氧化碳含量高时,有利于醛类的生成。

5. 水煤气变换反应(water Gas Shift,WGS)

$$CO+H_2O \longrightarrow CO_2+H_2$$

它对 F—T 反应具有一定的调节作用。

6. 主要副反应(甲烷化反应和积碳反应)

$$CO+3H_2 \longrightarrow CH_4+H_2O$$
$$2CO \longrightarrow C+CO_2$$

当反应器中温度梯度大或使用碱性助催化剂时,催化剂上容易积碳,降低催化剂的活性。F—T 合成的反应过程很复杂,当反应条件、气体组成和催化剂不同时,反应产物也不同。

三、影响 F—T 合成反应的因素

1. 反应温度

除积炭反应外,F—T 合成反应均为强放热反应。从化学平衡角度考虑,温度升高,对 F—T 合成反应不利。而积炭反应为吸热反应,温度升高有利于积炭反应的发生,生成的炭沉积在催化剂的表面,减小了催化剂的活性表面积,降低了催化剂的活性。过高的温度易使催化剂超温烧结,缩短了使用寿命。从动力学角度考虑,温度升高,反应速度加快,同时副反应速度也随之加快。所以要尽快移走反应热,以保持合适的反应温度。操作温度取决于所用催化剂,操作温度必须控制在催化剂的活性温度范围内。如使用熔铁催化剂,操作温度应控制在 320~340 ℃,使用沉淀铁催化剂,操作温度应控制在 220~255 ℃。

2. 反应压力

增大压力,F—T 合成反应速度加快,但副反应速度也加快。过大的压力易使 CO 与催化剂中的 Fe 生成羰基铁[$Fe(CO)_5$],降低了催化剂的活性,使其寿命缩短。随着压力的提高,产物中的含氧化合物及重组分增加。同时,过大的压力需要高压容器,设备的投资费用高;压力增大,能耗随之增大。对于铁催化剂,一般要求在 1.0~3.0 MPa 及以下合成较适宜。

3. 空间速度

当操作压力、温度及气体组成一定时,增加空间速度,可提高其生产能力,并有利于及时移走反应热,防止催化剂超温。但空速增大,能耗增大。空速过小,不能满足生产需求。对于不同的催化剂和不同的合成方法,都有适宜的空间速度范围。如采用熔铁催化剂的气流床反应器,空速为 700~1 200 m³/h;采用沉淀铁催化剂的固定床反应器,空速为 500~700 m³/h。

4. 气体组成

原料气中的(CO+H₂)含量高,反应速度快,转化率高,但反应放出的热量多,易使催化剂床层温度升高,一般要求其体积含量为 80%~85%。原料气中 $V(H_2)/V(CO)$ 的比值高,有利于饱和烃的生成;$V(H_2)/V(CO)$ 的比值低,有利于生成烯烃及含氧化合物。一般 $V(H_2)/V(CO)$ 的比值在 0.5~3 之间较适宜。

从上述 F—T 合成反应的影响因素中可以看出,反应操作条件严重影响着催化剂的催化活性和选择性,不同的催化剂也决定了应采用不同的反应操作条件。所应用的催化剂和操作条件的不同,发生的 F—T 合成反应也不相同。下节将详述 F—T 合成催化剂的相关内容。

第三节 F—T 合成催化剂

从 F—T 合成化学反应中不难看出,其反应产物的种类繁多,是一个非常复杂的反应体系。其反应产物主要遵从典型的 ASF(Anderson-Schulz-Flory)分布规律,由 C₁~₂₀₀不同烷、烯的混合物及含氧化合物等组成,单一产物的选择性低。所以,F—T 合成工艺的关键是提高催化剂的选择性,从而抑制甲烷等副产物的生成,以达到合成目标烃类(液体燃料、重质烃或烯烃等)的目的。另外,F—T 合成催化剂还应在有效合成目标烃类的同时最大限度地

提高 CO 的转化率,因此,研发出活性高、选择性高、稳定性好、价格低廉且具有工业应用前景的催化剂,对费托合成液体燃料技术的工业化应用具有重要意义。

一、F—T 合成催化剂的研究现状

F—T 合成催化剂分单一催化剂和复合催化剂。

单一催化剂主要有第Ⅷ族金属 Fe、Co、Ni、Ru,其中,Ni 作为催化剂时具有很高的加氢能力,还能使 CO 易于离解,因此最适宜于合成甲烷,不宜用做合成长链烃的催化剂。贵金属 Ru 的催化活性最高,选择性最好,但由于 Ru 是稀有资源、价格昂贵,不能作为工业催化剂大量使用。F—T 合成多采用 Fe 和 Co 催化剂,这两种催化剂也是最早实现工业化的 F—T 合成催化剂。F—T 合成反应在 1923 年发明之初,是用 Fe 催化剂进行 CO 加氢反应得到液态烃燃料的。但由于 Fe 催化剂的寿命较短而且易失活,1937 年,德国采用了钴/硅藻土催化剂和常压多段 F—T 合成工艺实现了液体燃料的商业生产。20 世纪 90 年代,Shell 公司使用 Co 催化剂最大限度地使合成气转化为重质烃,然后加氢裂化制取中间馏分油,1993 年在马来西亚实现了 500 kt/a 规模的工业生产。

复合催化剂通常采用机械的物理混合方法制成。如以 Fe、Co、Fe—Mn 等与 ZSM—5 分子筛混合组成的复合催化剂,在 F—T 合成中显示独特的催化作用,即 F—T 催化合成与分子筛择型作用的综合效应,改善了合成产物的分布。首先,复合催化剂可以将 F—T 合成的宽馏分烃类由 $C_1 \sim C_{40}$ 缩小到 $C_1 \sim C_{11}$,抑制了 C_{11} 以上的高分子量烃类的生成。其次,复合催化剂还大幅度提高了汽油馏分 $C_5 \sim C_{11}$ 的比例,并且合成产物中基本上不含有含氧化合物。所以复合催化剂将得到广泛的应用。

在 F—T 合成催化剂中,为了提高活性和选择性,还加入了各种助剂和载体,载体的加入,导致了催化剂中的金属组分高度分散,并提高了催化剂的抗烧结性。

二、Fe 基催化剂

金属 Fe 储量丰富、价格低廉,Fe 基催化剂具有较高的反应活性和水煤气变换反应(WGS)活性,适用的 H_2/CO 比范围宽,这些特点使 Fe 基催化剂得到了广泛的研究和应用。

Fe 基催化剂中铁可以形成碳化铁和氧化铁,真正起催化作用的是碳化铁、氮化铁和碳氮化铁。Fe 催化剂加 K 活化,具有比表面积高和热稳定性好的结构,可用的载体为 Al_2O_3,CaO,MgO,SiO_2,ZSM—5 分子筛,其操作温度为 220~340 ℃,操作压力为 1~3 MPa。Fe 基催化剂又可分为熔铁型催化剂、沉淀铁催化剂、烧结型催化剂和担载型催化剂。

1. 熔铁型催化剂

先将磁铁矿(Fe_3O_4)在助熔剂作用下熔化,然后用氢气还原制成。如 F007 熔铁催化剂外观为银灰色,化学成分为 $Fe_3O_4/RE_2O_3/Gr_2O_3/MgO/K_2O(RE_2O_3)$,金属氧化物以固熔体形式存在。熔铁催化剂比表面积较低,孔容较小,适用于高温 F—T 合成,反应温度为 320~340 ℃,压力为 2.0~2.2 MPa,主要用于气流床反应器,其产品是汽油。其特点是活性较小,有很好的机械强度。

2. 沉淀铁催化剂

沉淀铁催化剂具有高比表面积、大孔容和高活性,适用于低温 F—T 合成,反应温度为 220~270 ℃,压力为 3.0~5.0 MPa,主要用于固定床或浆态床反应器,产品是柴油和石蜡。沉淀铁催化剂根据助剂和载体的不同,主要分为 Fe—Cu—K 催化剂,Fe—Mn—K 催化剂和 Fe—Cu—K/隔离剂催化剂。

（1）Fe—Cu—K 催化剂：以 100Fe/0.3Cu/0.5K$_2$O 为例，Cu 对 H$_2$ 具有比 Fe 强的化学吸附能力，因而添加 Cu 可以提高氧化铁的还原速率，降低还原温度。K 能提高催化剂的活性表面积，提高催化剂的抗烧结能力和机械强度。

（2）Fe—Mn—K 催化剂：以 Fe$_2$O$_3$、Fe—Mn 固熔体和 K$_2$O 为例。Mn 量添加不同时，其比表面积和孔容都会发生变化。Mn 进入铁氧化物的晶格内，起到隔离铁颗粒的作用，使分散度增加，明显地使催化衡的表面积增加；Mn 在铁中形成 Fe—Mn 尖晶石，具有抑制铁催化剂氧化作用，从而提高了催化剂的稳定性；Mn 能有效地抑制铁催化剂的加氢反应，有利于烯烃的生成和降低产物的平均分子量；Mn 助剂起调节活性和选择性的作用。加入 K 可加速 CO 解离，调节 Fe 催化剂加氢性能，提高了 C$_2$ 以上烃的选择性。

（3）Fe—Cu—K/隔离剂催化剂：最好的 Fe—Cu—K/隔离剂催化剂是 α—Fe$_2$O$_3$—CuO—K$_2$O/SiO$_2$。SiO$_2$ 对铁粒子进行了隔离，防止催化剂烧结，还明显地增加了催化剂的表面积。Cu 的主要作用是改善了催化剂的还原状况。此种催化剂机械强度大于 Fe—Cu—K 催化剂，具有较好的化学反应活性，适合于低温固定床操作。

3. 烧结型催化剂

以磁铁矿（Fe$_3$O$_4$）为主体，配以氧化物助剂 MgO、Cr$_2$O$_3$ 和 Re$_2$O$_3$。编号 S—01 烧结铁的外观为银灰色有孔固体，其化学成分为 Fe$_3$O$_4$、MgO、Cr$_2$O$_3$、RE$_2$O$_3$ 和 K$_2$O。南非 SA-SOL. 公司工厂中固定床采用的烧结铁催化剂为 Fe$_3$O$_4$、CuO、ZnO 的均匀混合物。

4. 担载型催化剂

将 F—T 合成催化剂的活性组分浸渍在载体上形成高度分散的催化剂。用高表面积的沸石分子筛作为载体，能有效地阻碍长链烃的生成，同时分子筛具有的表面酸性，能对 F—T 合成产物进行改性。

（1）Fe—K/硅沸石—2 催化剂：催化剂组成为 9.0%Fe，0.9%K/硅沸石—2。硅沸石—2 具有直线性孔道，具有较小的自阻效应，有利于反应产物的扩散，负载上 F—T 活性组分后较适用于低级烯烃的反应。

（2）Fe/ZSM—5 分子筛双功能催化剂：其组成为 7%Fe/ZSM—5。ZSM—5 为表面酸性强的择型分子筛，Fe 离子可以充分在沸石内外表面进行扩散，故效率大大提高。ZSM—5 沸石分子筛含硅量高、热稳定性好，具有独特的择型性和催化活性，可使烃类反应产物分布限制在 C$_{10}$ 以下，并且具有良好的抗结焦性。F—T 合成使用 ZSM—5 分子筛能使最终液体产物中汽油馏分（C$_5$～C$_{10}$）的比例由小于 40% 提高到 60% 以上。

三、Co 基催化剂

与 Fe 基催化剂相比，Co 基催化剂具有较高的链增长能力，对水煤气变换反应不敏感，在反应过程中稳定，不易积炭和中毒，产物中含氧化合物少，且金属 Co 的加氢活性与 Fe 相似。虽然 Co 的价格高于 Fe，但 Co 基催化剂仍是近年来 F—T 合成催化剂的研究热点之一。

（1）Co 基催化剂的活性相是金属相，由金属钴原子组成的活性位数量和大小决定了催化剂的活性和选择性。研究表明适合 F—T 合成反应的最小 Co 颗粒粒径为 6～8 nm。

（2）Co 基催化剂受助剂的影响不大，但添加少量贵金属作为助剂能促进催化剂的催化性能。如实验发现贵金属 Ru 助剂的添加能够降低 Co 基催化剂的还原温度，提高催化剂的活性钴中心数，在 F—T 合成反应中表现出优异的 Co 加氢活性和较高的长链烃选择性。

（3）Co基催化剂载体效应明显。如Co/SiO_2、Co/Al_2O_3、Co/ZrO_2催化剂上高碳烃产物分别集中在$C_{9\sim18}$、$C_{6\sim13}$、$C_{10\sim25}$，其中Co/Al_2O_3催化剂中由于金属—载体间的强相互作用，生成了难还原物质$CoAl_2O_4$，从而抑制了碳链的增长。

综上所述，Fe基催化剂具有较高的活性，是最早工业化使用的F—T合成催化剂，但易于发生水煤气变换反应，影响产物的选择性和反应速率。而Co基催化剂则没有这种影响，因此接近理论转化率。但是Co基催化剂的缺点在于，要获得合适的选择性，必须在低温下操作，使反应速率下降，导致时空产率比Fe基催化剂低，同时由于Co催化剂在低温下反应，产品中烯烃含量较低。因此，较理想的催化剂在改变操作条件时应具有Fe催化剂的高时空产率和Co催化剂的高选择性和稳定性。

Fe催化剂和Co催化剂对比如下：

（1）Fe催化剂的寿命比Co催化剂短，氧化、烧结（表面积的丧失）、中毒和积炭都可能导致Fe催化剂失效，而且对硫中毒特别敏感，所以必须对进料气进行脱硫处理。

（2）由于Fe催化剂也是水煤气变换反应的催化剂，所以Fe作为催化剂时转化率会受到反应物水的抑制，而Co为催化剂时则不受这种影响，因此接近理论转化率。

（3）采用Co催化剂，要想获得合适的选择性，就必须在低温下操作，这样又会导致反应速率下降，时空产率比Fe催化剂低，并且产品中的烯烃含量较低。

（4）Co催化剂产品选择性对H_2/CO比、压力和温度的灵敏度也比Fe催化剂高。

（5）Fe催化剂的催化性能更容易通过助剂调节，但对操作缺乏灵敏性，比Co催化剂活性低。

催化剂本身的性质对F—T合成反应的催化活性、产物选择性有着非常显著的影响。因此，研发高性价比的催化剂对F—T合成技术的发展具有重要意义。要求所制备的催化剂既要有好的F—T合成反应活性，又要有高的长链烃选择性，且催化剂的价格不能太贵，否则难以工业化应用。目前的工业过程多是通过首先从合成气制得蜡状高碳烃，而后经由催化裂解制得液体燃料。如果能将合成气高选择性地直接转化为汽油、柴油等高品位液体燃料，将使F—T合成技术迎来新的重大突破。因此，未来的研究趋势将向催化剂的复合化、多功能化发展，如核壳结构催化剂等，可以以一种催化剂解决多个问题。同时，各种新材料、新技术的出现也将为催化剂的研究提供更多的选择空间。如ZrO_2具有良好的化学稳定性，是一种同时具有表面酸性位和碱性位的过渡金属氧化物，还具有优良的离子交换性能及表面富集的氧缺位，因此它既可以单独作为催化剂使用，也可以以载体或助剂的角色出现。纳米ZrO_2粒径小，比表面积大，作为催化剂及其载体时，具有优越的催化性能。而且纳米ZrO_2还具有较强的耐酸性和良好的热稳定性，所以可用于烯烃加氢、环氧化、醇脱水、缩合反应等。在F—T合成反应中，纳米ZrO_2已经作为催化剂助剂或催化剂载体投入研究使用中。

第四节　煤制合成气的F—T合成主要技术体系

一、南非SASOL公司的F—T合成技术

南非在20世纪50年代初成立SASOL公司，建设煤间接液化合成油厂，最初采用的是德国的 Fe 催化剂固定床 F—T 合成技术，然后逐渐开发出自己的 F—T 合成催化剂和 F—T 合成技术。经过半个世纪的发展，SASOL 现已成为世界上最大的间接液化技术开发商和工业化合成油生产商。

南非 SASOL 公司共掌握有五种 F—T 合成技术，即低温 Fe 基催化剂固定床 F—T 合成技术、低温 Fe 基催化剂浆态床 F—T 合成技术、高温 Fe 基催化剂循环流化床 F—T 合成技术、高温 Fe 基催化剂固定流化床 F—T 合成技术和低温 Co 基催化剂浆态床 F—T 合成技术。SASOL 目前主要采用和发展的是高温 Fe 基催化剂固定流化床 F—T 合成技术和低温 Co 基催化剂浆态床 F—T 合成技术，其发展历程见表 9-2。

表 9-2　　　　　　　　　　　SASOL F—T 合成工艺特点及发展历程

	催化剂	反应器	反应条件	工艺简称	起用年份	主要产物	特点	工业化应用
低温 F—T 合成技术	沉淀铁	固定床	220 ℃	ARGE	1955	含氧化合物 7%，烯烃 23%，烷烃 70%，适合生产蜡、柴油、石脑油	固定床单程转化率低，需要增加循环或采用多级反应器	南非 SASOL 一厂，2 500 桶/d
	沉淀铁	浆态床	250 ℃	SSPD	1993		浆态床反应器处理量大、反应温度便于控制，催化剂可在线补充和更换	南非 SASOL 一厂，2 500 桶/d
	担载钴	浆态床	230 ℃	SSPD	2006	含氧化合物 2%，烯烃 8%，烷烃 90%，适合生产蜡、柴油、石脑油	钴比铁活性高，转化率大于 80%，C5$^+$ 选择性更高	卡塔尔 Rus Laffan Oryx，34 000 桶/d
高温 F—T 合成技术	熔铁	循环流化床	340 ℃	Synthol	1955	含氧化合物 10%，芳香烃 6%，烯烃 56%，烷烃 25%，适合生产烯烃和汽油	烯烃含量高，可获得高附加值的化学品。固定流化床产能大，产率高	南非 SASOL 一厂，1 500 桶/d
		固定流化床	340 ℃	SAS	1995			南非 SASOL 二厂、三厂，150 000 桶/d

二、中国中科合成油公司的 F—T 合成技术

中科合成油技术有限公司是 2006 年中科院山西煤炭化学研究所联合内蒙古伊泰集团有限公司、神华集团有限责任公司、山西潞安矿业（集团）有限责任公司、徐州矿务集团有限公司等共同投资组建的高新技术公司。自 20 世纪 70 年代末开始，中科院山西煤化所一直从事间接液化技术的开发，其研究可以分 2 个阶段：1997 年以前与 1997 年以后。1997 年以前主要是对 Fe 基固定床工艺进行研究，但随后依据 Fe 催化剂生产成本和固定床合成油的试验结果，中科院山西煤化所进行了煤制油各种万吨级规模的全流程工艺方案设计和技术经济分析，结论是催化剂性能和寿命需提高、催化剂生产成本偏高、固定床技术生产效率偏低、产品结构需调整优化，提出和规划了开发以廉价 Fe 催化剂和先进的浆态床技术为核心的煤间接液化产业化思路。因此 1997 年以后主要致力于 Fe 基浆态床工艺的研究开发并取得了令人瞩目的成绩。

山西煤化所开发有两种系列沉淀铁催化剂：ICC Ⅰ 和 ICC Ⅱ。ICC Ⅰ 是指 Fe—Cu—K

系列催化剂,ICCⅡ是指 Fe—Mn 系列催化剂(操作温度略高于 ICCⅠ系列催化剂),其中 ICCⅠ型催化剂用于重质馏分工艺,ICCⅡ型催化剂用于轻质馏分工艺。山西煤化所 2000 年开始筹划建设千吨级浆态床合成油中试装置,2002 年 4 月建成,到 2005 年先后完成了 ICCⅠ和 ICCⅡ的长周期中试运转试验。2006 年,采用中科合成油低温 Fe 基催化剂浆态床 F—T 合成技术先后在山西潞安、内蒙古伊泰和内蒙古鄂尔多斯开工建设三套规模为 16 万 ~18 万 t 油品/a 的合成油厂。截至 2009 年,三套工业示范装置已先后开工运行。三套装置的核心单元——F—T 合成技术为同一基础。以内蒙鄂尔多斯 18 万 t 级合成油品工业化示范项目为例,该联合装置主要包括:F—T 合成单元;油品加工单元;脱碳单元;催化剂预处理单元;变压吸附轻烃提浓单元;合成水处理单元及公用工程部分。此外,山西煤化所还对 Co 催化剂进行了研究和开发。开发的 Co 催化剂系列为 ICC—ⅢA、ICC—ⅢB、ICC—ⅢC,反应器为列管式固定床反应器。目前其开发的低温 Co 系催化剂固定床 F—T 合成工艺已完成小试开发,2009 年进行了工业侧线单管试验,正处于中试放大阶段。

三、中国神华集团有限责任公司的 F—T 合成技术

神华集团于 2006 年开始进行煤基 F—T 合成反应 Fe 基催化剂的研发工作,经过四年左右的时间,完成了催化剂试验室小试配方研制、公斤级催化剂中试放大制备、吨级催化剂工业化放大生产、80 t/a 费托合成中试装置及运转的自主研发工作,开发出了满足工业化应用条件的煤基浆态床 Fe 基催化剂及其应用工艺。2010 年 3 月,神华集团开发的"煤基浆态床 F—T 合成催化剂及工艺"成功通过国家级的技术鉴定,目前正在进行百万吨级 F—T 合成工艺生产装置工艺包的编制。此外,神华 18 万 t/a 低温浆态床 F—T 合成工业示范装置也于 2009 年运转成功,标志着神华基本掌握了低温浆态床 F—T 合成技术。

通过对比 F—T 合成技术的开发应用现状可以发现,F—T 合成技术的发展方向为高温 Fe 基催化剂固定流化床工艺,低温 Fe 基、Co 基催化剂浆态床工艺和低温 Co 基催化剂固定床工艺,其中高温工艺适用于生产高附加值的烯烃和化学品,低温工艺适用于生产高品质的柴油和蜡。低温 Fe 基催化剂工艺适于采用浆态床反应器,Co 基催化剂则有浆态床工艺和固定床工艺两种,浆态床工艺对催化剂强度要求很高,固定床工艺则反应器结构复杂,难维护。目前,中国的煤制合成气 F—T 合成工艺集中于低温 Fe 基催化剂浆态床工艺的开发和工业应用。

第五节　F—T 合成反应器及其应用

在 F—T 合成中,反应器类型有多种,在 SASOL 厂生产中使用了固定床和流化床反应器,浆态床反应器是正在开发的新技术。F—T 合成中的许多反应,包括生产甲烷和醇等含氧化合物都是强放热的,平均放热约 170 kJ/mol(C 原子),水煤气变换反应热效应也较大:

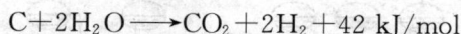

$$C + 2H_2O \longrightarrow CO_2 + 2H_2 + 42 \text{ kJ/mol}$$

由于放热量大,常发生催化剂局部过热,导致选择性降低,并引起催化剂结炭甚至堵塞床层。固定床反应器、提升管或流化床反应器、浆态床反应器可以有效移热,其中固定床通过在列管壁产生水蒸气来带走反应中放出的大量热量,浆态床反应器有一个冷却管盘来专门进行放热。

一、列管式固定床反应器及其应用

1. 列管式固定床反应器

该反应器为鲁奇鲁尔化学公司的技术,简称 Arge。其结构如图 9-3 所示。列管式固定床反应器为管壳式,与换热器类似。它的直径为 3 m,管内有 2 052 根装催化剂的管子,管长 12 m,内径 50 mm,管内装 40 m³、2～5 mm 的颗粒沉淀铁催化剂。管壳内采用沸腾水进行冷却,使反应热以水的蒸发潜热形式移走,产生的蒸汽部分送入 0.25 MPa 或 1.75 MPa 蒸汽管网。管内反应温度可由管间蒸汽压力加以控制。

反应器最大气体负荷为标准状态下 72 000 m³/h(其中新鲜气 24 000 m³/h,循环气48 000 m³/h),每根反应管内气体线速可达标准状态下 5 m/s,从而保证反应热及时移走。一般反应温度可维持在 220～235 ℃之间操作,只

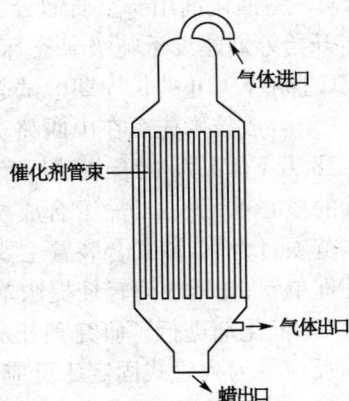

图 9-3 列管式固定床反应器

是在操作周期的后期允许温升至 245 ℃,操作压力为 2.5～2.6 MPa。固定床反应器用活化的沉淀铁催化剂,反应温度较低,不易积炭。反应器尺寸较小,操作简便。在常温下,产品为液态或固态。缺点是由于反应热靠管子的径向传热导出,故管子直径的放大受到限制。

该反应器是当今世界上比较成熟的一种反应器,自 1953 年以来,SASOL 公司一直用列管式固定床反应器来合成燃料,并用于工业化生产。但是列管式固定床反应器结构复杂价格昂贵,又因为铁催化剂的使用周期较短更换频繁,操作和维修十分困难,造成工厂长时间停产和操作中的扰动,产品的选择性也随催化剂的使用时间不同而不断变化,迫切需要有新的设计进行改进。

2. Arge 固定床 F—T 合成工艺流程

Arge 固定床合成工艺流程见图 9-4。煤制合成气(H_2+CO)经净化后得到 $V(H_2)/V(CO)$ 为 1.7 的净化合成气。净化合成气经压缩机加压后与从冷却器来的循环气以

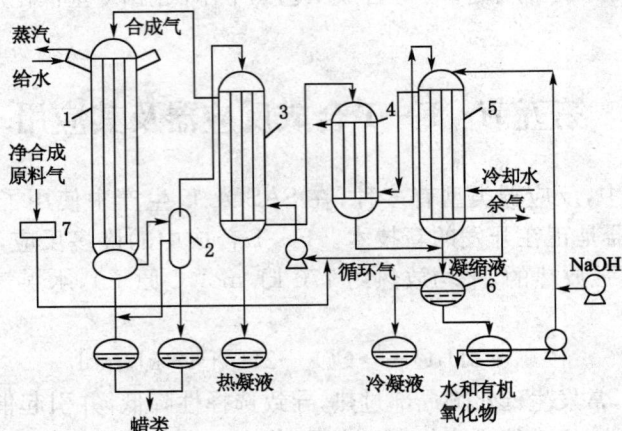

图 9-4 Arge 固定床合成工艺流程

1——反应器;2——蜡分离器;3——换热器;4,5——冷却器;6——分离器;7——压缩机

1：2.3的比例混合,压力为2.45 MPa。混合后的合成气先进入换热器的管间,被管内的热气体预热到150~180 ℃,进入Arge固定床反应器再被蒸汽预热后进行合成反应,反应温度为220~235 ℃,允许最高温度为245 ℃。反应产生的反应热由反应管间通过的沸腾水产生的蒸汽带走。

从反应器底部出来的产物由分离器分离出蜡类,气体产物进入换热器管内被管间的冷原料气冷却,在其底部分出热凝液,然后气体产物再经过两个冷却器继续进行冷却。为了防止有机酸腐蚀设备,用碱液中和酸性组分。在分离器中得到冷凝油、水溶性含氧化物及碱液,碱液经加压后循环使用。冷却器排出的余气一部分作为循环气,其余送油吸收塔回收 C_3 和 C_4 烃类。

二、流化床反应器及其应用

1. 流化床反应器

流化床反应器分为循环流化床反应器和固定流化床反应器,见图9-5。循环流化床反应器是凯洛哥(Kellogg)公司开发的技术,简称Synthol。它由反应器和催化剂沉降室组成。反应器直径2.2 m,高36 m,器内设有两个冷却段,反应热在两个冷却段用循环油冷却移出。催化剂沉降室直径5 m,有两台旋风分离器,以分离出催化剂。

循环流化床反应器使用熔铁型催化剂,其平均粒径 $74~\mu m$,催化剂悬浮在反应气流中,并被气流夹带至沉降室,用旋风分离器分离

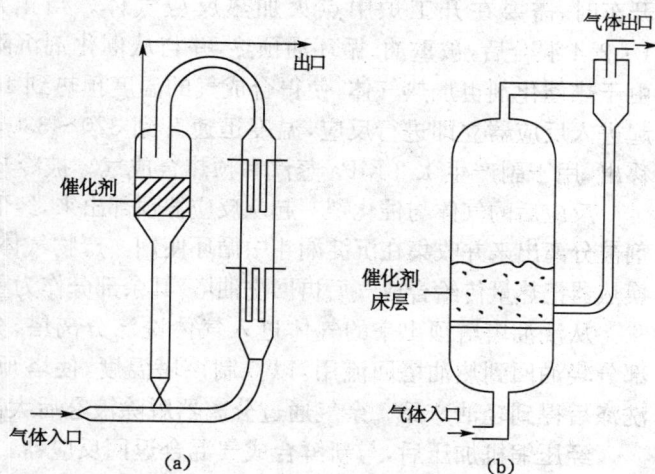

图9-5　循环流化床反应器和固定流化床反应器
(a) 循环流化床;(b) 固定流化床

出催化剂细粉部分。催化剂循环量经调节阀控制进入合成气流,再循环回到反应器。对新鲜气而言,反应器负荷在标准状态下70 000~125 000 m^3/h 之间变动,循环比为2~3。

循环流化床反应器操作生成碳量少,可在较高温度下操作,反应温度维持在300~340 ℃,可获得较高的汽油收率,相应的固体蜡产率较少。循环流化床反应器的传热效率高,控制温度好,催化剂可连续再生,单元设备生产能力大,结构比较简单。循环流化床反应器是当今世界上比较成熟的一种反应器,在SASOL工厂中已成功运行30年。SASOL二厂和三厂对SASOL一厂循环流化床反应器进行了改进,使用高压差和大直径的反应器,使其生产能力提高了3倍。但是循环流化床操作复杂。如为了获得高的转化率,在反应区需要有较高的催化剂驻留量,但又不能超过竖直管的压力降;旋风分离器可能被催化剂堵塞,同时有大量催化剂损失,因而滑阀间的压力平衡需要很好的控制;高温操作可能导致积炭和催化剂破裂,使催化剂的耗量增加。

鉴于循环流化床反应器的局限和缺陷,SASOL开发成功了固定流化床反应器,并命名为SASOL Advanced Synthol(简称为SAS)反应器。固定流化床反应器由以下部分组成:

含气体分布器的容器;催化剂流化床;床层内的冷却管;从气体产物中分离夹带催化剂的旋风分离器。与循环流化床的操作相似,气体稳定分布后通往流化床,速度相对较慢,催化剂床层保持"静止"状态,不出现循环流动,其选择性与循环流化床相似,但转化率比循环流化床高;由于消除了催化剂循环,使得生产能力相同的固定流化床比循环流化床建造和操作费用低得多;低的压差又节省了大量的压缩费用,并且更有利于除去反应中放出的热;较慢的气体流速使催化剂的磨损问题可以基本不予考虑,使反应器的长期运作成为可能。根据SASOL公司的预计,用固定流化床代替循环流化床,工厂总投资可降低15%,加上固定流化床有较高的转化率,因此固定流化床很有可能代替循环流化床。

2. Synthol 流化床 F—T 合成工艺流程

Synthol 流化床 F—T 合成反应温度为 300～340 ℃,压力为 2.0～2.3 MPa。当装置新开车时,需要在开工炉中点火加热反应气体。当正常操作后,新的合成气与循环气以1:2.4 混合后,被重油、循环油预热,并与从催化剂沉降室下来的热催化剂一起混合,此时由于热催化剂也加热气体,使得合成气的温度预热到 160～220 ℃,热的催化剂与合成气一起进入反应器立即进行反应,温度迅速升到 320～330 ℃。放出的反应热大部分由循环油移出,用于副产生 1.2 MPa 蒸汽和预热合成气。被冷却的循环油循环使用。

反应后的气体与催化剂一起从反应器顶部出来,经催化剂沉降室的旋风分离器分离,催化剂被分离出来并收集在沉淀漏斗中循环使用。产物气体通过热洗油塔析出重油,部分重油经换热器把热量传给合成气后再回洗油塔,其余部分作为重油产物。塔底排出催化剂油渣。

从洗油塔塔顶出来的气体进入气体洗涤分离塔,分离出轻油、水、含氧化合物与余气,部分轻油回到热油塔回流用,以控制该塔温度,使塔顶产物中不含重油。轻油进入水洗塔洗涤后得到轻油产品。余气通过分离器脱除液雾后大部分作为循环气

经压缩机加压后,与新鲜合成气混合返回反应器。其工艺流程如图9-6所示。

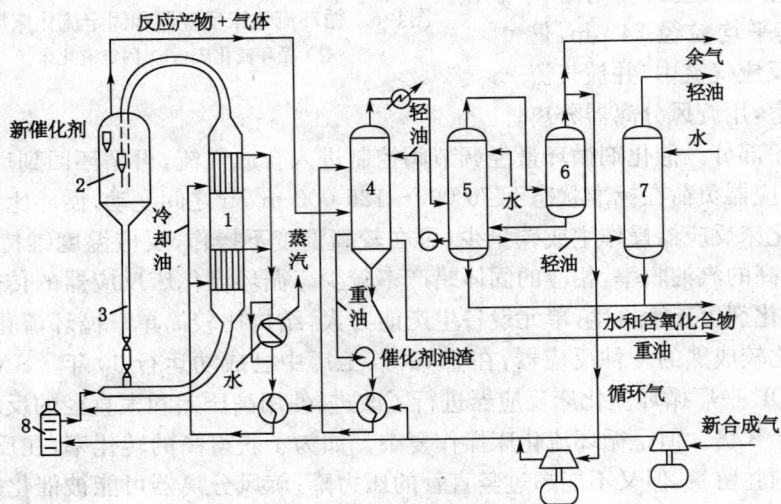

图 9-6 Synthol 气流床合成工艺流程

1——反应器;2——催化剂沉降室;3——竖管;4——洗油塔;
5——气体洗涤分离塔;6——分离器;7——洗涤塔;8——加热炉

三、浆态床反应器及其应用

1. 浆态床反应器

浆态床反应器作为一种新型的反应器,被 Klbel 及其合作者首次开发研究,随后,南非的 SASOL 公司成功设计并运转了浆态床反应器用于 F—T 合成。

浆态床反应器是一个三相(气—液—固)鼓泡塔,反应器内装有细粒子催化剂(小于 $50~\mu m$),悬浮在液体介质(沸程较宽的液状石蜡,沸点>340 ℃)中形成浆液,合成原料气以鼓泡形式通过。浆态床反应器一般在 250 ℃下操作,因为 F—T 合成反应是强放热反应,温度控制不好会影响催化剂的活性,寿命和选择性。反应器结构见图 9-7。

浆态床 F—T 合成反应器具有如下优点:① 关键参数容易控制,操作弹性大,产品灵活性大;② 反应器热效率高,除热容易,温度控制容易;③ 催化剂负荷较均匀;④ 单程转化率高,C_3^+ 烃选择性高。此外,采用浆液床技术,反应器不怕催化剂破裂,结构简单,投资省。这些技术特点和技术经济的优越性,已使浆液床技术成为最有希望的 F—T 合成反应

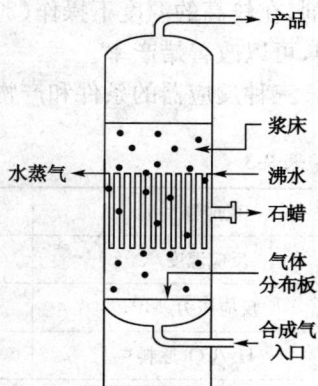

图 9-7　浆态床反应器

器。但是,浆床反应器也有其传质阻力较大的局限性,由于反应物需要穿过床内液体层才能达到催化剂表面,所以阻力大,传递速度小,催化剂活性小。目前研究结果为浆态床采用 Fe—Cu—K_2O 沉淀铁催化剂,反应温度 258～268 ℃,反应压力 1.1～2.2 MPa,$V(H_2)/V(CO)$ 的比为 0.67～0.72,活性[(H_2＋CO)转化率]71%～89%,选择性(C_6～C_{12})40%～53%(质量分数),液态烃的产率为 170～220 g/m^3(标准状态)。

在浆相中,CO 的传递速率比 H_2 慢,存在着明显的浓度梯度,可能造成催化剂表面 CO 浓度较低,不利于链增长形成长链烃。目前,SASOL 等公司主要围绕改善反应器的传质、传热效率等性能进行研究开发。从发展趋势来看,可以认为浆相反应器是 F—T 合成的发展方向。

2. 浆态床反应器 F—T 合成工艺流程

浆态床通常用 H_2/CO 比为 2 左右的合成气预热后,从反应器底部进入,通过气体分布板以气泡形式进入浆液反应器(液相的熔融石蜡),反应气通过液相扩散到悬浮的催化剂颗粒表面进行反应,生成烃和水。在反应中重质烃形成浆态相的一部分,而轻质气态产品和水通过液相扩散到气流分离区。气态产品和未反应的合成气通过床层到达顶端的气体出口,热量从浆相传递到冷却盘管并产生蒸汽,气态轻质烃和未转化的反应合成气被压缩到冷却管中,而重质液态烃与浆相混合,通过分离工艺予以分离,从反应器上部出来的气体冷却后回收轻质组分和水。反应后获得的烃送往下游的产品改质装置处理,水则送往水回收装置处理。运行中由于浆态相和气泡的剧烈作用,反应热容易扩散,浆态相接近等温状态,温控更加容易和灵活。浆态床反应器的平均温度比列管式固定床反应器高得多,从而具有较高的反应速率,而且还能更好地控制产品的选择性。但是浆态床很容易发生硫中毒,因此在使用浆态床反应器的时候必须进行有效的脱硫处理。

四、三种反应器比较

1. 产物分布完全不同

从获得最大汽油产率来比较,浆态床馏分范围窄,边界明显,且操作条件和产品分布弹

性大。三种反应器中,流化床比固定床生成的烯烃多,浆态床反应器生成的丙烯较多,生成低分子烯烃的选择性好。

2. 操作温度不同

固定床用沉淀铁催化剂,反应温度较低(220~250 ℃);流化床采用活性较小的熔铁催化剂,在较高的温度下操作(300~340 ℃);浆态床与流化床比较,反应温度较低(258~268 ℃),可以改善蜡产率。

三种反应器的条件和产物比较见表 9-3。

表 9-3   三种 F—T 合成反应器的比较

反应器类型		固定床(Arge)	气流床(Synthol)	浆态床
反应温度/℃		220~250	300~350	260~300
反应压力/MPa		2.3~2.5	2.0~2.3	1.2
H_2/CO(原料)		0.5~0.8	0.36~0.42	1.5
C_2~C_4 产率/%	C_2H_4	0.1	4.0	3.6
	C_2H_6	1.8	4.0	2.2
	C_3H_6	2.7	12.0	16.95
	C_3H_8	1.7	2.0	5.65
	C_4H_8	2.8	9.0	3.57
	C_4H_{10}	1.7	2.0	1.53
	C_2~C_4 烯烃	5.6	25.0	24.12
	C_2~C_4 烷烃	5.2	8.0	9.38

第六节   F—T 合成典型工艺流程

一、SASOL 一厂工艺流程

SASOL 一厂采用列管式固定床和循环流化床两类反应器进行 F—T 合成反应,主要生产汽油、柴油和蜡等。固定床反应器生成的蜡多,循环流化床反应器生成的汽油多。此厂年产液体燃料 25 万 t。

如 SASOL 一厂工艺流程(图 9-8),经净化后的 H_2＋CO 分两路进入 Arge 和 Synthol 反应器。经 Arge 反应器的合成产物首先经过冷凝,得到冷凝水、液态油、余气和蜡产品。冷凝水中含有醇、酮等溶于水的低分子含氧化合物,用水蒸气在蒸脱塔中处理,塔顶可脱出含氧化合物,其中醇、酮经分离精制作为产品外送。液态油通过蒸馏分离可得到柴油和汽油。柴油的十六烷值约为 75,汽油的辛烷值约为 35。余气中含有气态的烃类,大部分循环回到反应器中,少部分经分离可得 C_1、C_2 产品和 C_3、C_4 烃类。C_1、C_2 产品可作为城市煤气外送,C_3、C_4 在聚合反应器中,烯烃聚合成汽油,烷烃在聚合时未发生反应,作为液态烃外送。合成产物中的蜡产品经减压蒸馏可生产出中蜡(370~500 ℃)和硬蜡(>500 ℃),均可加氢精制。经 Synthol 反应器的合成产物首先经过冷凝,得到冷凝水、烯烃和余气。将烯烃

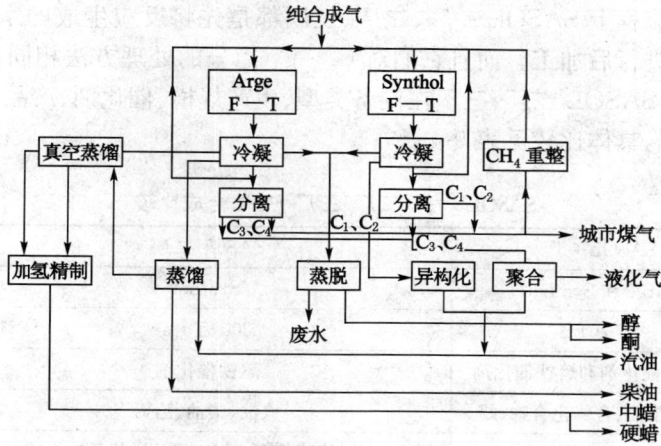

图 9-8　SASOL 一厂工艺流程图

进行异构化反应,可使汽油辛烷值由 65 增至 86,再与催化聚合的汽油混合,得到汽油的辛烷值为 90。余气与 Arge 反应器分离出的余气处理方法相同,另外对产生的甲烷进行重整,可得合成气再循环回到反应器。Synthol 反应器主要产物为汽油,其产量占总产量的 2/3。F—T 合成原料气中新鲜气占 1/3,循环气占 2/3。

二、SASOL 二厂工艺流程

　　SASOL 二厂主要任务是生产汽油和柴油。二厂全部采用了 Synthol 反应器,使用熔铁型催化剂。纯合成气经 Synthol 反应器反应后,合成产物首先冷凝蒸馏,将反应生成的水和液态油冷凝下来。水经氧化得醇和酮,液态油经 Pt 重整、加氢脱蜡可得汽油和柴油。余气先除去 CO_2,然后进行深冷分离成富甲烷馏分、富氢馏分、C_2 与 $C_3 \sim C_4$ 馏分和 $C_5 \sim C_6$ 馏分。富甲烷馏分由深冷装置进入甲烷重整炉,将甲烷转化成合成气循环;C_2 烃进入乙烯装置,将乙烷裂解制乙烯;$C_3 \sim C_4$ 馏分采用聚合法生产柴油和汽油;$C_5 \sim C_6$ 馏分通过异构化得到汽油;富氢馏分由深冷装置大部分回到反应器循环,部分富氢馏分经变压吸附分离制得纯 H_2。其工艺流程如图 9-9。SASOL 三厂工艺流程基本上与二厂相同。

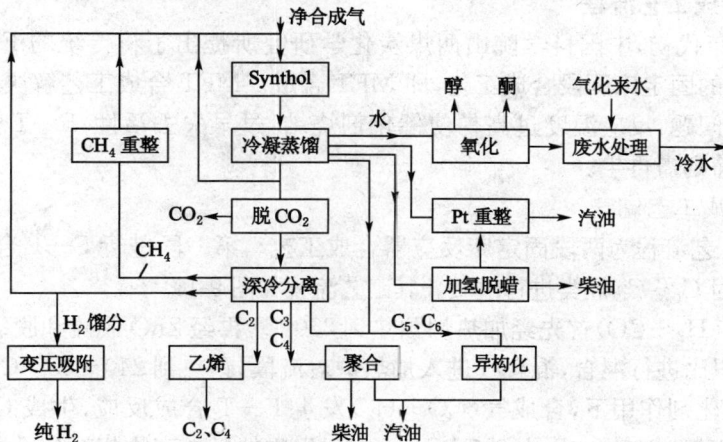

图 9-9　SASOL 二厂 工艺流程图

总之,在工艺流程上 SASOL 一厂、二厂、三厂都是先将反应生成的水和液态油冷凝下来,然后再对产品进行后加工。而且它们对 $C_3 \sim C_4$ 馏分的处理方法相同,采用聚合法。然而 SASOL 一厂和 SASOL 二厂、三厂在设备类型、生产规模、催化剂、产品类型、产品后加工过程方面有所不同,具体比较见表 9-4。

表 9-4　　　　　　　　SASOL 一厂、二厂、三厂 F—T 合成比较

厂名	SASOL 一厂	SASOL 二厂	SASOL 三厂
设备类型	Arge 和 Synthol	Synthol	Synthol
生产规模	25 万 t/a	200 万 t/a	200 万 t/a
催化剂	沉淀铁催化剂和熔铁催化剂	熔铁催化剂	熔铁催化剂
产品类型	汽油、柴油、含氧化合物、蜡	汽油、柴油、乙烯	汽油、柴油、乙烯
产品后加工过程	将冷凝后余气直接分离	将冷凝后余气先脱除 CO_2,然后进行深冷分离成富甲烷、富氢、C_2 和 $C_3 \sim C_4$ 馏分,可以获得高产值的乙烯和乙烷组分	同 SASOL 二厂

三、F—T 合成工艺存在的问题及改进措施

F—T 合成工艺存在的问题如下:

(1) F—T 合成反应为强放热反应,反应中产生的大量反应热会使催化剂烧结,失去活性和生成大量的甲烷。

(2) F—T 合成产品复杂,选择性较差。

针对以上问题应采取的改进措施有以下几点:

① 尽快去掉反应热,以保持合适的反应温度,防止催化剂烧结,失去活性和生成大量的甲烷。

② 降低反应器中的温度梯度,防止催化剂上积炭,使催化剂活性下降。工业上用导热油在列管式反应器壳程强制对流换热,及时移走反应热,以保持适宜的反应温度。

③ 选用复合型催化剂和改进的 F—T 法即 MFT 法进行合成反应,以提高 F—T 合成技术的经济性和产品的选择性,使 $C_1 \sim C_{40}$ 馏分烃类产品改质为 $C_1 \sim C_{11}$ 的烃类产品。

四、MFT 合成工艺流程

20 世纪 80 年代初,中国科学院山西煤炭化学研究所提出了将传统的 F—T 合成与沸石分子筛相结合的固定床两段合成工艺,即 MFT 合成。MFT 合成工艺解决了使用复合型催化剂时存在的问题:反应温度过高易使催化剂烧结,过早失去活性;F—T 合成催化剂不需再生,而分子筛则需再生。

1. MFT 合成工艺流程

MFT 合成工艺流程为两段固定床反应器合成工艺。第一段进行 F—T 合成,生成 $C_1 \sim C_{40}$ 烃类,第二段对 $C_1 \sim C_{40}$ 烃类进行改质。其工艺流程如图 9-10。

煤制合成气(H_2+CO)首先经加热炉预热到 250 ℃,再经 ZnO 脱硫和脱氧,然后与循环气以 1:3 的体积比进行混合,混合气进入加热炉对流段,预热到 240～255 ℃后送入第一段反应器,在 Fe 催化剂作用下,合成气($CO+H_2$)发生 F—T 合成反应,生成 $C_1 \sim C_{40}$ 的烃类物质,反应温度 250～270 ℃,压力 2.5 MPa。由于生成的烃类产物相对分子质量分布较宽,需改质成 $C_1 \sim C_{11}$ 的烃类,故第一段反应产物经分蜡后进入一段换热器被第二段反应器来

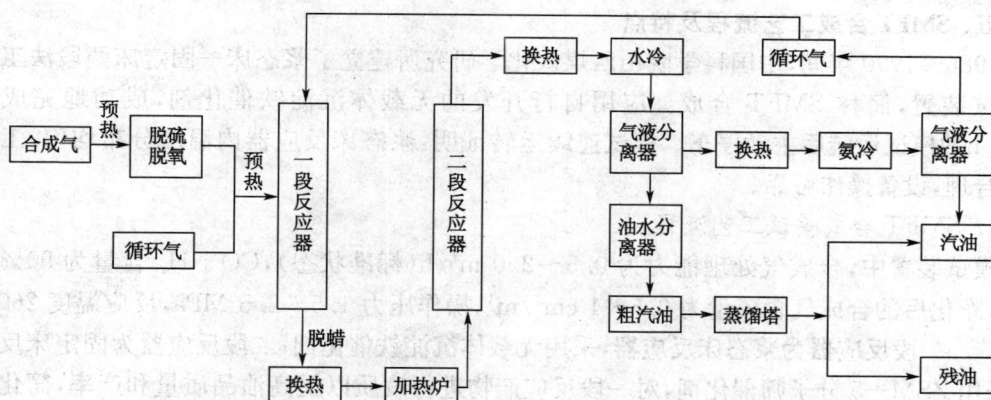

图 9-10　MFT 合成工艺流程

的热气体预热到 295 ℃，再进入加热炉辐射段进一步加热至 350 ℃后送入第二段反应器进行烃类改质反应，这次反应产物主要为汽油。第二段反应温度为 350 ℃，压力为 2.45 MPa。

为了从第二段反应产物中回收汽油和热量，先让第二段反应器出来的产物进入一段换热器与一段产物换热，降温至 280 ℃，再进入循环气换热器与循环气换热，自身温度降至 110 ℃后，入水冷器冷却到 40 ℃。此时绝大多数烃类产品和水被冷凝下来，经气液分离器分离，分离出的冷凝液进入油水分离器分离出粗汽油进入储槽，然后用泵送入蒸馏塔进行蒸馏，汽油馏分经塔顶引出，冷却后进入汽油储槽，送入成品油罐。从蒸馏塔底部排出的残油送入残油槽。

从气液分离器顶部出来的尾气仍然含有少量汽油馏分，故进入换热器与冷尾气换热到 20 ℃，继续经氨冷器冷却到 1 ℃，然后进入另一气液分离器分离出汽油馏分直接进入储槽。从气液分离器分离的冷尾气在换热器中与尾气换冷到 27 ℃，大部分（80%以上）作为循环气，经循环压缩机加压后进入循环气换热器换热至 240 ℃，与新鲜的合成气混合，重新进入第一段反应器进行反应。循环气小部分作为加热炉的燃料气，其余作为城市煤气。

为了防止催化剂超温、烧结，在第一段固定床反应器的管间用导热油强制冷却。导热油由上部进入反应器管间，被管内热流体加热后由底部流出经热油泵，一路热油经导热油冷却器产生 1.3 MPa 蒸汽，自身降温 7～9 ℃后与另一路未经冷却的热油混合，作为冷却介质重新进入反应器管间。不凝气由导热油膨胀罐排出。

2. MFT 工艺流程的特点

(1) 由于煤的气化方法不同，合成气中的 H_2 与 CO 体积比在 0.5～1.5 之间。

(2) 工艺流程比较简单，投资费用低。MFT 合成产品单一，主要为汽油，且质量好，辛烷值可达 80 以上，基本不含重质烃类与含氧化合物，简化了产品的后加工流程。此工艺操作温度和压力都较低，且是等压操作，减少了过程的能耗，大大降低了投资费用。

(3) MFT 合成通过选用不同类型的催化剂(几种不同类型的一段铁催化剂和活性与选择性较高的二段分子筛催化剂)和调节工艺参数，可调节产品分布和选择性，实现油—气、油—蜡等多种联产方案，从而提高经济效益。

(4) MFT 工艺技术比较成熟，易于实现工业化生产。MFT 合成工艺百吨级中试已于 1989 年完成且运转平稳，目前正在进行千吨级工业性试验，适宜于中小型工业化生产。

五、SMFT 合成工艺流程及特点

1986～1990 年间,中国科学院山西煤炭化学研究所建立了浆态床—固定床两段法工艺的模试装置,简称 SMFT 合成。应用自行开发的无载体沉淀铁催化剂,成功地完成了 1 400 h的模试运转后主动停车。模试连续运转证明:浆态床反应器内温度分布均匀,工艺流程合理,设备操作可靠。

1. SMFT 合成模试工艺流程

模试装置中,合成气处理能力为 $0.5～2.0~m^3/h$(标准状态),$CO+H_2$ 含量为 90％～93％,净化后的合成气含硫量为 $0.5～1~cm^3/m^3$,操作压力 1.5～2.5 MPa,反应温度 260～280 ℃。一段反应器为浆态床反应器,采用无载体沉淀铁催化剂;二段反应器为固定床反应器,采用 ZSM—5 分子筛催化剂,对一段反应产物进行改质以提高油品质量和产率,简化后处理工序。SMFT 合成模试工艺流程如图 9-11 所示。

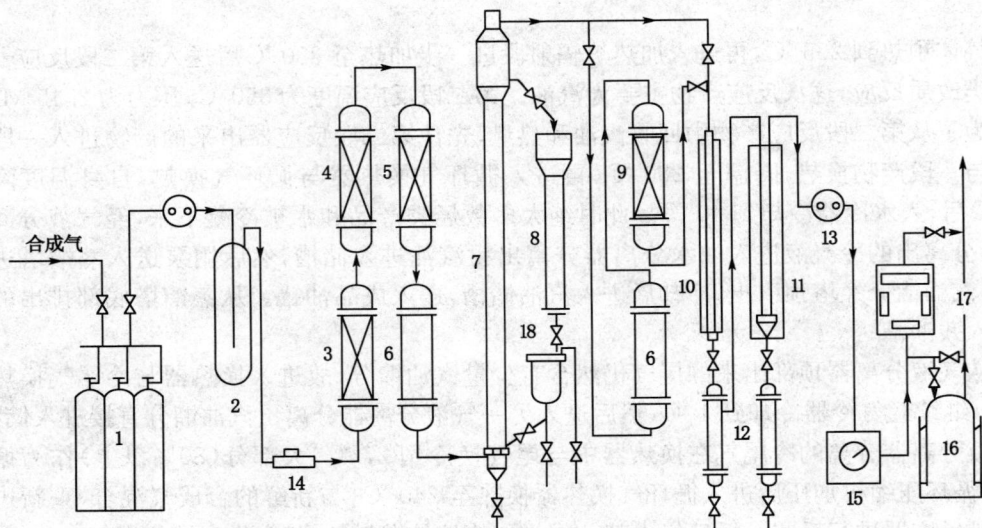

图 9-11　SMFT 合成模试工艺流程

1——合成气钢瓶;2——稳压罐;3——脱水罐;4——脱羰基罐;5——脱硫器;
6——预热器;7——一段鼓泡浆液反应器;8——沉降分离器;9——二段固定床 ZSM—5 反应器;
10——常温冷凝冷却器;11——盐水冷凝冷却器;12——液体产品接受罐;13——定压阀;
14——质量流量计;15——湿式流量计;16——气柜;17——红外气体分析仪;18——压力釜

2. SMFT 合成特点

与传统的气固相 F—T 合成技术相比,SMFT 合成的主要特点如下:

(1) 浆态床反应器结构简单,投资费用低。

(2) 可以直接利用低的 H_2/CO 比(0.45～0.76)合成原料气,降低成本 13％左右。

(3) 由于气固相之间的相互搅动,浆态床反应器中温度均匀,传热效果好,可有效排除反应热。

(4) 催化剂装卸容易,主要产品随着生产操作和工艺条件的改变而改变。

鉴于 SMFT 合成技术的以上特点,它已成为取代传统 F—T 合成技术最有希望的新工艺。

本章小结

(1) 费托合成(Fischer-Tropsch synthesis)是煤间接液化技术之一,可简称为 F—T 反应。它是以合成气(CO 和 H_2)为原料在催化剂(主要是铁基催化剂)和适当反应条件下合成液体燃料的工艺过程。其反应过程可以用下式表示: $nCO + 2nH_2 \longrightarrow [—CH_2—]_n + nH_2O$。副反应有水煤气变换反应 $H_2O + CO \longrightarrow H_2 + CO_2$ 等。一般来说,烃类生成物满足 Anderson-Schulz-Flory 分布。F—T 合成反应原理是将合成气转化为液态烃,主要包括 2 个步骤:合成气—液态烃—加氢裂解或异构成最终产品。

(2) 影响 F—T 合成的主要因素有反应温度、反应压力、空间速度、气体组成。反应温度升高,降低了催化剂的活性,对 F—T 合成反应不利。反应压力增大,F—T 合成反应速度加快,但同时副反应速度也加快,而且过大的压力易使 CO 与催化剂中的 Fe 生成羰基铁 $[Fe(CO)_5]$,降低了催化剂的活性,从而影响 F—T 合成反应。当操作压力、温度及气体组成一定时,增加空间速度,可提高其生产能力,并有利于及时移走反应热,防止催化剂超温。但空速增大,能耗增大;空速过小,不能满足生产需求。原料气中的(CO + H_2)含量高,反应速度快,转化率高,但反应放出的热量多,易使催化剂床层温度升高。原料气中 $V(H_2)/V$(CO)的比值高,有利于饱和烃的生成;$V(H_2)/V(CO)$的比值低,有利于生成烯烃及含氧化合物。

(3) F—T 合成催化剂分为单一催化剂和复合催化剂。单一催化剂主要有第Ⅷ族金属 Fe、Co 等,复合催化剂通常采用机械的物理混合方法制成,如以 Fe、Co、Fe—Mn 等与 ZSM—5 分子筛混合组成的复合催化剂,改善了合成产物的分布。在 F—T 合成催化剂中,为了提高活性和选择性,还加入了各种助剂和载体,载体的加入,导致了催化剂中的金属组分高度分散,并提高了催化剂的抗烧结性。

(4) Fe 基催化剂可分为熔铁型催化剂、沉淀铁催化剂、烧结型催化剂和担载型催化剂。
沉淀铁催化剂根据助剂和载体的不同,主要分为 Fe—Cu—K 催化剂,Fe—Mn—K 催化剂和 Fe—Cu—K/隔离剂催化剂。担载型催化剂使用高表面积的沸石分子筛作为载体,能有效地阻碍长链烃的生成,同时分子筛具有的表面酸性,能对 F—T 合成产物进行改性。

(5) Co 基催化剂具有较高的链增长能力,对水煤气变换反应不敏感,在反应过程中稳定、不易积炭和中毒、产物中含氧化合物少。① Co 基催化剂的活性相是金属相,由金属钴原子组成的活性位数量和大小决定了催化剂的活性和选择性。② Co 基催化剂受助剂的影响不大,但添加少量贵金属作为助剂能促进催化剂的催化性能。③ Co 基催化剂载体效应明显。

(6) F—T 合成反应器类型:列管式固定床反应器、流化床反应器(循环流化床反应器和固定流化床反应器)、浆态床反应器。三种反应器产物分布完全不同,操作温度不同。

(7) F—T 合成典型工艺:

① SASOL 一厂采用列管式固定床 Arge(沉淀铁催化剂)和循环流化床 Synthol(熔铁催化剂)两类反应器进行 F—T 合成反应,主要生产汽油、柴油和蜡等。

② SASOL 二厂全部采用了循环流化床 Synthol(熔铁催化剂)反应器,主要任务是生产汽油和柴油。

③ MFT 合成工艺流程为两段固定床反应器合成工艺。第一段进行 F—T 合成(铁催

化剂),生成 $C_1 \sim C_{40}$ 烃类,第二段对 $C_1 \sim C_{40}$ 烃类进行改质(分子筛催化剂)。

④ SMFT 合成工艺流程为浆态床—固定床两段法工艺。一段反应器为浆态床反应器,采用无载体沉淀铁催化剂;二段反应器为固定床反应器,采用 ZSM—5 分子筛催化剂。

自 测 题

一、填空题

1. F—T 合成是＿＿＿＿＿＿和＿＿＿＿＿＿在 1923 年首先研究成功的。

2. F—T 合成可能得到的产品包括＿＿＿＿＿＿和＿＿＿＿＿＿,以及＿＿＿＿＿＿、＿＿＿＿＿＿。

3. 在 F—T 合成中,反应器类型有多种,在 SASOL 一厂生产中使用了＿＿＿＿＿＿和＿＿＿＿＿＿两种装置。

4. 熔铁型催化剂主要应用的装置是＿＿＿＿＿＿。

5. F—T 合成铁催化剂是活性很好的催化剂,用在固定床反应器的合成时,反应温度为＿＿＿＿＿＿。

6. F—T 合成原料气中新鲜气占＿＿＿＿＿＿,循环气占＿＿＿＿＿＿。

7. F—T 合成的 Arge 固定床反应器产生的油通过蒸馏得柴油的十六烷值约为＿＿＿＿＿＿,汽油的辛烷值为＿＿＿＿＿＿。

8. F—T 合成的液态油通过蒸馏分离可得到＿＿＿＿＿＿和＿＿＿＿＿＿。

9. F—T 合成的反应器类型主要有＿＿＿＿＿＿、＿＿＿＿＿＿和＿＿＿＿＿＿。

10. F—T 合成的固定床反应器是管壳式,类似换热器,管内填装＿＿＿＿＿＿。管间通入＿＿＿＿＿＿,以便移走＿＿＿＿＿＿。

11. MFT 工艺将传统的＿＿＿＿＿＿和＿＿＿＿＿＿作用相结合,将 F—T 合成的 $C_1 \sim C_{40}$ 烃在催化剂作用下缩小到＿＿＿＿＿＿的烃。

二、判断题

1. 费托(F—T)合成法是由煤直接合成甲醇的工艺。(　　)

2. F—T 合成催化剂主要有钌、镍、铁和钴.其中只有钌被用于工业生产。(　　)

3. SASOL 一厂工艺的气流床反应器主要产物为柴油。(　　)

4. 当 F—T 合成的合成气富含氢气时,有利于形成烷烃。(　　)

5. F—T 合成浆态床反应器结构复杂,投资费用高。(　　)

6. F—T 合成气流床反应器由反应器和催化剂沉降室组成。(　　)

三、简答题:

1. 简述 F—T 合成的反应原理。

2. 简述传统 F—T 合成存在的问题及解决措施。

3. MFT 合成工艺是什么? 解决了什么问题?

4. 试比较 SASOL 一厂与二厂流程的异同点。

5. 简述 SMFT 合成工艺流程的特点。

四、综合题

试比较固定床、气流床和浆态床反应器。

第十章　碳一化工

【本章重点】典型碳一化工产品的生产工艺。

【本章难点】甲醇、二甲醚、醋酸及甲醛的生产工艺。

【学习目标】掌握合成气制甲醇、煤气化制甲醇的工艺流程，一步法、二步法生产二甲醚的工艺流程，醋酸和甲醛的生产工艺；了解甲醇、二甲醚、醋酸及甲醛的工艺进展。

碳一化合物是指分子中仅含有一个碳原子的化合物，如 CO、CO_2、CH_3OH、$HCHO$、$HCOOH$ 等，是含碳化合物中碳含量最少的物质。这些物质在一定条件下均能发生化学反应生成一系列化工产品。因此，碳一化合物可作为化工生产的原料，在化工合成生产中占有比较重要的地位。在碳一化合物中，由于以 CO 和 H_2 为主要成分的合成气的反应活性好，其主要用途是转化为液态燃料和作为基本有机化工原料。将合成气转化成各种饱和烃、烯烃、醇类、羧酸、芳烃及各种含氧化合物，并可进一步加工成多种类型的精细有机化学品，增加其附加值率，提高经济效益。

碳一化学是以含有一个碳原子的物质（如一氧化碳 CO、二氧化碳 CO_2、甲烷 CH_4、甲醇 CH_3OH、甲醛 $HCHO$ 等）为原料合成化工产品或液体燃料的有机化学化工生产过程。碳一化学是一个很大的领域，其产品包括由合成气合成燃料、甲醇及系列产品、合成低碳醇、醋酸及系列产品、合成低碳烯烃、燃料添加剂等方面。目前世界石油资源受各种因素影响，造成价格大波动，以煤作为原料的生产已被广泛重视。近年来，我国碳一化学化工已有了较大发展，在合成气的制备、合成气化学、甲醇化学等方面受到极大关注。

第一节　甲醇生产

在世界基础有机化工原料中，甲醇消费量仅次于乙烯、丙烯和苯，是一种很重要的大宗化工产品。甲醇作为基础有机化工原料，用来生产甲醛、甲胺、醋酸等各种有机化工产品。根据对汽车代用能源的预测，甲醇是必不可少的替代品之一。

甲醇生产的原料大致有煤、石油、天然气，以及含 H_2、CO（或 CO_2）的工业废气等。从20 世纪 50 年代开始，天然气逐步成为制造甲醇的主要原料，因为它简化了流程，便于输送，降低了成本，目前世界甲醇总产量中有 70% 左右是以天然气为原料的。但是，随着能源的日趋紧张，如何有效地开发煤炭资源，是个从未间断过的研究课题，煤气化技术发展迅速，除传统的固定床 UGI 炉外，固定床鲁奇气化炉、流化床温克勒气化炉、气流床 K—T 炉、气流床德士古气化炉的开发均取得进展并都在工业上得到使用。从长远的战略观点来看，世界煤的贮藏量远远超过天然气和石油，我国情况更是如此，以煤制取甲醇的原料路线将占主导地位。

一、合成气制甲醇

（一）生产工序

合成气合成甲醇的生产过程，不论采用怎样的原料和技术路线，大致可以分为以下几个工序，如图 10-1 所示。

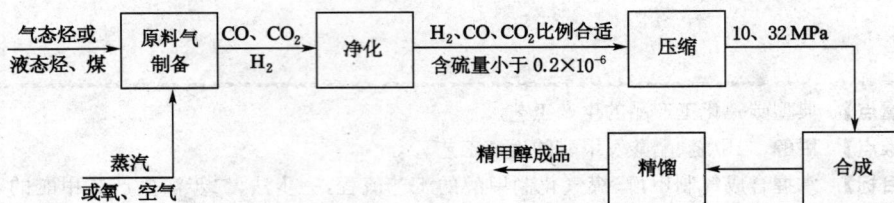

图 10-1　合成气合成甲醇的生产流程

1. 原料气的制备

一般以含碳氢或含碳的资源如天然气、石油气、石脑油、重质油、煤和乙炔尾气等，用蒸汽转化或部分氧化加以转化，使其生成主要由氢、一氧化碳、二氧化碳组成的混合气体，甲醇合成气要求 $(H_2-CO_2)/(CO+CO_2)=2.1$ 左右。合成气中还含有未经转化的甲烷和少量氮，显然，甲烷和氮不参加甲醇合成反应，其含量越低越好，但这与制备原料气的方法有关；另外，根据原料不同，原料气中还可能含有少量有机和无机硫的化合物。

2. 净化

净化有两个方面：

一是脱除对甲醇合成催化剂有毒害作用的杂质，如含硫的化合物。原料气中硫的含量即使降至 1×10^{-6}，对铜系催化剂也有明显的毒害作用，缩短其使用寿命，对锌系催化剂也有一定的毒害。经过脱硫，要求进入合成塔气体中的硫含量降至小于 0.2×10^{-6}。脱硫的方法一般有湿法和干法两种。脱硫工序在整个制甲醇工艺流程中的位置，要根据原料气的制备方法而定。如以管式炉蒸汽转化的方法，因硫对转化用镍催化剂也有严重的毒害作用，脱硫工序需设置在原料气设备之前；其他制原料气方法，则脱硫工序设置在后面。

二是调节原料气的组成，使氢碳比例达到前述甲醇合成的比例要求。

（二）工艺流程

工业上合成甲醇工艺流程主要有高压法和中、低压法。

1. 高压法合成甲醇的工艺流程

高压法工艺流程一般指的是使用锌铬催化剂，在高温高压下合成甲醇的流程，如图10-2所示。

由压缩工段送来的具有 31.36 MPa 压力的新鲜原料气，先进入铁油分离器 5，在此与循环压缩机 4 送来的循环气汇合。这两种气体中的油污、水雾及羰基化合物等杂质同时在铁油分离器中除去，然后进入甲醇合成塔 1。CO 与 H_2 在塔内于 30 MPa 左右压力和 360～420 ℃温度下，在锌铬催化剂上反应生成甲醇。转化后的气体经塔内热交换预热，刚进入塔内的原料气，温度降至 160 ℃以下，甲醇含量约为 3%。经塔内热交换后的转化气体混合物出塔，进入喷淋式冷凝器 2，出冷凝器后混合物气体温度降至 30～35 ℃，再进入高压甲醇分

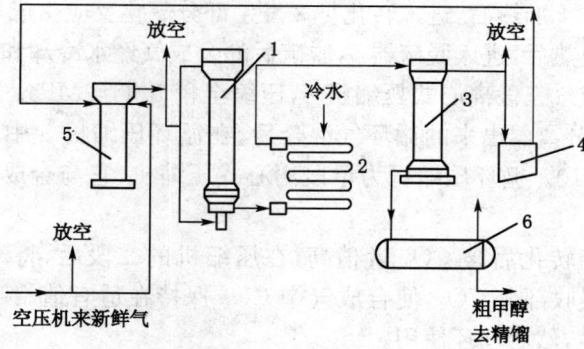

图 10-2　高压法合成甲醇工艺流程

1——合成塔；2——水冷凝器；3——甲醇分离器；
4——循环压缩机；5——铁油分离器；6——粗甲醇中间槽

离器 3。从甲醇分离器出来的液体甲醇减压至 0.98~1.568 MPa 后送入粗甲醇中间槽 6。由甲醇分离器出来的气体,压力降至 30 MPa 左右,送循环压缩机以补充压力损失,使气体循环使用。

2. 低压法合成甲醇工艺流程

低压工艺流程是指采用低温、低压和高活性铜基催化剂,在 5 MPa 左右压力下,由合成气合成甲醇的工艺流程,如图 10-3 所示。

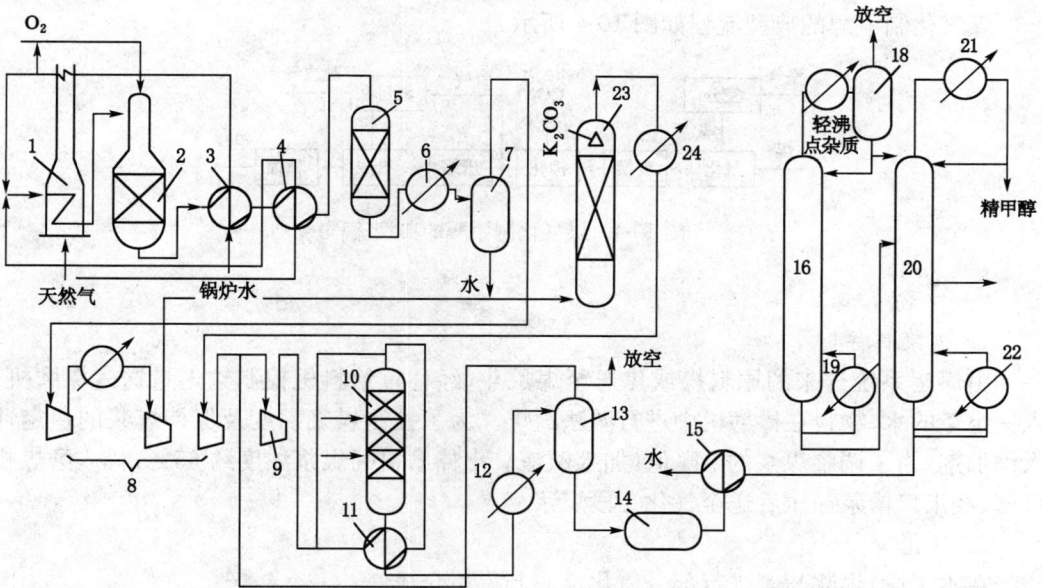

图 10-3　低压法甲醇合成的工艺流程

1——加热炉；2——转化炉；3——废热锅炉；4——加热器；5——脱硫器；
6,12,17,21,24——水冷器；7——气液分离器；8——合成气压缩机；9——循环气压缩机；
10——甲醇合成塔；11,15——热交换器；13——甲醇分离器；14——粗甲醇中间槽；
16——脱氢组分塔；18——分离塔；19,22——再沸器；20——甲醇精馏塔；23——CO₂ 吸收塔天然气经加热炉 1 加热后,进入转化炉 2 发生部分氧化反应生成合成气,合成气经废热锅炉 3 和加热器 4 换热后,进入脱硫器 5,脱硫后的合成气经水冷却和汽液分离器 7,分离除去冷凝水后进入合成气三段离心式压缩机 8,压缩至稍低于 5 MPa。从压缩机第三段出来的气体不经冷却,与分离器出来的循环气混合后,在循环压缩机 9 中压缩到稍高于 5 MPa 的压力,进入合成塔 10。循环压缩机为单段离心式压缩机,它与合成气压缩机一样都采用汽轮机驱动。

合成塔顶尾气经转化后含 CO_2 量稍高,在压缩机的二段后,将气体送入 CO_2 吸收塔 23,用 K_2CO_3 溶液吸收部分 CO_2,使合成气中 CO_2 保持在适宜值。吸收了 CO_2 的 K_2CO_3 溶液用蒸汽直接再生,然后循环使用。

合成塔中填充 $CuO—ZnO—Al_2O_3$ 催化剂,于 5 MPa 压力下操作。由于强烈的放热反应,必须迅速移出热量,流程中采用在催化剂层中直接加入冷原料的冷激法,保持温度在 $240\sim270$ ℃之间。经合成反应后,气体中含甲醇 3.5%~4%(体积),送入加热器 11 以预热合成气,塔 10 釜部物料在水冷器 12 中冷却后进入分离器 13。粗甲醇送中间槽 14,未反应的气体返回循环压缩机 9。为防止惰性气体的积累,把一部分循环气放空。粗甲醇中甲醇含量约 80%,其余大部分是水。此外,还含有二甲醚及可溶性气体,称为轻馏分。水、酯、醛、酮、高级醇称为重馏分。以上混合物送往脱氢组分塔 16,塔顶引出轻馏分,塔底物送甲醇精馏塔 20,塔顶引出产品精甲醇,塔底为水,接近塔釜的某一塔板处引出含异丁醇等组分的杂醇油。产品精甲醇的纯度可达 99.85%(质量)。

二、煤气化制甲醇

煤气化制甲醇的典型流程如图 10-4 所示。

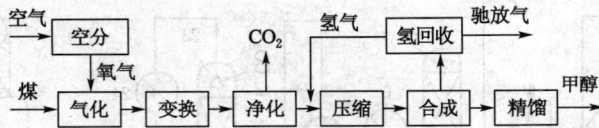

图 10-4 煤气化制甲醇的典型流程

(一) 气化

1. 煤浆制备

由煤运系统送来的原料煤或焦送至煤贮斗,经称重给料机控制输送量送入棒磨机,加入一定量的水,物料在棒磨机中进行湿法磨煤。为了控制煤浆黏度及保持煤浆的稳定性加入添加剂,为了调整煤浆的 pH 值,加入碱液。出棒磨机的煤浆浓度约 65%,排入磨煤机出口槽,经出口槽泵加压后送至气化工段煤浆槽。

2. 气化

在本工段,煤浆与氧进行部分氧化反应制得粗合成气。

煤浆由煤浆槽经煤浆加压泵加压后连同空分送来的高压氧通过烧咀进入气化炉,在气化炉中煤浆与氧发生反应,反应段瞬间完成,生成 CO、H_2、CO_2、H_2O,以及少量 CH_4、H_2S 等气体。离开气化炉反应段的热气体和熔渣进入激冷室水浴,被水淬冷后温度降低并被水蒸气饱和后出气化炉;气体经文丘里洗涤器、碳洗塔洗涤除尘冷却后送至变换工段。

3. 灰水处理

本工段将气化来的黑水进行渣水分离,处理后的水循环使用。

(二)变换

在本工段将气体中的 CO 部分变换成 H_2:$CO+H_2O \longrightarrow H_2+CO_2$。

由气化碳洗塔来的粗水煤气经气液分离器分离掉气体夹带的水分后,进入气体过滤器除去杂质,然后分成两股,一部分(约为 54%)进入原料气预热器与变换气换热至 305 ℃左右进入变换炉,与自身携带的水蒸气在耐硫变换催化剂作用下进行变换反应,出变换炉的高温气体经蒸汽过热器与甲醇合成及变换副产的中压蒸汽换热、过热中压蒸汽,自身温度降低后在原料气预热器与进变换的粗水煤气换热,温度约 335 ℃进入中压蒸汽发生器,副产 4.0 MPa 蒸汽,温度降至 270 ℃之后,进入低压蒸汽发生器温度降至 180 ℃,然后进入脱盐水加热器、水冷却器最终冷却到 40 ℃进入低温甲醇洗 1# 吸收系统。

另一部分未变换的粗水煤气,进入低压蒸汽发生器使温度降至 180 ℃,副产 0.7 MPa 的低压蒸汽,然后进入脱盐水加热器回收热量,最后在水冷却器用水冷却至 40 ℃,送入低温甲醇洗 2# 吸收系统。

气液分离器分离出来的高温工艺冷凝液送气化工段碳洗塔。

(三)低温甲醇洗

本工段采用低温甲醇洗工艺脱除变换气中 CO_2、全部硫化物、其他杂质和 H_2O。

1. 吸收系统

本装置采用两套吸收系统,分别处理变换气和未变换气,经过甲醇吸收净化后的变换气和未变换气混合,作为甲醇合成的新鲜气。

由变换来的变换气进入原料气一级冷却器、氨冷器,然后进入分离器,出分离器的变换气与循环高压闪蒸气混合后,喷入少量甲醇,以防止变换气中水蒸气冷却后结冰,然后进入原料气二级冷却器冷却至 -20 ℃,进入变换气甲醇吸收塔,依次脱除 H_2S,CO_2 后在 -49 ℃出吸收塔,然后经二级原料气冷却器、一级原料气冷却器复热后去甲醇合成单元。

来自甲醇再生塔经冷却的甲醇(-49 ℃)从甲醇吸收塔顶进入,吸收塔上段为 CO_2 吸收段,甲醇液自上而下与气体逆流接触,脱除气体中 CO_2,CO_2 的指标由甲醇循环量来控制。中间二次引出甲醇液用氨冷器冷却以降低由于溶解热造成的温升。在吸收塔下段,引出的甲醇液大部分进入高压闪蒸器;另一部分溶液经氨冷器冷却后回流进入 H_2S 吸收段以吸收变换气中的 H_2S,自塔底出来的含硫富液进入 H_2S 浓缩塔。为减少 H_2 和 CO 损失,从高压闪蒸槽闪蒸出的气体加压后送至变换气二级冷却器前与变换气混合,以回收 H_2 和 CO。

2. 溶液再生系统

未变换气和变换气溶液再生系统共用一套装置。

从高压闪蒸器上部和底部分别产生的无硫甲醇富液和含硫甲醇富液进入 H_2S 浓缩塔,进行闪蒸汽提。甲醇富液采用低压氮气汽提。高压闪蒸器上部的无硫甲醇富液不含 H_2S,从塔上部进入,在塔顶部降压膨胀。高压闪蒸器下部的含硫甲醇富液从塔中部进入,塔底加入的氮气将 CO_2 汽提出塔顶,然后经气提氮气冷却器回收冷量后,作为尾气高点放空。

富 H_2S 甲醇液自 H_2S 浓缩塔底出来后经热再生塔给料泵加压,甲醇贫液冷却器换热升温,进入甲醇再生塔顶部。甲醇中残存的 CO_2 以及溶解的 H_2S 由再沸器提供的热量进行热再生,混合气出塔顶经多级冷却分离,甲醇一级冷凝液回流,二级冷凝液经换热进入 H_2S 浓缩塔底部。分离出的酸性气体去硫回收装置。

3. 氨压缩制冷

从净化各制冷点蒸发后的－33 ℃气氨气体进入氨液分离器,将气体中的液粒分离出来后进入离心式制冷压缩机一段进口压缩至冷凝温度对应的冷凝压力,然后进入氨冷凝器。气态氨通过对冷却水放热冷凝成液体后,靠重力排入液氨贮槽。

(四)甲醇合成及精馏

1. 甲醇合成

经甲醇洗脱硫脱碳净化后的合成气压力约为 5.6 MPa,与甲醇合成循环气混合,经甲醇合成循环气压缩机增压至 6.5 MPa,然后进入冷管式反应器(气冷反应器)冷管预热到 235 ℃,进入管壳式反应器(水冷反应器)进行甲醇合成,CO、CO_2 和 H_2 在 Cu—Zn 催化剂作用下,合成粗甲醇,出管壳式反应器的反应气温度约为 240 ℃,然后进入气冷反应器壳侧继续进行甲醇合成反应,同时预热冷管内的工艺气体,气冷反应器壳侧气体出口温度为 250 ℃,再经低压蒸汽发生器、锅炉给水加热器、空气冷却器、水冷器冷却后到 40 ℃,进入甲醇分离器,从分离器上部出来的未反应气体进入循环气压缩机压缩,返回到甲醇合成回路。

一部分循环气作为弛放气排出系统以调节合成循环圈内的惰性气体含量,合成弛放气送至膜回收装置,回收氢气,产生的富氢气经压缩机压缩后作为甲醇合成原料气;膜回收尾气送至甲醇蒸汽加热炉过热甲醇合成反应器副产的中压饱和蒸汽(2.5 MPa),将中压蒸汽过热到 400 ℃。

粗甲醇从甲醇分离器底部排出,经甲醇膨胀槽减压释放出溶解气后送往甲醇精馏工段。

系统弛放气及甲醇膨胀槽产生的膨胀气混合送往工厂锅炉燃料系统。

甲醇合成水冷反应器副产中压蒸汽经变换过热后送工厂中压蒸汽管网。

2. 甲醇精馏

从甲醇合成膨胀槽来的粗甲醇进入精馏系统。精馏系统由预精馏塔、加压塔、常压塔组成。预精馏塔塔底出来的富甲醇液经加压至 0.8 MPa、80 ℃,进入加压塔下部,加压塔塔顶气体经冷凝后,一部分作为回流,一部分作为产品甲醇送入贮存系统。由加压塔底出来的甲醇溶液自流入常压塔下塔进一步蒸馏,常压塔顶出来的回流液一部分回流,一部分作为精甲醇经泵送入贮存系统。常压塔底的含甲醇的废水送入磨煤工段作为磨煤用水。在常压塔下部设有侧线采出,采出甲醇、乙醇和水的混合物,由汽提塔进料泵送入汽提塔,汽提塔塔顶液体产品部分回流,其余部分作为产品送至精甲醇中间槽或送至粗甲醇贮槽。汽提塔下部设有侧线采出,采出部分异丁基油和少量乙醇,混合进入异丁基油贮槽。汽提塔塔底排出的废水,含少量甲醇,进入沉淀池,分离出杂醇和水,废水由废水泵送至废水处理装置。

三、甲醇生产工艺进展

液相甲醇合成工艺具有技术和经济上的双重优势,在不久的将来会与气相合成工艺在工业上竞争。CO_2 加氢合成甲醇、甲烷直接合成甲醇是甲醇工业的热点开发技术。近年来,气—液合成法已引起人们的关注。

开发新的造气工艺是近几年甲醇合成新工艺开发的一大热点,由 KVAERNER 公司和

BP 公司联合开发的 KVAERNER/BP 工艺就是在 BP 开发的新型转化炉基础上发展起来的。转化炉为同轴管式,结构简单。管壁外侧充填传统蒸汽转化催化剂,天然气与水蒸气混合后走管壁外侧。管壁外侧顶端的流出物经收集后,进入含氧气的反应室进行部分氧化,然后进入充填二段转化催化剂的内管。部分氧化和内管的二段转化所释放的能量可以满足外管蒸汽转化的需要。

ICI 的 LCM 甲醇工艺是在其开发的先进的气体加热式转化器基础上开发出来的。ICI 气体加热式转化器开发成功后,首先在氨厂应用,这就是 ICI 开发成功的 LCA 合成氨工艺。ICI 用这种工艺在英国 Severnside 建成了一套装置。此后,ICI 又考虑将该技术应用于甲醇生产,开发出了先进的 LCM 工艺。以此为基础开发的 LCM 工艺流程改进了传统的二段转化炉,总体设计上更简单。其基本流程为:天然气经压缩、脱硫,进入水饱和器水饱和后,进入转化炉的蒸汽转化部分。一段蒸汽转化所需热量由二段部分氧化提供。出一段转化器的气流进入二段转化器用空气进行部分氧化,生成的热气流再进入二段转化催化剂床转化。

山西丰喜肥业公司临绮分公司的双甲工艺采用原料气中 CO、CO_2 和 H_2 在催化剂和一定温度条件下生成粗甲醇。此工艺类似于合成氨工艺中的联醇生产。

传统的甲醇工艺是 CO 和 H_2 在 250～350 ℃和 5～15 MPa 下,借助 Cu—Zn—Al 催化剂气相反应制取,单程转化率仅 15%～20%,需采用产品气体循环,或采用串联反应器以提高产率,并需要采用大的压缩机。近年来,人们一直在着手研究替代均相催化剂用于液相合成甲醇的路线,但在工业上一直没有成功。不久前日本东京科技研究所开发了固相新催化剂,可在液相反应中一次性高转化率生产甲醇。专用催化剂由热稳定的阴离子交换树脂(具有甲氧基功能基团)与铜催化剂组合,反应时,H_2 和 CO 在 100～150 ℃和 5 Ma 下通过多相催化剂的甲醇淤浆,CO 与甲醇反应生成中间产物甲酸甲酯,它再与 H_2 催化转化成 2 个甲醇分子,单程转化率可达 70%。据称,增加催化剂的 Cu 成分在 100～150 ℃和 5 MPa 下,一次性转化率可达 98%。不过该成果仍处于基础研究阶段,但新催化剂是减少甲醇合成费用和复杂性的有发展前途的方法。这种催化剂优于一些均相催化剂,因为它容易从液体产品中分离出来,在低压下的液相操作也使换热器和压缩机减少。

一种由 CO_2 生产甲醇的新工艺,已由韩国科技研究院(KIST)纳米技术研究中心正式开发。现在一套 100 kg/d 的中试装置已经运转,在这种 Camero 工艺中,通过一种逆水—气转化反应,在 600～700 ℃和大气压力下,采用 $ZnAl_2O_4$ 催化剂,CO_2 与 H_2 反应形成 CO 和 H_2O。在进入甲醇合成反应器之前,先将产物气体干燥除去 H_2O。在甲醇合成反应中,在 250～300 ℃以及 5～8 MPa 下,采用 $CuO/ZnO/ZrO_2/Al_2O_3$ 催化剂,CO 和未反应的 H_2 结合形成甲醇。

为了克服传统甲醇合成工艺单程转化率低、循环比大、能耗高等缺点,日本东洋工程公司和三井东亚化学公司共同研发出一种新型节能降耗的多段内冷式径向流动甲醇合成塔,生产能力为 2 500 t/d,直径 4 700 mm,高度为 14 100 mm,质量为 420 t,压力降 0.05 MPa,生产每吨甲醇可回收热量 2.5 GJ。示范装置建成后,随后在特立尼达和多巴哥的 1 200 t/d 甲醇装置改造中,与原有的 ICI 冷塔平行安装了 1 台合成塔,完全达到了预期效果。我国海南省海洋石油富岛化工公司 60 万 t/a 甲醇装置中引进了该合成塔。

粉煤气化制甲醇联产合成氨尿素的创新技术已经问世。用纯氧加压气化生产甲醇,甲醇弛放气联产合成氨、尿素,是煤炭综合利用,转化为洁净能源和化肥产品的最有效途径之一,是一条节能、降耗、循环和环保的新型的氨醇生产工艺路线。该工艺中,合成氨和甲醇生产用的 $CO+H_2$ 合成气由煤炭或烃类转化。由于气化温度高达 1 400～1 700 ℃,煤炭利用率可达 99%,气体中仅含 0.3% 的 CH_4,而 CO+H 的产率达 90% 以上。每吨甲醇在合成过程中产生弛放气 282 m^3,经变换后合成氨和尿素。目前四川、山西、内蒙古、黑龙江、宁夏等许多地方都在兴建这种装置,此技术已呈现良好的发展势头。

一种高效液相合成甲醇新工艺,已在最近获得成功。该工艺实现了废物零排放,并可生产出高纯度的甲醇产品。这种 LPMEOH 工艺与传统工艺不同,使用的是由空气产品设计的淤浆泡罩塔反应器(SBCR),当合成气进入 SBCR,粉末催化剂分散到惰性的矿物油中,在此环境中合成气在催化剂作用下生成甲醇。LPMEOH 工艺可以处理来自煤气化的不同浓度的原料气体,可以吸收合成气中 25%～50% 的热值,并且不需要传统技术除去原料气中 CO_2 的工艺步骤,可以生产出纯度 99% 的甲醇产品。

第二节 二甲醚生产

二甲醚(DME)又称甲醚,其英文名称为 dimethyl ether,缩写为 DME。其分子式为 CH_3OCH_3。二甲醚因其特有的分子结构和理化性质,用途十分广泛。目前主要用途是做气雾剂的抛射剂、合成硫酸二甲酯等的化工原料。近些年来由于其具有无色、无毒以及良好的燃料性能,而备受关注。

二甲醚作为一种基本化工原料,由于其良好的易压缩、冷凝、汽化特性,在制药、燃料、农药等化学工业中有许多独特的用途。如高纯度的二甲醚可代替氟利昂用做气溶胶喷射剂和制冷剂,减少对大气环境的污染和臭氧层的破坏。其良好的水溶性、油溶性,使其应用范围大大优于丙烷、丁烷等石油化学品。代替甲醇用做甲醛生产的新原料,可以明显降低甲醛生产成本,在大型甲醛装置中更显示出其优越性。作为民用燃料气其储运、燃烧安全性,预混气热值和理论燃烧温度等性能指标均优于石油液化气,可作为城市管道煤气的调峰气、液化气掺混气。也是柴油发动机的理想燃料,与甲醇燃料汽车相比,不存在汽车冷启动问题。它还是未来制取低碳烯烃的主要原料之一。

由于石油资源短缺、煤炭资源丰富及人们环保意识的增强,二甲醚作为从煤转化成的清洁燃料而日益受到重视,成为近年来国内外竞相开发的性能优越的碳一化工产品。

二甲醚的生产方法主要有一步法(合成气直接合成二甲醚)、两步法(甲醇脱水合成二甲醚)。一步法指以合成气一步合成二甲醚工艺,分为两相法和三相法。两相法采用气固相反应器,合成气在固体催化剂表面进行反应;三相法引入惰性溶剂,将合成气扩散至悬浮于惰性溶剂中的催化剂表面进行反应,也称为浆态床法。两步法即先制成甲醇,再用甲醇液相脱水法或气相脱水法生产二甲醚,气相脱水法以其产品纯度高、易操作等特点,在 20 世纪 80 年代中期成为合成二甲醚的主要方法。近期,二氧化碳直接合成二甲醚的研究也成为热点。

一、合成气直接合成二甲醚(一步法)

一步法中,甲醇合成、脱水相结合,具有热力学合理性与经济有利性,操作便易、流程短、能耗低、设备少且合成气单程转化率和 DME 产率较高,有推广使用前景。但此法反应过程强放热,要求催化剂具有优良耐热性及高温选择性。

反应式如下:

$$3CO+3H_2 \longrightarrow CH_3OCH_3+CO_2$$
$$2CO+4H_2 \longrightarrow CH_3OCH_3+H_2O$$

(一) 一步法反应机理

1. 甲醇合成机理

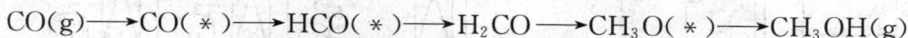

$$CO(g) \longrightarrow CO(*) \longrightarrow HCO(*) \longrightarrow H_2CO \longrightarrow CH_3O(*) \longrightarrow CH_3OH(g)$$
$$CO_2(g) \longrightarrow CO_2(*) \longrightarrow HCOO(*) \longrightarrow O(*) \longrightarrow CH_3OH(g)$$

2. 甲醇脱水机理

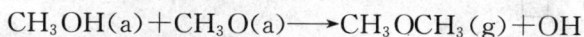

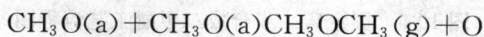

$$CH_3OH \longrightarrow CH_3OH(a)$$
$$O+CH_3OH(a) \longrightarrow CH_3O(a)+OH$$
$$CH_3OH(a)+CH_3O(a) \longrightarrow CH_3OCH_3(g)+OH$$
$$CH_3O(a)+CH_3O(a)CH_3OCH_3(g)+O$$
$$2HO \longrightarrow H_2O(g)+O$$

其中,"*"表示甲醇合成催化剂中加氢活性位;"a"表示甲醇脱水催化剂中酸性位。两种活性位间存在"协同作用"。一般来说,它们之间接触越紧密,自由基转移就越容易,催化剂活性也就越好。

(二) 一步法分类

一步法是把由 CO 和 H_2 组成的合成气通过复合催化剂层,直接生成二甲醚的工艺。一步法又有气相一步法(两相法,固定床)和液相一步法(三相法,浆态床)之分。

1. 气相一步法(两相法,固定床)

气相一步法是一种固定床生产方式,合成气在固体催化剂表面上进行反应生成二甲醚。气相一步法工艺中,使用氢碳比小于等于 1 的贫氢合成气时,容易发生催化剂表面结炭失活的现象,因此在贫氢状态下,所开发的催化剂应具有抗积炭的能力,或者采用富氢合成气。

由于气相一步法二甲醚合成反应为强放热过程,此过程在固定床反应器中进行时,反应热不易移出,因此存在传热性能差、温度控制难、时空产率低等缺点,并在低转化率和高空速的情况下操作,未反应的合成气大量循环,因而无法解决工程放大问题,目前还没有工业化装置投产。

固定床一步合成二甲醚是在列管式反应器中进行的,固体颗粒催化剂置于管中,管间为水,由水蒸发移走反应热来控制床层温度。固定床合成法适合于由天然气转化的富氢原料气,装卸催化剂时需停车,催化剂的装填要求严格。国外开发的固定床日产 50 kg 二甲醚中试装置运转良好。国内有关单位也开展了固定床合成二甲醚的开发研究,开发了二甲醚合成催化剂,以合成氨厂的半水煤气为原料气,进行了一步法合成二甲醚的试验,并建成了 1 500 t/a 的二甲醚工业试验装置。

液相一步法工艺采用的是浆态床,将复合催化剂磨细悬浮于惰性介质溶液中,合成气首先溶解于惰性介质溶液,然后通过扩散作用与催化剂颗粒接触,发生甲醇合成与脱水的反应,生成二甲醚,因此反应是在气、液、固三相中进行的。

气相一步法合成二甲醚的工艺流程见图 10-5。

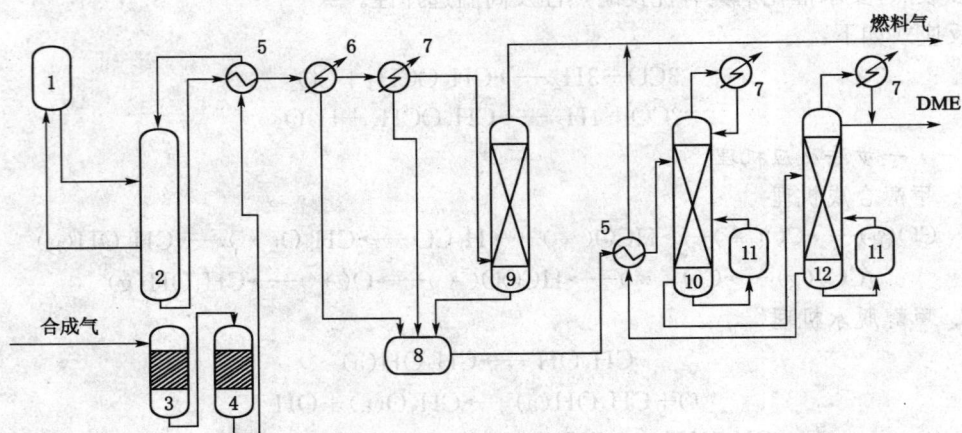

图 10-5　固定床一步合成二甲醚工艺流程图

1——气泡；2——反应塔；3——脱硫塔；4——脱氧塔；5——换热器；6——冷却器；7——冷凝器；

8——中间贮罐；9——吸收塔；10——预精馏塔；11——再沸器；12——精馏塔

2. 液相一步法(三相法，浆态床)

针对气相一步法合成二甲醚的固定床反应器传热能力差，无法将反应热及时移出，温度控制困难等问题，国内外相关研究单位都开发了浆态床一步法合成二甲醚的工艺，使用的是甲醇合成和甲醇脱水复合催化剂。与气相一步法相比，浆态床技术具有传热、传质效果好，投资少，操作方便等特点。与传统甲醇脱水工艺相比，工艺装置结构简单，便于移出反应热。它可直接利用 CO 含量高的煤基合成气，还可在线装卸催化剂，具有较高的 CO 单程转化率和二甲醚产率，使二甲醚在成本上更具有优势。

浆态床合成二甲醚是在浆态床反应器中，以极细的催化剂粒子与溶剂形成浆状液体，合成气以鼓泡形式通过，呈气、液、固三相流化床。由于液体介质的存在，传热效果好，热量通过置于反应器内的冷却列管移走，使得反应基本在等温条件下进行。浆态床反应器结构简单，易操作，可在线装卸催化剂，开停车方便，催化剂寿命长，适合于以煤炭为原料制取的富 CO 合成气。在反应器中主要发生以下三个反应：

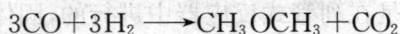

$$2CO + 4H_2 \longrightarrow 2CH_3OH$$

$$2CH_3OH \longrightarrow CH_3OCH_3 + H_2O$$

$$3CO + 3H_2 \longrightarrow CH_3OCH_3 + CO_2$$

总反应式为：

$$3CO + H_2O \longrightarrow CO_2 + H_2$$

合成气制甲醇过程中，反应平衡限制了 CO 转化率。在合成气制二甲醚时，甲醇脱水反应的存在，破坏了甲醇合成反应的热力学平衡；由于 CO 变换反应消耗了水，产生了 H_2，既有利于甲醇的生成，又有利于甲醇脱水反应的进行，使得 CO 和 H_2 的一次转化率得以提高。

液相一步法合成二甲醚的工艺流程见图 10-6。

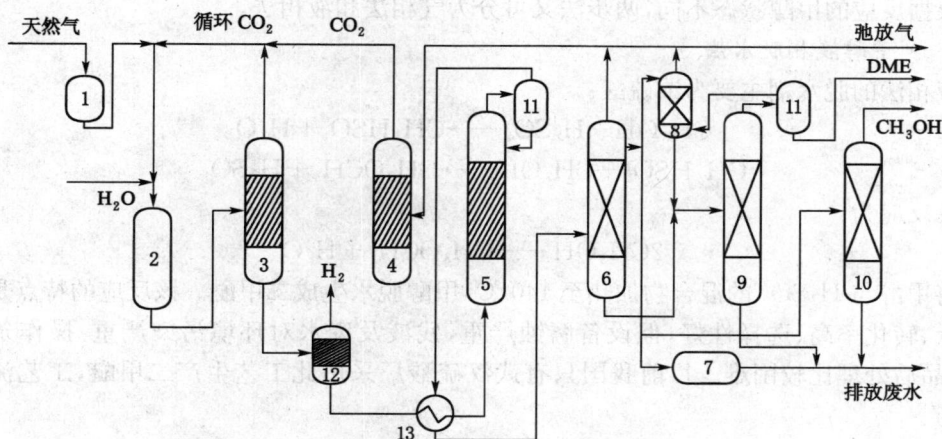

图 10-6 浆态床二甲醚生产工艺流程

1—脱硫塔；2—转化塔；3—脱碳塔Ⅰ；4—脱碳塔Ⅱ；5—DME 合成塔；6—吸收塔；

7—贮液罐；8—尾气吸收塔；9—DME 精馏塔；10—甲醇精馏塔；11—分离罐；12—脱氢系统；13—换热器

（三）一步法的反应条件

1. 温度

合成气液相一步法合成 DME，随着温度升高，DME 生成速率达到最大值后逐步下降；同时，温度升高，副产物较多。

2. 压力

采用合成气液相一步法合成 DME，高压（体积缩小反应）增加了反应物在惰性溶剂中的溶解度，利于 DME 合成。

3. 进料空速

合成气液相一步法合成 DME，是一连续反应。随空速增加，CO 和 H_2 转化率逐渐降低，DME 生成速率达到最大值后略有下降或者说增加空速虽可提高目的产物时空收率，但不利于原料气及中间产物甲醇的转化；甲醇生成速率几乎不受空速影响。

4. 反应器结构的影响

主要是影响两种活性组分装填比例。不同反应器中催化剂分散及反应物扩散情况都不一样，对两种活性组分比例要求也不一样，如浆液床 Cu—Zn—Al/γ—Al_2O_3 催化剂，两种活性组分最优质量复合比为 4/1，同比高于固定床反应器中复合比（2/1～1/1）。

二、甲醇脱水合成二甲醚（两步法）

两步法也称甲醇脱水法，它是指以合成气（H_2、CO、CO_2）为原料，先合成甲醇，再由甲醇脱水生产二甲醚的生产工艺。目前全球二甲醚生产基本采用两步法工艺。两步法反应方程式为：

第一步：

$$2H_2 + CO \longrightarrow CH_3OH$$
$$3H_2 + CO_2 \longrightarrow CH_3OH + H_2O$$

第二步：

$$CH_3OH \longrightarrow CH_3OCH_3 + H_2O$$

根据反应的甲醇状态不同,两步法又可分为气相法和液相法。

(一)甲醇液相脱水法

液相法的脱水剂主要为浓硫酸:

$$CH_3OH + H_2SO_4 \longrightarrow CH_3HSO_4 + H_2O$$
$$CH_3HSO_4 + CH_3OH \longrightarrow CH_3OCH_3 + H_2SO_4$$

总反应为:

$$2CH_3OH \longrightarrow CH_3OCH_3 + H_2O$$

将甲醇与 H_2SO_4 的混合物加热至 140 ℃,甲醇脱水生成二甲醚。该反应的特点是反应温度低、转化率高、选择性好,但设备腐蚀严重,残液及废水对环境污染严重,操作条件苛刻,产品后处理比较困难。目前我国只有武汉硫酸厂采用此工艺生产二甲醚,工艺流程见图 10-7。

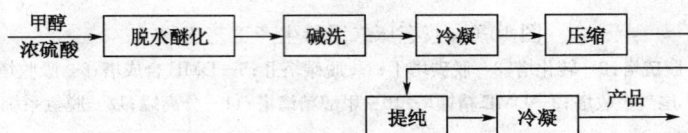

图 10-7 液相甲醇法工艺流程

该反应过程具有反应温度低、转化率高、选择性好等优点。但也存在设备腐蚀和环境污染严重、操作条件恶劣、中间产品有毒性、产品后处理困难、能耗高等缺点。虽然采用浓硫酸和磷酸混合催化剂,解决了硫酸的脱水再生问题,但是尚不能克服上述其他方面的缺点,故液相脱水法将在竞争中逐渐被淘汰。

(二)甲醇气相脱水法

将甲醇蒸气通过固体催化剂,发生非均相反应,甲醇脱水生成二甲醚。甲醇气相催化脱水法是目前国内外使用最多的二甲醚工业生产方法,此法操作简便、污染少、可连续生产。该工艺控制的反应温度在 330~400 ℃,压力 1.5 MPa,常用的催化剂为活性氧化铝、结晶硅酸铝等。

生成二甲醚的反应式为:

$$2CH_3OH \longrightarrow CH_3OCH_3 + H_2O$$

主要副反应:

$$CH_3OH \longrightarrow CO + H_2$$
$$CH_3OCH_3 \longrightarrow CH_4 + H_2 + CO$$
$$CO + H_2O \longrightarrow CO_2 + H_2$$

主要工艺过程为:甲醇经气化与反应器出来的反应产物换热后进反应器进行气相催化脱水反应,反应产物经换热后用循环水冷却冷凝。冷却冷凝后的物料进行气液分离,气相送洗涤塔用甲醇或甲醇—水溶液吸收回收二甲醚,液相也就是粗二甲醚送精馏分离。不同厂家采用的工艺也略有不同,主要区别在原料要求以及反应器结构形式上。原料可采用精甲醇或粗甲醇,从而使原料成本有所不同;反应器可采用绝热式固定床、换热式固定床、多段冷激式固定床和等温管式固定床等形式。

气相法是将甲醇蒸气通过固体催化剂脱水得二甲醚,其工艺流程见图 10-8。

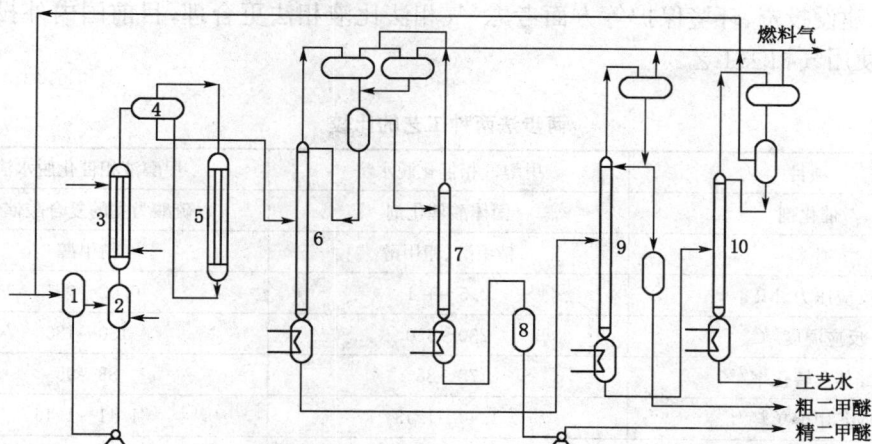

图 10-8　甲醇气相脱水制二甲醚工艺流程框图

1——原料缓冲罐；2——预热器；3——气化器；4——进出料换热器；5——反应器；
6——二甲醚精馏塔；7——脱烃塔；8——成品中间罐；9——二甲醚回收塔；10——甲醇回收塔

在传统甲醇气相催化脱水制二甲醚方法的基础上，西南化工研究设计院和四川天一科技股份有限公司经过生产实践和研究开发，取得了多项技术创新成果，开发了独特、先进的能耗低、投资少、产品质量好、无污染的生产技术。与国内外现有的甲醇气相催化脱水法比较，有较大的改进和创新，处于国际先进水平。

甲醇气相催化脱水法新技术有以下特点：

① 节能。甲醇装置联产二甲醚时，可以用粗甲醇为原料，以降低生产成本。按照目前的甲醇生产技术，由粗甲醇经精馏生产 1 t 精甲醇要消耗蒸汽 1.2 t 以上，而生产 1 t 二甲醚需消耗 1.4 t 精甲醇，若采用新技术生产二甲醚，用粗甲醇为原料，每生产 1 t 二甲醚可节省蒸汽 1.68 t，其节能效果是相当明显的。

② 反应器采用多段冷激式固定床反应器。该反应器具有催化剂装填容量大、投资低、反应温度适当、副反应少、易于大型化等特点，既避免了绝热式固定床反应器温升得太高造成副反应增加、甲醇单程转化率偏低的弱点，又克服了换热式固定床和等温管式固定床反应器尺寸大、催化剂装填容量小的缺点。

③ 采用独特的气化塔结构和分离工艺，不设置用于回收未反应甲醇的甲醇提浓塔。气化塔是设有 2 个进料口的提馏塔，兼有原料甲醇气化和回收甲醇提浓双重功能，而且原料部分气化，气化物料的甲醇的浓度比原料略高，这样简化流程、减少投资，有效减少了蒸汽消耗，每吨二甲醚的蒸汽消耗比国内外同类技术低 0.5～1.0 t。

④ 以二甲醚精馏塔塔釜排出的甲醇水溶液作为反应尾气洗涤塔的吸收剂减少了外排尾气中的甲醇含量；同时由于降低了二甲醚精馏塔进料的甲醇浓度，使得二甲醚分离难度降低，减少回流比，从而节省了蒸汽消耗。

⑤ 采用自行研究开发的专用催化剂规模化生产，活性高，热稳定性好，选择性高，二甲醚的选择性在 99% 以上。

该技术具有工艺流程简单、能耗低、装置投资少、易于大型化、建设周期短、产品纯度高等优点。先进的气相法与液相法比较见表 10-1。由表 10-1 可见，从产品纯度、原材料消耗、生产成本、建设投资、环境保护等方面考虑，气相法比液相法更合理，目前国内外投产的装置大部分使用气相法工艺。

表 10-1 两步法两种工艺的比较

项目	甲醇气相催化脱水法	甲醇液相催化脱水法
催化剂	固体酸催化剂	以硫酸为主的复合酸催化剂
原料	精甲醇、粗甲醇	精甲醇
反应压力/MPa	0.5～1.1	0.02～0.15
反应温度/℃	230～350	130～180
甲醇单程转化率/%	78～88	88～95
DME甲醇单耗/t	1.40～1.43	1.41～1.45
DME电耗/kW·h	≤15	≥100
装置投资	低	高
装置占地	小	大
产品质量	纯度高、不含酸	纯度较低、含微量无机酸
环保	除甲醇外无其他有毒介质	磷酸、磷酸盐毒性大，中间产物硫酸氢甲酯为极度危害介质

三、一步法与两步法的比较

（一）一步法的优势

一步法的主要特点在于反应的优势，主要表现在两个方面：

（1）在甲醇脱水反应生成二甲醚的同时，反应生成的水和 CO 反应生成 CO_2 而被消耗掉，促进了反应向生成二甲醚方向进行，克服了合成甲醇反应转化率低的弱点，提高了转化率。

（2）以甲醇为原料的两步法中，合成气甲醇的分离及原料甲醇气化均需要一定的能耗，而一步法工艺，合成甲醇反应和甲醇脱水反应在一个反应器中完成，省去了上述耗能过程。

（二）一步法的不足

相对于两步法工艺，一步法的不足主要表现在如下几个方面。

1. 原料利用率低

（1）根据一步法生产二甲醚的总反应方程式，反应所需原料气中 CO 和 H_2 的比例为1∶1，即原料气必须是富 CO 的，而我国目前以天然气为原料所产合成气中，氢碳比超过 3，这就使原料气中多余的 H_2 必须移出挪作他用，否则造成原料气的浪费；同样在以煤为原料所产的半水煤气和水煤气，按目前的工艺，其气体中的氢碳比一般也超过 2，这就使该工艺的推广受到很大的限制。

（2）反应产物中二甲醚与 CO_2 的比例约为 1∶1（分子比），而二氧化碳利用价值是很低的，因此，以目标产品二甲醚计，合成气一步法的原料利用率很低，估计约有 50%，从而导致生产成本增加。

2. 催化剂要求高

在合成反应器中，甲醇的合成与甲醇生成二甲醚这两个反应同时进行，这就对催化剂有较高的要求,但迄今为止未找到对两个反应同时具有较好催化作用,且稳定性好的催化剂,这是技术突破的关键。如果将两个反应分别使用的催化剂结合为复合型催化剂,则这种复合型催化剂两种活性中心相互干扰,合成甲醇催化活性中心易被氧化而失活,从而催化剂使用寿命缩短,使连续运行时间缩短,成本上升。

3. 后续反应产物分离困难

根据反应方程可知,反应产物的主要成分有 CO、H_2、CO_2、二甲醚、甲醇和水等。

(1) 要将未反应的 CO、H_2 分离出来循环使用,由于 CO_2、二甲醚的沸点低,无法直接冷凝分离,只能采用吸收的方法,吸收剂为甲醇或甲醇水溶液,需要大量吸收液循环,动力消耗大。

(2) 需要将 CO_2 和二甲醚分离,而这是一步法分离部分的主要难题,为了避免外排 CO_2 的同时带走大量的二甲醚,需采用精馏的方法进行分离。而由于在 32 ℃以上无法冷凝,故无法使用循环冷却水,而只能用冷媒作为冷却介质,这样就需要消耗大量电力,从而导致了一步法二甲醚工艺在后续的分离过程流程复杂,相应投资和运行成本较高。

4. 大型化难度大

合成气一步法的化学反应为强放热反应,且转化率高,而由于催化剂耐热限度和副反应增加等原因,反应温度又不能过高,因此反应器必须有很强的换热能力,以便移走大量热量。这就决定了反应器体积大,容积效率低,使装置的大型化受到限制。

四、气相法和液相法的比较

1. 液相法优势

(1) 由于液相法反应便于反应热及时移出,而甲醇脱水反应为放热反应,因此甲醇在反应器中的单程转化率高,达90%以上。

(2) 直接以液态甲醇参与反应,省去了甲醇气化过程,相应缩短了流程,降低了投资。

(3) 能够充分利用反应热使反应生成的二甲醚和水以气相形式移出,反应热利用较充分,相应降低了能耗。

(4) 催化剂为复合酸,消耗量较低,同时催化剂原料价格低,易于采购,相应降低了投资和运行费用。

2. 液相法的不足

(1) 反应在常压下进行,所得产品为常压的气相二甲醚,需要将产品压缩至 0.9 MPa 以上再用循环冷却水冷凝液化,相应电耗较高。

(2) 由于采用复合酸催化剂,反应系统需采用耐腐蚀材料,对反应器耐腐蚀方面提出较高要求。

(3) 反应器难以大型化,单套规模约 10 kt,大规模装置需多台反应器并列,使装置大型化受到限制。

第三节 醋酸生产

醋酸又称乙酸,是一种重要的基本有机化工原料,主要用于制取醋酸乙烯单体(VCM)、醋酸纤维、醋酐、对苯二甲酸、氯乙酸、聚乙烯醇、醋酸酯及金属醋酸盐等。乙酸也被用来制造电影胶片所需的醋酸纤维素和木材用胶粘剂中的聚乙酸乙烯酯,以及很多合成纤维和丝织物。在染料、医药、农药及黏合剂、有机溶剂等方面有着广泛的用途,是近几年来发展较快的重要的有机化工产品之一。工业上合成乙酸的原料最初是粮食,然后转向矿石、木材、石油、煤炭和天然气。现在主要工艺方法采用的原料是石油和煤炭。

现已工业化的醋酸生产工艺有:乙醛氧化法、乙烯直接氧化法和轻油(丁烷或石脑油)氧化法、甲醇羰基化法。其中,甲醇羰基化法应用最广,占全球总产能的 60% 以上,而且这种趋势还在不断增长。甲醇羰基化法的典型代表是孟山都(Monsanto)/BP 工艺。在此之前德国的 BASF 法工业化了高压法工艺。甲醇羰基化法生产醋酸技术的改进工艺包括:Celanese 低水含量工艺、BP 公司的 CATIVA 工艺、UOP/Chiyoda 公司开发出的 UOP/Chiyoda Acetic 工艺。

一、直接氧化法

1. 乙烯氧化法

乙烯氧化法分两步反应完成:乙烯在催化剂的作用下,在温度为 $100\sim150$ ℃、压力为 0.3 MPa 的条件下反应生成乙醛;乙醛在醋酸锰催化剂的作用下,与纯氧、富氧或空气在液相条件下氧化成醋酸。该工艺简单,收率较高,原料来源广,是 20 世纪 60 年代最主要的生产方法。

本法涉及的主反应:
$$2CH_2CH_2 + O_2 \longrightarrow 2CH_3CHO$$
$$2CH_3CHO + O_2 \longrightarrow 2CH_3COOH$$

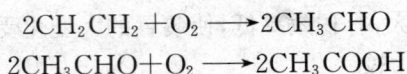

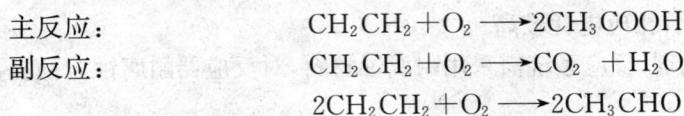

2. 乙烯直接氧化法

乙烯直接氧化工艺是由昭和电工公司开发的一步法气相工艺(Showa Denko 工艺)并于 1997 年实现了工业化。该工艺由于所需的投资费用相对缩减(不需生产一氧化碳所需的基础设施),因此对于生产能力较小的醋酸装置,颇具经济性。

该工艺是在负载型钯催化剂作用下,乙烯和氧气的混合物于 $160\sim210$ ℃下高选择性地制备醋酸。在已报道的反应条件下,醋酸、乙醛和二氧化碳的单程选择性分别为 85.5%,8.9%,5.2%。因为反应过程中生成大量的水,故醋酸提纯是一个能耗很高的过程。为解决这一问题,昭和电工公司开发了一种萃取与蒸馏相结合的节能工艺,使水从醋酸中有效地分离出来。昭和电工公司称,因为该工艺仅产生少量的废水,是一种环境友好的工艺。

本法涉及的反应:
主反应: $$CH_2CH_2 + O_2 \longrightarrow 2CH_3COOH$$
副反应: $$CH_2CH_2 + O_2 \longrightarrow CO_2 + H_2O$$
$$2CH_2CH_2 + O_2 \longrightarrow 2CH_3CHO$$

3. 乙烷氧化法

乙烷气相催化氧化工艺(SABIC 工艺)是由 SABIC 公司开发的。按照 SABIC 公司的专利,乙烷与纯氧或空气在 $150\sim450$ ℃、$0.1\sim5.0$ MPa 下发生氧化反应生成醋酸,副产物有 CO、CO_2 和乙烯。

该工艺使用的催化剂由 Mo,V,Nb,Pd 氧化物的混合物焙烧制得,催化剂有助于减少副反应。当以乙烷、氧气为原料时,醋酸的选择性为 71%,乙烷和氧气的单程转化率分别为 13.6% 和 100%。当以乙烷、空气为原料时,醋酸的选择性略低,为 67%,但乙烷的单程转化率较高,为 49.6%,氧气转化率近 100%。由于乙烷的生产成本低,因此 SABIC 工艺在经济性方面可与甲醇羰化合成工艺相竞争。

本法涉及的反应：

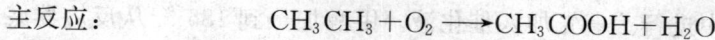

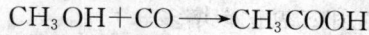

主反应：

$$CH_3CH_3 + O_2 \longrightarrow CH_3COOH + H_2O$$

副反应：

$$CH_3CH_3 + O_2 \longrightarrow CO_2 + H_2O$$

$$CH_3CH_3 + O_2 \longrightarrow CH_2CH_2 + H_2O$$

二、甲醇羰基化法

本法涉及的反应：

$$CH_3OH + CO \longrightarrow CH_3COOH$$

（一）BASF 高压工艺

甲醇羰基化反应是由德国 BASF 公司最早发现的，1960 年德国 BASF 公司建成了第一套甲醇羰基化制醋酸中试装置，催化剂为碘化钴（CoI_2）。BASF 合成工艺法反应温度约 250 ℃，压力高，为 6.89 MPa，以甲醇和 CO 计，醋酸选择性分别为 90% 和 70%，通过五塔蒸馏可得纯度为 99.8% 的醋酸产品。

（二）孟山都（Monsanto）/BP 工艺

1. 概述

20 世纪 70 年代中期，孟山都开发出高活性的铑系催化剂用于甲醇羰基化，由于它选择性高、副反应少、操作条件不苛刻，故把该工艺视为从 C1 原料制 C2 化学品进程中的一个里程碑。孟山都/BP 工艺用添加有碘化物的铑基金属均相催化剂，反应在较低温度（180 ℃）和压力（3.5 MPa）下进行，有很高的选择性（以甲醇计大于 99%，以 CO 计大于 70%）。1986 年，孟山都将甲醇制醋酸技术出售给 BP 公司，经 BP 进一步开发改进形成了目前生产能力占主导地位的孟山都/BP 工艺。

2. 工艺流程

甲醇低压羰基化法合成醋酸工艺主要包括 CO 造气和醋酸生产两部分。造气工段主要包括造气、预硫、压缩、脱硫脱碳工序，醋酸生产又可分为反应工序和精制工序。反应工序包括预处理、合成、转化等工段，精制工序包括蒸发、脱氢、脱水、提馏、脱烷、成品等工段。简单工艺流程见图 10-9。

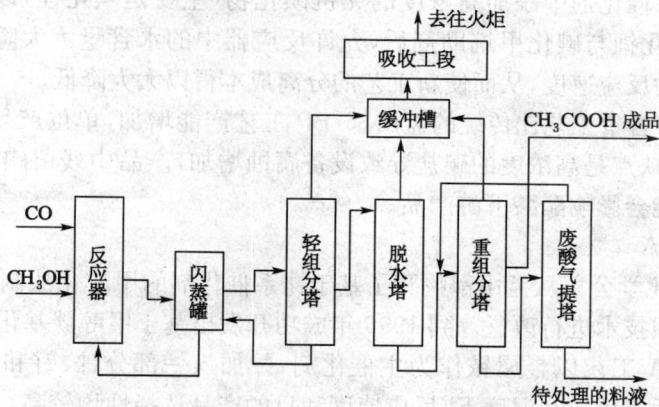

图 10-9 甲醇低压羰基化合成醋酸简单工艺流程

3. 流程说明

（1）反应工序

反应在搅拌式反应器中进行。事先加入催化液。甲醇加热到 185 ℃从反应器底部喷入，CO 用压缩机加压至 2.74 MPa 后从反应器底部喷入。反应后的物料从塔侧进入闪蒸罐，含有催化剂的溶液从闪蒸罐底流回反应器。含有醋酸、水、碘甲烷和碘化氢的蒸气从闪蒸罐顶部出来进入精制工序。反应器顶部排放出来的 CO_2、H_2、CO 和碘甲烷作为松弛气进入冷却器，凝液重新返回反应器，不凝性气体送吸收工序。反应温度 130～180 ℃，以 175 ℃为最佳。温度过高，副产物甲烷和二氧化碳增多。

（2）精制工序

由闪蒸罐来的气流进入轻组分塔，塔顶蒸出物经冷凝，凝液碘甲烷返回反应器，不凝性尾气送往吸收工序；碘化氢、水和醋酸等高沸物和少量铑催化剂从轻组分塔塔底排出再返回闪蒸罐；含水醋酸由轻组分塔侧线出料进入脱水塔上部。

脱水塔塔顶馏出的水尚含有碘甲烷、轻质烃和少量醋酸，仍返回吸收工序；脱水塔底主要是含有重组分的醋酸，送往重组分塔。

重组分塔塔顶馏出轻质烃；含有丙酸和重质烃的物料从塔底送入废酸汽提塔；塔侧线馏出成品醋酸。

重组分塔塔底物料进入废酸汽提塔，从重组分中蒸出的醋酸返回重组分塔底部，汽提塔底排出的废料，内含丙酸和重质烃，需做进一步处理。

在吸收工序中，用甲醇吸收所有工艺排放气中的碘甲烷，吸收富液泵送回反应器，经过吸收后的气体排放至火炬焚烧放空。

（三）Celanese 低水含量工艺

Celanese 低水含量工艺是在孟山都/BP 工艺基础上进行了催化剂方面的改进。在孟山都/BP 工艺中，为使催化剂具有足够高的活性且维持足够的稳定性，反应体系中需有大量的水存在。这使后续的醋酸分馏水成为能耗最大的步骤，同时也成为装置产能扩大的瓶颈。Celanese 低水含量工艺应运而生。20 世纪 80 年代初期，Hoechse 公司即现今的 Celanese 化学公司开发成功了 Celanese 低水含量工艺。

该工艺在铑系催化剂中添加高浓度的无机碘化物（主要是碘化锂）以增强催化剂体系的稳定性，加入碘化锂与碘化甲烷助剂后，允许反应器中的水含量大大降低而同时又可稳定保持具有较高的反应速度，从而使新工艺的分离成本得以大大降低。

Celanese 低水含量工艺比传统的孟山都/BP 工艺产能增加，单位产品的公用工程消耗和投资成本降低；缺点是高浓度的碘盐导致设备腐蚀增加，产品中残留碘盐量升高，产品中碘盐含量过高可能会影响醋酸下游产品。

（四）CATIVA 工艺

1986 年，BP 化学公司从孟山都购买了基于铑系催化剂的甲醇化法制醋酸技术，该公司一直在寻求对这项技术进行改进。到 1996 年成功开发出基于甲醇羰基化的 CATIVA 醋酸新工艺。CATIVA 工艺以金属铱作为主催化剂，并加入一部分铼、钌和锇等做助催化剂。新型铱催化剂在适当压力和温度下，反应速度和目的产品选择性均较高。

BP 化学的 CATIVA 工艺与传统孟山都/BP 工艺相比优势在于：铱催化体系的活性高于铑催化体系；副产物少；可在低含水量（≤8%）的情况下操作。这些技术若用于现有装置改造,可在较低投资情况下增加装置产能,而且由于含水量低也带来了蒸汽消耗下降和CO转化率的改善。

(五) UOP/Chiyoda Acetica 工艺

由于催化剂固定在固体载体上具有一些潜在的优势,大量的试验结果表明,可将均相铑系羰基化催化剂体系改为用多相催化剂系统,所以 Chiyoda 公司开发出具有热稳定性的聚合物载体聚乙烯吡啶和聚乙烯基吡咯烷酮(PVP)交联共聚物。以此为基础,该公司开发出了 Acetica 醋酸生产新工艺。此工艺由 Chiyoda 和 UOP 联合开发而成,它采用多相负载催化剂和鼓泡塔反应器进行甲醇羰基化。

该工艺以甲醇和 CO 为原料,使用添加有碘化甲烷助剂的聚乙烯吡啶树脂的负载铑系催化剂。据称,多相催化剂可得到高的产率,改善铑系催化剂的性能,醋酸产率以甲醇计高于 99%。该工艺合成反应器可在低水含量(3%~8%)条件下操作。反应器内 HI 浓度低,腐蚀问题小,而且与传统工艺相比,新工艺副产物生成少,产品纯度高。

该工艺的另一大特点是反应器用鼓泡塔,消除了搅拌塔式反应器的密封问题,操作压力可增加到 6.2 MPa,为保持最佳的 CO 分压,可使用低纯度的 CO。低纯度的 CO 可降低原料费用和投资成本。

第四节　甲醛生产

甲醛是重要的有机化工基础原料,是甲醇最重要的衍生物产品之一。甲醛的用途十分广泛,主要用于生产脲醛、酚醛、聚甲醛和三聚氰胺等,也用于生产医药产品、农药和染料以及消毒剂、杀菌剂、防腐剂等。目前甲醛的生产均采用甲醇为原料,银催化剂,经空气氧化得到,其浓度为 37% 左右,其余为水,含甲醛 40%、甲醛 80% 的水溶液叫做福尔马林,是常用的杀菌剂和防腐剂。

以甲醇为原料生产甲醛的工艺按催化剂的不同,分为银法和铁钼法两种不同的生产工艺。银法甲醛生产工艺中又有生产 37% 甲醛的传统银法和生产浓甲醛的废气循环法、尾气循环法及以本征控制技术为核心的大型甲醛生产新工艺等。在甲醇、水、空气所组成的原料混合气的配制工艺中又有浓甲醇蒸发后配制水蒸气和甲醇、水配制后蒸发两种工艺;而吸收部分则有单塔吸收、双塔吸收和多塔吸收以及并流吸收等多种流程。

一、甲醛的合成方法

目前,国内外由甲甲醇生产甲醛主要有以下几种方法。

1. 银催化剂法

用银铺成薄层的银粒为催化剂,控制甲醇用量,反应温度在 600~700 ℃之间。银法工艺路线以德国 BASF 公司为代表。

2. 铁钼催化剂法

用 FeO、MO 做催化剂,还经常加入铬和钴的氧化物做助催化剂,甲醇与过量的空气混合,经净化,预热,在 320~380 ℃温度下反应生成甲醛。铁钼催化剂法工艺路线以瑞典 PERSTORP 公司为典型。

3. 甲缩醛氧化法

甲缩醛氧化法制取高浓度甲醛由三步进程完成:甲缩醛的合成、甲缩醛氧化和过浓度甲醛吸收与处理。甲缩醛氧化法是制备高浓度甲醛溶液的另一种方法。日本旭化成公司于 20 世纪 80 年代开发成功的这一生产方法,是将甲醛和甲醇在阳离子交换树脂的催化作用下,采用反应精馏的方法先合成甲缩醛,然后将甲缩醛在铁钼氧化催化剂的作用下,用空气氧化生产甲醛。

4. 二甲醚氧化法

将二甲醚气体与空气混合,预热后通过多管式固定床反应器,管内装有金属氧化物催化剂,管外用液体导热法移走反应热量。反应器结构与铁钼法相同。反应压力为常压,温度 450～500 ℃,空速为 1 000～4 000 m/h,催化剂为金属氧化钨,也有氧化铋—氧化钼催化剂的专利发表。反应气体速冷后进入二段吸收系统,用离子交换法脱去甲酸,制得 37%～44%(重量百分比%)的甲醛水溶液。

5. 低碳烷烃直接氧化法

用低碳烃,例如天然气或瓦斯气体中甲烷及丙烷、丁烷等,在 No 催化剂作用下,直接用空气氧化而得到甲醛。其反应式如下:

$$CH_4 + O_2 \longrightarrow HCHO + H_2$$

二、甲醛的生产工艺

目前,工业上几乎所有的甲醛生产方法都是用银催化剂法、铁钼催化剂法。

1. 工艺技术

银法是以甲醇为原料以一定配比的甲醇和空气、水蒸气经过过热器,进入氧化器,在催化床层使甲醇脱氢成甲醛。甲醛气体和水蒸气经冷却、冷凝由吸收塔吸收,制成 37% 的甲醛溶液成品。在银法过程中也能做到适当的浓度。铁钼法用二元气生产,银法用三元气生产,两法所用催化剂不同。铁钼法所进行的反应为完全氧化反应,而银法是氧化脱氢反应。故银法选择的是甲醇与空气混合的爆炸上限操作(混合比 37% 以上,醇过量),为保持脱氢反应进行,反应温度为 650 ℃左右。反应热量靠加入水蒸气等带走。铁钼法选择的是下限操作(混合比 7% 以下,氧过量),即与过量的空气中的氧气反应。反应温度控制在 430 ℃左右,而反应的热量靠惰性气体带走,所以在反应过程中需引入尾气塔。由于吸收系统中加水少,从而能制取高浓度甲醛。但由于采用了尾气循环和足够量的空气,增加了动力的消耗,且由于气体量的加大而使装置能力相对减小了约 25%。根据最新统计,美国铁钼法、银法生产装置各占 50%,而国内银法占 95% 以上。

电解银法制甲醛工艺流程见图 10-10。

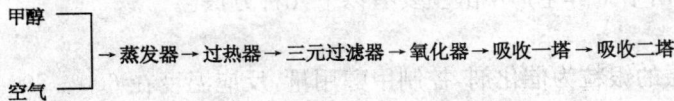

图 10-10　电解银法制甲醛工艺流程

(1)铁钼法生产甲醛有一定局限性,浓甲醛在常温下容易聚合,高浓甲醛在贮存和运输上很难处理。在制胶工业中客户一般不喜欢用铁钼法制取的低醇含量的甲醛。如作为有些需要脱水的下游产品的原料,则有它的可取之处。

(2)铁钼法一次性投资费用大,投资回收期长。与银法相比其投资风险大,而随着科学技术的不断进步,近几年银法甲醛工艺也已有了很大的进步(如单耗、能耗等),单耗已接近铁钼法水平。

（3）银法工艺上用的电解银催化剂，其制法简单，成本较低，并可重复使用。铁钼法催化剂由供应商提供，价格昂贵且受到一定的制约。

（4）用两种工艺路线生产甲醛，银法的运行成本在设备折旧费、能耗、催化剂消耗费用以及副产蒸汽等方面都优于铁钼法；铁钼法在单耗、甲醛浓度上也有它的明显优点。

2. 银催化剂法和铁钼催化剂法的特点

电解银催化剂法和铁钼催化剂法特点的比较见表 10-2。

表 10-2 　　　　　　　　　电解银催化剂法和铁钼催化剂法的比较

项目	银催化剂法	铁钼催化剂法
反应温度/℃	600～720	320～380
反应器	绝热式	管式绝热流化床
催化剂寿命	3～6	12～18
收率/%	89～91	91～94
甲醇单耗/kg·t^{-1}	470～480	420～470
甲醛浓度/%	37～55	37～55
产品中甲醇含量/%	4～8	0.5～1.5
产品中甲酸量/10^4	100～200	200～300
甲醛中混合气体中浓度/%	＞37	＜7
投资	相对低	相对高
催化剂失活原因	原料中铁、硫引起中毒	易升华
对毒物敏感程度	敏感	不敏感

三、工艺流程

1. 工艺流程

甲醇氧化生产甲醛工艺流程见图 10-11。

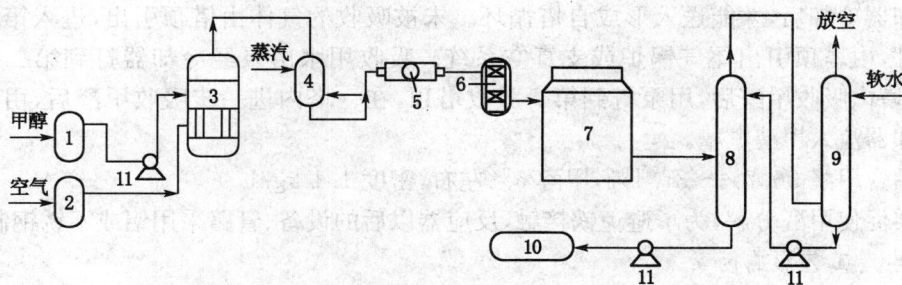

图 10-11　甲醇氧化生产甲醛工艺流程

1——甲醇过滤器；2——空气过滤器；3——蒸发器；4——过热器；5——阻火器；6——三元气体过滤器；
7——氧化器；8——第一吸收塔；9——第二吸收塔；10——成品储槽；11——泵

（1）原料气的供给

原料甲醇用泵连续从甲醇贮槽送至高位槽，一部分甲醇流回甲醇贮槽，另一部分自高位槽通过甲醇过滤器过滤羰基铁等杂质后,控制一定的流量进入蒸发器;同时,空气经空气过滤器过滤灰尘等杂质后由罗茨鼓风机在蒸发器底部送入,并通过空气放空来控制一定的量。

空气经过滤器由鼓风机鼓入蒸发器。空气鼓泡经过 0.8~1 m 的 45 ℃甲醇液,被甲醇蒸发所饱和。蒸发器顶部装有阻雾设施,分离夹带的甲醇液滴。按照配料要求补加水蒸气。

用热水或蒸气调节蒸发器温度后,控制在 45~52 ℃(依据氧醇比和平衡浓度来定)。甲醇在蒸发器中经空气鼓泡蒸发后,形成均匀混合的二元气体,再通过喷嘴加入不定期定量的水蒸气(即配料蒸气)以调节水醇比,形成配比的二元反应气。

甲醇—水蒸气—空气经过过热器加热到 120 ℃,以保证反应混合气中甲醇全部气化。甲醇液滴进入反应区,会剧烈蒸发,使催化剂床层翻动,造成床层厚度不均,发生短路,而且甲醇蒸发吸热,会降低反应温度,甚至发生熄火不反应。

过热的反应混合气进入阻火器,阻火器起安全隔离作用,当反应器中发生燃烧反应时,不会涉及前部的蒸发器。再进入过滤器以除去五羰基铁等含铁杂质。最后于 120 ℃左右进入氧化反应器。

(2)原料转化为甲醛

在氧化器的氧化室中,三元反应气在电解银触媒的作用下发生氧化和脱氢反应生成甲醛,反应温度控制在 650 ℃,绝大部分甲醇转化成甲醛,同时会有一些副反应发生。为控制副反应的发生并防止甲醇的分解,转化后的气体经废热锅炉被聚冷到 230 ℃以下,再经冷却段冷却到 80~100 ℃,然后进入第一吸收塔。

(3)反应气体的吸收

吸收采用双塔循环,二塔用软水作为吸收剂,一塔用二塔来的甲醛溶液的稀溶液(二补一)作为吸收剂。具体流程为:自氧化器出来的甲醛从一塔底进入,向塔顶流动;二塔来的稀甲醛溶液(二补一)从塔顶加入,一塔循环液从塔顶和塔中部加入,向下流动,气流逆向流动;在此运行过程中大部分甲醛被吸收,并放出大量的热;为控制一定的一塔循环温度以保证吸收效果,一塔出来的循环液经泵送入塔顶和塔中部前,必须经一塔第一冷却器和一塔第二冷却器冷却后,才能送入形成自塔循环。未被吸收的气体由塔顶引出,进入第二吸收塔的底部,由塔顶引出尾气锅炉或支真空系统。吸收用水由泵经冷却器打到第二吸收塔顶,在二塔内吸收甲醛后,用泵打到第一吸收塔顶,在一塔内进一步吸收甲醛后,由一塔底引出冷却器流入甲醛贮槽。

产品含甲醛 36.7%~37.4%,甲醇 6%左右,密度 1.1 kg/L。

铁会促使甲醛分解,为了避免铁接触,反应器以后的设备、管路采用铝或不锈钢制成。

2. 生产工艺影响因素

影响甲醇转化为甲醛反应过程的主要因素有:反应器的结构与状态、催化剂的性能状态、反应温度、氧醇比、停留时间和空间速度、反应压力及原料混合气的纯度。

(1)反应器的结构与状态

反应器的结构与状态将直接关系到甲醇转化成甲醛的主反应能否顺利进行和能否减少或防止副反应的发生等问题。设计反应器的结构时应考虑诸如能否气固两相间很好接触,能否保持良好的催化层状态,反应物在反应器中的流动是否有死角,反应气的速度分布和反应在床层中的阻力是否能均匀,以及反应后的气体能否迅速离开高温区以快速冷却等问题。

(2) 催化剂的性能和状态

催化剂在化工生产中被广泛使用,其活性的高低,直接决定着转化的效果的好坏。一般对催化剂的性能要求是要有较高的催化活性,良好的选择性,较强的机械强度,较好的热稳定性和具有一定的抗毒能力。要想有效发挥催化剂的性能,设计中必须考虑催化剂的铺装方法,考虑床层的严密、平整和均匀性,以使气体能均匀流经催化剂床层,特别在床层的边缘,热电偶插入等部位要避免和防止沟道旁路,否则这些部位易发生局部反应过热,引起床层烧结和破裂。

(3) 反应温度

反应温度的高低会影响物料的反应程度。温度过高,物料会剧烈氧化,生成一些副产品,降低甲醛含量;温度过低,甲醛不能被氧化,达不到生产目的。

对吸热反应的甲醇脱氢反应来说,升温是有利的。醇脱氢反应的平衡常数随温度的升高而增大。自发进行的最低温度为 481.6 ℃,实际生产的反应温度应高于这一温度。

(4) 氧醇比

氧醇比是甲醛生产中氧气和甲醇的摩尔比值。氧醇比过高,氧气过量,甲醇会被深度氧化而降低甲醇的转化率;氧醇比过低,甲醇过量,浪费原料。

氧醇比是一个非常重要的参数,它关系到甲醛生产反应过程中的转化率、选择性和安全性等问题。

影响氧醇比的重要因素有三:

① 甲醇蒸发器上部空间的总压力(若甲醇蒸发器液层上面的总压力升高,则氧醇比增大);

② 蒸发器温度(升高蒸发器温度会使氧醇比降低);

③ 蒸发器中甲醇浓度(甲醇浓度降低会使氧醇比降低)。

(5) 水醇比

增加反应器的水醇比,既有利于控制反应的温度,又能使反应在较低的温度下进行,还可以提高进料中氧的浓度而不发生过热,从而能改善转化率和提高收率。但是,提高水醇比要受到产品浓度和塔吸收效率的限制。如果水醇比过大,又要维持二塔有一定的加水量,势必造成产品的浓度下降;而要保持产品的浓度,又势必会减少二塔的加水量,使二塔的吸收效率下降。因此,水醇比必须控制得当。

(6) 停留时间和空间速度

停留时间也称接触时间,是指原料混合气通过催化床层所需要的时间,其单位用秒表示。停留时间和空间速度呈倒数关系。停留时间过长,原料气会被剧烈氧化,降低转化率;停留时间过短,会有很多原料气未被氧化。一般银法的时间取 0.02～0.05 s,即空速 3 600～7 200 h。时间越长则副反应越强烈。

(7) 反应压力

由于甲醇氧化和甲醇脱氢这两个反应都是反应后增加体积的反应,因此,降低压力将使反应向着生产甲醛的方向移动,所以减压对主反应有利。但在实际生产中由于减压将增加设备投资和能耗,并带来一些其他不稳定的因素,故现在甲醛的生产已由早期的负压操作改为常压操作。

（8）原料混合气的纯度

其将影响催化剂的活性与寿命。另外，在催化剂的表面如覆盖了氧化铁，还会加快甲醇燃烧等副反应。因此，原料混合气的纯度也是影响反应的重要因素，生产中应尽可能使原料气得以净化。

本 章 小 结

（1）合成气制甲醇的生产工序包括原料气的制备以及净化。工业上合成甲醇工艺流程主要有高压法和中、低压法。高压法工艺流程一般指的是使用锌铬催化剂，在高温高压下合成甲醇。低压工艺流程是指采用低温、低压和高活性铜基催化剂，在 5 MPa 左右压力下，由合成气合成甲醇。

（2）煤气化制甲醇的典型流程包括气化、变换、低温甲醇洗及甲醇合成及精馏等过程。

（3）二甲醚的生产方法主要有一步法（合成气直接合成二甲醚）、两步法（甲醇脱水合成二甲醚）。一步法指以合成气一步合成二甲醚工艺，分为两相法和三相法。两相法采用气固相反应器，合成气在固体催化剂表面进行反应；三相法引入惰性溶剂，将合成气扩散至悬浮于惰性溶剂中的催化剂表面进行反应，也称为浆态床法。两步法即先制成甲醇，再用甲醇液相脱水法或气相脱水法生产二甲醚，气相脱水法具有产品纯度高、易操作等特点。

（4）现已工业化的醋酸生产工艺有：乙醛氧化法、乙烯直接氧化法和轻油氧化法、甲醇羰基化法。其中，甲醇羰基化法应用最广。甲醇低压羰基化法合成醋酸工艺主要包括 CO 造气和醋酸生产两部分。造气工段主要包括造气、预硫、压缩、脱硫脱碳工序，醋酸生产又可分为反应工序和精制工序。反应工序包括预处理、合成、转化等工段；精制工序包括蒸发、脱氢、脱水、提馏、脱烷、成品等工段。

（5）以甲醇为原料生产甲醛的工艺按催化剂的不同，分为银法和铁钼法两种不同的生产工艺。银法甲醛生产工艺中又有生产 37％甲醛的传统银法和生产浓甲醛的废气循环法、尾气循环法及以本征控制技术为核心的大型甲醛生产新工艺等。在甲醇、水、空气所组成的原料混合气的配制工艺中又有浓甲醇蒸发后配制水蒸气和甲醇、水配制后蒸发两种工艺；而吸收部分则有单塔吸收、双塔吸收和多塔吸收以及并流吸收等多种流程。

自 测 题

一、填空题

1. 碳一化学是以含有_____的物质为原料合成化工产品或液体燃料的有机化学化工生产过程。

2. 所谓空间速度（简称空速），是指_____内，单位体积的催化剂所通过气体体积数，越高，单位体积催化剂处理能力越大，生产能力就越大。

3. _____是指气体与催化剂的接触时间。常用来示反应器的生产能力。

4. 转化率是指_____与_____比值的百分率，它说明原料的转化程度。

5. 选择性是指_____与_____之比。

6. 收率是指_____与_____之比。

7. 甲醇在高温、高压下分子间脱水生成_____。其反应式为_____。在电解银催化剂上可被空气氧化成_____。

8. 甲醇可与酸发生酯化反应。与有机酸如甲酸反应生成_____;与硫酸反应生成_____,硫酸氢甲酯加热减压蒸馏生成重要的甲基化试剂硫酸二甲酯。

9. 甲醇与CO在一定温度或压力下发生羰基化反应生成_____。

10. 甲醇与氨在活性 Al_2O_3 用做催化剂时可生成_____的混合物。

11. 甲醇主要用于_____,也用做_____,以及用甲醇生产乙醇、甲酸甲酯、乙二醇等。

12. 目前工业生产甲醇都采用_____来合成。低压法又分为_____与_____。

13. 甲醇合成中,_____的选用决定了合成反应的压力、_____及甲醇生成速度和CO的单程转化率,目前工业上使用的有_____。

14. 煤基合成气一步法生产二甲醚按合成工艺可分为_____和_____。

15. 气—固—液三相床中合成气直接制二甲醚过程既包括化学过程又包括_____,_____,_____等物理过程。

16. 高压甲醇羰基合成醋酸是以_____为催化剂,_____为助催化剂。

17. 低压法合成流程分为醋酸反应工段、_____、_____、和_____工段。

18. 以甲醇为原料生产醋酐有两条路线,一是_____,二是_____。

19. 制备甲醛可用_____,_____,_____等多种方法。

二、判断题

1. 合成甲醇主、副反应均为体积减小的反应,增加压力对提高甲醇平衡分压有利。( )

2. 增加空速可增大甲醇的生产能力,但不有利于移走反应热和防止催化剂过热。( )

3. 甲醇合成塔的基本结构主要由外筒、内件和电加热器三部分组成。( )

4. 从甲醇合成的化学平衡来看,温度低对于提高甲醇的产率是有利的,因此,生产甲醇时,温度越低越好。( )

5. 浆态床反应器的特点是将双功能催化剂悬浮于惰性液体介质中,在气、液两相中进行反应。( )

6. 由于合成气制二甲醚的反应是一个连续的反应,适当延长原料气在三相床中的停留时间有利于二甲醚的生成。( )

7. 在合成气中可加入一定量的水对合成二甲醚有利。( )

8. 醋酐生产的关键是醋酸裂解反应,乙烯酮收率的高低决定了醋酐的产量,并且适当提高反应温度,增加原料分压及裂解气迅速彻底地冷却分离有利于生成乙烯酮反应的发生。( )

9. 在生产过程中,如果裂解气能急速冷却,副产物分离越快速与彻底,所得到乙烯酮气体越纯净,因而经吸收后制得的醋酐质量越好,产量越高。( )

10. $CH_2=C=O+H_2O \longrightarrow CH_3COOH$，$CH_3COOH+CH=C=O \longrightarrow (CH_3CO)_2O$，两个反应是对醋酐生产有利的。（　　　）

11. 从化学反应的平衡转化率来看，甲醇氧化在各种温度范围内几乎 100% 转化成甲醛，而甲醇脱氢反应的平衡转化率与温度关系较大。（　　　）

12. 生产甲醛时接触时间越长，产率越高。（　　　）

三、简答题

1. 什么是碳一化工？其主要用途和发展趋势有哪些？

2. 简述甲醇的生产原理和主要工艺过程。

3. 试述孟山都低压法羰基合成制醋酸的原理、主要工艺过程。

4. 生产甲醛的工艺条件是如何选择的？

综合自测题

综合自测题一

一、判断题

1. 反应生成物中生成许多硫及硫的化合物,它们的存在可能造成对设备的腐蚀和对环境的污染。 （　　）

2. 压力提高,可以使气化生产能力提高。 （　　）

3. 煤炭气化是在一定温度、压力条件下,用气化剂将煤中的有机物转变为煤气的过程。 （　　）

4. 气化用燃料中硫含量应是越低越好。 （　　）

5. K—T 气化炉为立式圆筒体的加压气化炉。 （　　）

6. Shell 气化炉采用单烧嘴顶喷烧嘴。 （　　）

7. 熔融床气化反应是一种气液固三相反应。 （　　）

8. 熔融盐气化技术是低温熔融盐技术的一种。 （　　）

9. 熔融床气化反应原理简单,反应对设备要求严。 （　　）

10. 双筒气化炉将气化和燃烧两个区域置于一个反应器中。 （　　）

11. AI 熔盐气化法已经证实其在工业上发展的潜力。 （　　）

12. SASOL 一厂的合成产物中的蜡经减压蒸馏可生产中蜡（370～500 ℃）和硬蜡（>500 ℃）,可分别加氢精制。 （　　）

13. F—T 合成反应温度不宜过高,一般不超过 400 ℃,否则易使催化剂烧结,过早失去活性。 （　　）

14. 用含碱的铁催化剂生成含氧化合物的趋势较大,采用低的 $V(H_2)/V(CO)$ 比,高压和大空速条件进行反应,有利于醇类生成,一般主要产物为甲醇。 （　　）

二、填空题

1. 煤炭气化过程是一系列物理、化学变化过程。可划分为 ＿＿＿＿＿＿＿＿＿、＿＿＿＿＿＿＿＿＿、＿＿＿＿＿＿＿＿＿和＿＿＿＿＿＿＿＿＿四个阶段。

2. 气流床气化炉的排渣方式为＿＿＿＿＿＿＿＿＿。

3. 鲁奇炉的排渣方式主要有＿＿＿＿＿＿＿＿＿和＿＿＿＿＿＿＿＿＿两种。

4. 以第三代加压气化炉为例,主要部分有＿＿＿＿＿＿＿＿＿、＿＿＿＿＿＿＿＿＿、＿＿＿＿＿＿＿＿＿和＿＿＿＿＿＿＿＿＿等。

5. 液态排渣加压气化炉的基本原理是,仅向气化炉内通入适量的＿＿＿＿＿＿＿＿＿,控制炉温在＿＿＿＿＿＿＿＿＿以上,灰渣要以＿＿＿＿＿＿＿＿＿从炉底排出。气化层的温度较高,一般在

_____之间,气化反应速度_____,设备的生产能力_____,灰渣中几乎_____。

6. 常压流化床(温克勒炉)气化工艺原料的预处理工段包括_____、_____、_____等内容。

7. Shell 气化技术采用_____进料,气流床加压气化,_____排渣的形式。

8. GSP 气化炉与德士古气化炉在炉型上有何不同:GSP 在气化段采用_____结构,而德士古采用_____。都是单喷嘴顶喷下行,一个是_____进料,一个是_____进料。

9. 水冷壁是由_____、_____、_____、_____、抓钉组成的。

10. Rummel 气化法有_____和_____两种气化炉。

11. S—O 气化炉是三段式气化炉,底部的第一段是_____,中部的第二段是_____,顶部的第三段是_____。

12. 一氧化碳进行变换时的主要化学反应式为:_____。

13. 20 世纪 50 年代初期,中国建成了一个 F—T 合成工厂即_____。

14. F—T 合成催化剂分为_____和_____。

15. 复合催化剂采用_____制成。

16. 沉淀铁系催化剂根据助剂和载体的不同,主要分为_____、_____和_____。

17. 液态油通过蒸馏分离可得到_____和_____。

18. SASOL 一厂工艺经净化后的煤制合成气分两路进入_____和_____。

三、选择题

1. 下列气化法不属于熔融床气化法的是(   )。

A. Saarberg-Otto 法   B. 温克勒气化法   C. Rummel 气化法   D. Atgas 法

2. 下列气化法属于熔铁床气化法的是(   )。

A. Saarberg-Otto 法   B. AI 法   C. Rummel 气化法   D. Atgas 法

3. 下列气化法不属于熔渣床气化法的是(   )。

A. Saarberg-Otto 法   B. Rummel 单筒气化法   C. AI 法   D. Rummel 双筒气化法

4. 干法脱硫的主要设备是(   )。

A. 洗涤塔   B. 脱硫槽   C. 精馏塔   D. 电捕焦油器

5. 改良 ADA 法是在(   )条件下进行的。

A. 中性   B. 强酸性   C. 弱酸性   D. 碱性

6. HPF 法脱硫采用(   )作为碱原。

A. 煤气中的氨   B. 二氧化碳   C. 硫化氢   D. 水分

四、简答题

1. 简述气流床气化炉气化过程。

2. 比较间歇和连续式两段炉的优缺点。

3. 加压气化有何优点？

4. 简述灰熔聚流化床煤气化技术特点。

5. 简述 Shell 气化炉结构特点。

6. 碳酸钠熔盐在气化反应中的作用是什么？

7. UCG 最适宜开采何种煤层？

8. 一氧化碳变换反应常用催化剂有哪些？

9. F—T 合成反应中 Fe 基催化剂包括哪些类型？

10. 简述复合催化剂的作用。

11. 简述 F—T 合成反应需在等温条件下进行的原因。

五、综合题

试画出固定床反应器、流化床反应器、浆态床反应器的简图。

综合自测题二

一、判断题

1. 一般结焦或较强黏结的煤才可用于气化过程(尤其是固定床气化过程)。　　(　　)

2. 不论何种气化工艺，煤活性高总是有利的。　　(　　)

3. 生产实践表明，灰熔点能完全反映煤在气化时的结渣情况。　　(　　)

4. K—T 气化炉双烧嘴相邻对称设置，当其中一个烧嘴堵塞时，仍可保证继续操作。

(　　)

5. 德士古气化提高氧气的消耗量，可以相应提高炉温，降低生产成本，所以应该尽可能地提高氧煤比。　　(　　)

6. 熔渣床气化法的操作温度范围为 $1\,000\sim1\,700$ ℃。　　(　　)

7. 黏度太大，将会影响气化反应速度，使煤气的产量和质量降低。　　(　　)

8. 反应中生成的 Na_2S 等中间产物可以催化熔融盐中的气化反应。　　(　　)

9. 渣浴能够充分混合的气化炉最大直径只有 2.5 m。　　(　　)

10. 煤灰中的铁多是以 FeO 或 $FeO\cdot SiO_2$ 形式存在的。　　(　　)

11. 积炭反应为放热反应。　　(　　)

12. 从动力学角度考虑，温度升高，反应速度加快，同时副反应速度也随之加快。

(　　)

13. SASOL 一厂流程中将冷凝后的余气先脱除 CO_2，二厂流程中将余气直接分离，然后进行深冷分离成富甲烷、富氢、C_2 和 $C_3\sim C_4$ 馏分，可以获得高产值的乙烯和乙烷组分。

(　　)

14. 原料气中的($CO+H_2$)含量高，反应速度快，转化率高，但反应放出的热量少，易使催化剂床层温度降低。　　(　　)

二、填空题

1. 按灰渣排出形态分类可分为_____气化和_____气化。

2. 煤的机械强度是指煤_____、_____和_____等性能的综合体现。

3. 煤气的用途不同,其工艺流程差别很大。但基本上包括三个主要的部分即 _____,_____,_____。

4. 整体煤炭气化联合循环发电系统,是将煤的气化技术和高效的联合循环发电相结合的先进动力系统。该系统包括两大部分,第一部分是_____,第二部分是_____。第一部分的主要设备有_____,第二部分的主要设备有_____。

5. 高温温克勒气化法由于采用较高的反应 ,为防止灰分严重结渣而影响气化过程正常进行,在原料煤中可添加_____来提高煤的软化点和熔点。

6. 德士古气化炉激冷室由_____、_____、_____、_____等组成。

7. 德士古水煤浆气化技术烧嘴以三通道为主,中心管和外环隙走_____,内环隙走_____。

8. GSP气化炉由_____、_____和_____组成。

9. 两段熔铁气化法加入碳酸钙的目的是_____,同时还可脱除煤中的_____。

10. 熔融盐煤气化技术是将煤转变成低热值可燃气,其组分为_____、_____、_____、N_2 和少量 CH_4。

11. 一氧化碳变换为_____,随着变换反应的进行,系统温度不断_____,反应速率增加。

12. 在 F—T 合成中,反应器类型有多种,在 SASOL 厂生产中使用了_____和_____两种装置。

13. 催化剂组成为 9.0~Fe;0.9%K/硅沸石—2,硅沸石—2 具有_____,具有较小的_____,有利于_____。

14. 铁催化剂是活性很好的催化剂,用在固定床反麻器的中压合成时,反应温度为_____。

15. 柴油的十六烷值约为_____,汽油的辛烷值为_____。

16. F—T 合成原料气中新鲜气占_____,循环气占_____。

17. SASOL 二厂工艺流程中净化后的合成气经_____反应后,合成产物首先_____,将反应生成的_____和_____冷凝下来。水经氧化得_____和_____,液态油经_____、_____可得汽油。

三、选择题

1. 下列不属于耐火材料易被侵蚀原因是(　　)。
A. 炉内工况较为复杂　　　　　　　　B. 气化炉内直径太小
C. 高温、高速气流对炉壁冲刷较大　　　D. 炉内温度较高

2. 两段熔铁气化法采用的碳酸盐是(　　)。
A. 碳酸钠　　　B. 碳酸钾　　　C. 碳酸钙　　　D. 碳酸镁

3. 一氧化碳变换反应中用做中高温变换的催化剂是(　　)。
A. 铜锌铝系催化剂　　　　　　B. 钴钼系催化剂

C. 铁铬系催化剂　　　　　　D. 铜锌铬系催化剂

4. 下列不属于耐硫变换催化剂的特点的是。（　　　）

A. 有很好的低温活性　　　　B. 有突出的耐硫和抗毒性

C. 强度高　　　　　　　　　D. 有很好的高温活性

四、简答题

1. 什么是灰熔点？它有什么含义？

2. 简述鲁奇炉的加煤过程。

3. 简述整体煤炭气化联合循环发电流程主要由哪两部分构成。

4. 简述循环流化床(CFB)工艺特点。

5. 德士古工艺烧嘴为什么要有冷却水盘管？其作用是什么？

6. 德士古工艺烧嘴的主要功能是什么？结构是怎样的？

7. S—O 气化炉的优点是什么？缺点是什么？

8. 简述地下气化煤气联合循环发电的技术要领和路线。

9. 耐硫变换催化剂有什么优点？

10. 简述 ZSM—5 沸石分子筛的特点。

11. 请写出 F—T 合成反应中生成醛的反应方程式及其有利条件。

五、综合题

画出 Kellogg 熔盐法工艺流程图。

主要参考文献

[1] 陈启文.煤化工工艺[M].北京:化学工业出版社,2008.

[2] 陈文敏,梁大明.煤炭加工利用知识问答[M].北京:化学工业出版社,2006.

[3] 李朋,于庆波,杜文亚,等.熔融床煤气化技术研究现状[J].冶金能,2010,29(2):49-53.

[4] 李玉林,胡瑞生,白雅琴.煤化工基础[M].北京:化学工业出版社,2006.

[5] 罗伟,徐振刚,王乃继.浆态床费托合成技术研究进展[J].煤化工,2008(5):17-20.

[6] 苏海全,张晓红,丁宁,等.费托合成催化剂的研究进展[J].内蒙古大学学报(自然科学版),2009,40(4):409-513.

[7] 向英温,杨先林.煤的综合利用基本知识问答[M].北京:冶金工业出版社,2002.

[8] 徐谦,左承基.利用费托合成制取液体燃料的研究进展[J].能源技术,2008,29(4):212-216.

[9] 许祥静,刘军.煤炭气化工艺[M].北京:化学工业出版社,2009.

[10] 许祥静.煤气化生产技术[M].2版.北京:化学工业出版社,2010.

[11] 颜廷昭,徐荣.F—T合成技术进展[J].上海化工,2006(16):28-32.

[12] 杨志琴,贾峰,刘荣.费托合成催化剂的研究进展[J].南京师范大学学报(工程技术版),2011,11(2):62-67.

[13] 张辉,储伟.贵金属助剂对费—托合成用钴基催化剂的促进作用[J].化学进展,2009,21(4):622-628.

[14] 周从文,林泉.费托合成技术应用现状与进展[J].神华科技,2010,8(4):93-96.